炼油装置操作指南丛书

常减压蒸馏装置操作指南

（第二版）

李 鹏 王 宾 主编

中国石化出版社

内 容 提 要

本书以典型配置的常减压装置为例，对常减压蒸馏装置的基础知识和所涉及的工艺过程进行了较全面的介绍，着重叙述了常减压蒸馏装置的生产操作方法，包括工艺流程、参数调节、开停工操作、事故处理等环节。同时介绍了相关机泵、加热炉、换热器、仪表等方面的知识。

本书对常减压装置的操作与事故处理有一定的指导作用，主要供从事常减压蒸馏装置的技术人员和操作人员参考。

图书在版编目(CIP)数据

常减压蒸馏装置操作指南 / 李鹏，王宾主编. —2 版.
—北京：中国石化出版社，2020.4
（炼油装置操作指南丛书）
ISBN 978-7-5114-5736-3

Ⅰ. ①常… Ⅱ. ①李… ②王… Ⅲ. ①常减压蒸馏-减压蒸馏装置-指南 Ⅳ. ①TE96-62

中国版本图书馆 CIP 数据核字(2020)第 049512 号

中国石化出版社出版发行
地址：北京市东城区安定门外大街 58 号
邮编：100011 电话：(010)57512500
发行部电话：(010)57512575
http://www.sinopec-press.com
E-mail:press@sinopec.com
北京富泰印刷有限责任公司印刷
全国各地新华书店经销

*

787×1092 毫米 16 开本 13.25 印张 328 千字
2020 年 4 月第 2 版 2020 年 4 月第 1 次印刷
定价：66.00 元

前　言

本书第一版(王兵、胡佳、高会杰编著)自2006年问世以来，给常减压蒸馏装置的技术和操作人员提供了很大便利，广受好评。十几年来，随着炼化行业的发展和进步，常减压蒸馏装置加工能力逐渐提高，设备大型化、精细化操作都有很大提升。同时，随着新技术的应用，装置在工艺操作、安全环保、开停工等方面更加缜密和优化。

中国石化出版社根据读者的需求，组织相关人员对本书进行了修订，对各章节进行了增删。在保留第一版特色的基础上，侧重于设备大型化后的相关数据更新，同时重点补充了近几年相关的新技术推广和应用。如电脱盐智能调压系统，稳定电脱盐操作、降低电耗；流程模拟技术和先进控制系统(APC)的应用，装置提前调节、自动勤调微调，装置始终保持卡边、最优操作；节能环保方面突出密闭吹扫和超级清洗，实现环保清洁停开工。

本书的编写分工：中石化广州工程公司钱锋负责绪论和第一章、第九章的修订，更新了中国原油的主要性质和设备大型化后的部分操作参数；第九章中，增加了先进控制系统的介绍，并对仪表相关内容进行了补充。齐鲁石化郭立春负责第二章，更新了电脱盐形式并作了相关介绍。金陵石化杨东明负责第三章、第四章，增加了简单闪蒸和闪蒸的对比，便于加深理解，增加了塔设备的主要性能指标。工程建设有限公司张成负责第五章，增加流程模拟，补充闪蒸塔、减压塔的相关内容。扬子石化纪振民负责第六章，增加了低氮燃烧器的介绍，更新加热炉的相关指标，补充加热炉露点腐蚀的机理等内容。茂名石化余建明负责第七章，更新机泵预热内容和机泵清洗工作要求等相关内容。金陵石化薛鹏负责第八章，增加高效换热的相关内容，并对换热器的分类、换热器操作和故障判断等内容进行了补充。青岛炼化王宾负责第十章、第十一章，重点更新进一步节能降耗的途径，增加密闭吹扫、环保停工等内容，完善事故应急处理等内容。镇海炼化苑方伟负责第十二章，根据新的安全环保要求更新了相关指标，对相关设备的使用、维护、检修及管理等内容进行了完善。全书由中国石化炼油事业部李鹏进行组编和统稿。

由于技术水平不断进步，同时又受修订人员的业务水平和精力所限，本书在修订中难免存在不足之处，恳请读者批评、指正。

目录

绪　　论

在石油加工工序中，常减压蒸馏装置是第一道工序，是炼油厂的“龙头”装置。从地下开采出来的石油送到炼油厂后首先进入常减压装置。在这里，原油被初步加工，分离出各种轻、重的中间产品，作为下游装置的加工原料。

常减压蒸馏装置的加工流程主要决定于整个炼油厂的配置和原油的性质，还有市场的需求。根据目的产品的不同，常减压蒸馏装置可分为燃料型、燃料-润滑油型和燃料-化工型三种类型。三者在工艺过程上并无本质区别，只是在侧线数目和分馏精度上有些差异。

一、常减压装置的类型

1. 燃料型

即炼油厂的最终产品主要是液化气、汽油、柴油等燃料。具体来说，常压塔顶生产重整原料或者石脑油组分；常压塔的侧线生产溶剂油、柴油，且各侧线都设有汽提塔以保证产品的闪点合格；减压塔设有2~3个侧线，生产催化裂化原料或加氢裂化原料，分馏精度要求不高，一般不设汽提塔；塔底产品作为延迟焦化、渣油加氢或者沥青装置的原料；减压塔多采用干式操作。

2. 燃料-润滑油型

此类型装置的常压塔的型式和燃料型基本相同，主要差别在减压塔的配置上。润滑油型的减压塔一般设4~5个侧线，每个侧线作为一种润滑油基础油，对其黏度、馏程、颜色及残炭都有严格的指标要求；各侧线设有汽提塔以保证闪点和初馏点的要求；减压塔操作基本采用湿式操作。

3. 燃料-化工型

化工型常减压装置的常压塔也设有2~3个侧线，但侧线不设汽提塔，对分馏精度要求不高，塔盘数目较其他两种类型的常压塔要少一些，侧线产品作裂解原料；减压塔的配置和燃料型类似。

随着市场环境的改变和WTO对石化行业的压力，各炼油厂纷纷上马化工、润滑油单元，加工方案的区分逐渐淡化、融合，全面型的炼油厂越来越多。

很多常减压装置经过多年的技术改造和扩能改造，加工流程五花八门。有最基本的初馏塔(闪蒸塔)-常压塔-减压塔流程，也有只有初馏塔-常压塔的流程，还有两段闪蒸、四级蒸馏等。在这些流程下还有产品精制、轻烃回收等附属单元。图0-1为最典型的燃料型常减压蒸馏装置的原则流程示意图。

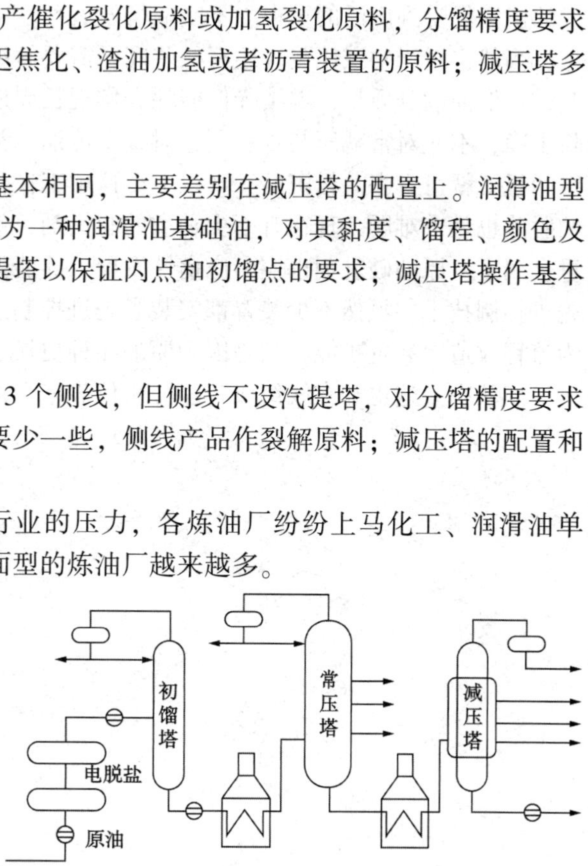

图0-1　典型常减压蒸馏装置原则流程图

二、工艺流程简介

原油自原油罐底部自压经过原油过滤器进入原油泵，并与破乳剂在泵入口混合，经过原油泵加压后，与温度较低的中段回流和侧线产品换热至130℃进入电脱盐罐，在破乳剂、注水、电场的作用下脱去携带的水分和部分盐类；自电脱盐罐出来后继续换热，热源一般为较高温度的中段回流和产品，原油被加热到230℃进入初馏塔，经过闪蒸后将一小部分石脑油蒸出，塔底油继续换热(热源以减渣为主)至270~300℃左右进入常压炉，升温至365℃进入常压塔进行主要产品的分馏。360℃左右的常底重油通过减压炉继续升温至390℃后进行减压蒸馏，得到减压蜡油和减压渣油。

经过几十年的发展，常减压蒸馏已经成为一个比较成熟的石油加工工艺。尤其近几年来，常减压蒸馏技术更是不断进步，在减压深拔、产品质量提高、节能降耗、安全环保技术等方面取得了累累硕果；在装置大型化、先进的设备和仪表、高效的塔内构件的应用方面，创造了许多新的技术方法，提高了装置拔出率，降低了加工损失和能耗。

虽然蒸馏过程只是一种简单的物理变化，它的广泛使用促使精馏技术已相当成熟，但是技术的成熟并不意味着之后不再需要发展。成熟技术的发展往往要花费更大的精力，但由于其应用广泛，每一个进步，哪怕是微小的，也会带来巨大的经济效益。正因为如此，蒸馏技术的研究仍受到广泛的重视，不断取得发展。

当然，对于常减压装置还有一些问题需要解决：进一步提高常压拔出率和减压拔出率，改进润滑油馏分质量，继续降低能耗和实现长周期运行等。还有，如果能够将原油中的硫脱除干净，不光对常减压装置有利，对整个炼油厂都有利。仅降低为预防硫腐蚀的金属材质等级的投资就可省去总投资的一半以上！这项工作目前尚未有特别好的效果。原油中的重金属的脱除也是个难题，现在有不少种类的脱钙剂，效果不是十分理想，更别提脱掉其他种类的重金属了。原油破乳剂也应向广谱性发展，才能保证较高的脱盐率。还有针对常减压蒸馏的先进控制技术，虽然不少装置都安装了先进控制系统，但实际保持正常运行的很少，不是因为流程改造、装置扩能，就是因为原油品种更换造成工艺有大的变化等，使先进控制系统处于瘫痪状态。这也和在线组成智能分析仪表未全面普及有关。

第一章 原油的基本性质

一、原油的基本物性

常减压蒸馏装置的原料是原油，原油是一种组成极为复杂的混合物，而且不同原油之间的性质差别较大。在常温下，原油大都呈流体或半流体状态，颜色多为黑或深棕色，少数为暗绿、赤褐或黄色，石油的颜色与原油中含有的胶质、沥青质数量的多少有密切关系。深色原油密度大、黏度高，并且有特殊气味。一般情况下，石油比水轻，它的密度为 0.75～0.98g/cm^3，密度是原油最重要的指标，它几乎与所有的原油性质都相关。

我国是最早发现和使用石油的国家之一，早在 3000 多年前的西周就已经发现石油，2000 多年前在甘肃、四川、新疆等地就有发现和使用石油的文字记载。虽然我国发现和使用石油较早，但近代石油工业却相对落后。1949 年中华人民共和国成立前石油加工能力只有 170kt/a，所以中国人只能使用“洋油”。中华人民共和国成立后，我国石油加工能力不断提高，从 20 世纪 50 年代开始起步到 2016 年，全国石油加工量已达 750Mt/a，占全球炼油能力(4870Mt/a)的 15%，在美国(920Mt/a)之后居世界第二位。由于产地不同，形成原油的物质也不同，其物理性质也有很大的差异。评价原油的性质主要是分析原油的密度、黏度、盐含量和重金属含量、硫含量、酸值、凝点或倾点、残炭等特性。表 1-1 为几种原油的物性对比。

表 1-1　几种典型原油的物理性质

性　　质	胜利原油	沙特(中)	大庆原油	阿曼原油	巴士拉(中)
产地	中国	沙特	中国	阿曼	伊拉克
密度/(kg/m^3)20℃	900.5	869.6	861.2	857.2	875.7
API 度	25.63	31.22	32.8	33.57	30.09
黏度(50℃)/(mm^2/s)	80.36	13.26	22.27	10.54	8.7
凝点/℃	28	-36	32	-40	-65
硫含量/%	0.8	2.4	0.1	1.3	2.97
盐含量/(mg/L)	17	4.3		2.7	44.5
酸值/(mgKOH/g)	1.33	0.15	0.02	0.46	0.14
残炭/%	6.4	6.17	2.9	4.1	5.49
闪点/℃	70	40		25	
重金属含量/(μg/g)					
Ca		0.8	1.16	7.2	1.16
Fe	9.7	1.2	0.332	0.6	1.41
Ni	26	10.7	2.04	7.6	10.8
Cu	0.5		0.134	0.5	0.04

续表

性　质	胜利原油	沙特(中)	大庆原油	阿曼原油	巴士拉(中)
Na		1.2	3.66	1	3.37
V	1.8	30.1	0.04	9.3	40.7
馏分/%					
<180℃	8.91	19.04	9.8	18.15	18.21
<350℃	25.1	46.83	31.2	44.1	44.56
<540℃	52.6(500℃)	75.49	57.2(500℃)	71.39	70.32

二、原油的组成

原油之所以在外观和物理性质上存在差异，根本原因在于其化学组分不完全相同。原油不是由单一元素或两三种元素组成的化合物，而是由许多种元素组成的多种化合物的混合物。因此，其性质就不像单质和纯化合物那样确定，而是所含各种化合物性质的综合体现。

1. 原油的元素组成

原油的主要组成成分是碳和氢，碳氢化合物也简称为烃，烃是原油加工和利用的主要对象。其中碳的含量约为83%~87%，氢约为11%~14%，两者合计约占原油的95%以上。

原油中所含各种元素并不是以单质形式存在，而是以相互结合的各种烃类及非烃类化合物的形式而存在。其中的非烃类化合物是以烃类的衍生物形态存在于原油中，简单地说就是这些微量元素多数镶嵌在烃分子中。

原油中含有的硫、氧、氮等元素与碳、氢形成的硫化物、氮化物、氧化物和胶质、沥青质等非烃化合物，其含量可达10%~20%，这些非烃化合物大都对原油的加工及产品质量带来不利影响。在原油的炼制过程中应尽可能将它们除去。

2. 原油的烃类组成

原油中的烃类按其结构不同，大致可分为烷烃、环烷烃、芳香烃三类。不同烃类对各种原油产品性质的影响各不相同。

(1) 烷烃

烷烃是原油的重要组分，是一种饱和烃，其分子通式为 C_nH_{2n+2}。

烷烃是按分子中含烃原子的数目为序进行命名的，碳原子数为1~10的分别用甲、乙、丙、丁、戊、己、庚、辛、壬、癸表示；10以上者则直接用中文数字表示，例如只含一个碳原子的称为甲烷；含有十六个碳原子的称为十六烷。这样，就组成了为数众多的烷烃同系物。

烷烃按其结构之不同又可分为正构烷烃与异构烷烃两类，凡烷烃分子主碳链上没有支碳链的称为正构烷烃，而有支链结构的称为异构烷烃。

正构烷烃因其碳原子呈直链排列，易产生氧化反应，即发火性能好，它是压燃式内燃机燃料的良好组分。但正构烷烃的含量也不能过多，否则凝点高，低温流动性差。异构烷烃由于结构较紧凑，性质安定，虽然发火性能差，但燃烧时不易产生过氧化物，即不易引起混合气爆燃，它是点燃式内燃机的良好组分。

在常温下，甲烷至丁烷的正构烷呈气态；戊烷至十五烷的正构烷呈液态，十六烷以上的正构烷呈蜡状固态(是石蜡的主要成分)。

由于烷烃是一种饱和烃，故在常温下，其化学安定性较好。烷烃的密度最小，黏温性最好，是燃料与润滑油的良好组分。

(2) 环烷烃

环烷烃的化学结构与烷烃有相同之处，只是其碳原子相互连接成环状，故称为环烷烃。由于环烷烃分子中所有碳价都已饱和，因而它也是饱和烃。环烷烃的分子通式为 C_nH_{2n}。

环烷烃具有良好的化学安定性，与烷烃近似但不如芳香烃。其密度较大，自燃点较高，辛烷值居中。它的燃烧性较好、凝点低、润滑性好，故是汽油、润滑油的良好组分。环烷烃有单环烷烃与多环烷烃之分。润滑油中含单环烷烃多则黏温性能好，含多环烷烃多则黏温性能差。

(3) 芳香烃

芳香烃是一种碳原子为环状连接结构，形成稳定的大 π 键，分子通式有 C_nH_{2n-6}、C_nH_{2n-12}、C_nH_{2n-18}等。它最初是由天然树脂、树胶或香精油中提炼出来的，具有芳香气味，所以把这类化合物叫作芳香烃。芳香烃都具有苯环结构，但芳香烃并不都有芳香味。

芳香烃化学安定性良好，与烷烃、环烷烃相比，其密度最大，自燃点最高，辛烷值也最高，故其也是汽油的良好组分。但由于其发火性差，十六烷值低，故对于柴油而言则是不良组分。润滑油中若含有多环芳香烃则会使其黏温性显著变坏，故应尽量去除。

还有一种烃类，叫作不饱和烃，如烯烃、炔烃。原油一般不存在不饱和烃，因为这些不饱和烃不稳定，容易氧化生成胶质。举例来说，汽油存放时间长了，颜色慢慢变深，就是里面的烯烃氧化了。但是烯烃的辛烷值较高，凝点较低，是汽油的良好组分。不饱和烃主要存在于二次加工产物里。

对于常减压装置经常说的低压瓦斯(三顶不凝气)，其组分主要是 $C_1 \sim C_4$的正构烷烃或异构烷烃，当然也含有少量的未冷凝的 C_5(汽油组分)。由于减压炉出口温度较高，在高温下会发生热裂化，产生少量的烯烃。另外，三顶气中还含有大量的 H_2S，在装置现场，三顶脱水系统是 H_2S 防护重点部位。

3. 原油中的非烃化合物

(1) 硫化物

硫在原油中主要是以单质硫(S)、硫化氢(H_2S)、硫醇(RSH)、硫醚、二硫化物、噻吩的形态存在，其中单质硫、硫化氢、硫醇称为活性硫化物，它们的化学性质较活跃，容易与铁发生反应生成硫化亚铁，使工艺管线和设备器壁减薄、穿孔，发生泄漏事故；硫醚、二硫化物、噻吩等属于非活性硫化物，它们对金属的腐蚀性较弱。但是，非活性硫化物受热后可以分解成活性硫化物。硫的腐蚀性在后面专门说明。

硫在原油馏分中的分布一般是在塔顶不凝气中含量很高，在轻油组分中含量很少，随着馏分沸程的升高而增加，大部分硫均集中在重馏分和渣油中。

石脑油馏分中的硫化物主要是硫醇、硫醚以及少量二硫化物和噻吩。

柴油馏分中的硫化物主要是硫醚类和噻吩类。

高沸馏分中的硫化物大部分是稠环，硫原子也多在环结构上。

(2) 氧化物

氧元素都是以有机化合物的形式存在的，大部分集中在胶状、沥青状物质中。这些含氧化合物，可分为酸性氧化物和中性氧化物两类。酸性氧化物中有环烷酸、脂肪酸以及酚类，总称为原油酸。酸性氧化物在原油里的多少用酸值表示。酸值越高，氧化物对金属的腐蚀性越强。中性氧化物有醛、酮等，它们在原油中含量极少，而且几乎没有腐蚀性。

在原油的酸性氧化物中，以环烷酸为最重要，它约占原油酸性氧化物的90%左右。环烷酸的含量，因原油产地不同而异，一般多在1%以下。

环烷酸在原油馏分中的分布规律很特殊，在低沸馏分以及高沸重馏分中环烷酸含量都比较低，在中间馏分中环烷酸含量最高。在210~420℃温度范围均可引起碳钢设备的腐蚀，特别是在270~280℃和350~400℃两个温度范围，腐蚀最强，正是由于这种特性，介质温度超过240℃以上的工艺管线(如重油线和加热炉炉管)都采用抗环烷酸腐蚀的Cr5Mo或更高级材质，设备内壁高温处一般使用316L复合钢板以抵抗环烷酸腐蚀。

(3) 氮化物

原油中氮含量一般在万分之几至千分之几。大部分氮化物也是以胶状、沥青状物质形态存在于渣油中。氮化物的分布与硫化物相同：组分越重，氮化物含量越高，且80%以上的氮化物集中在渣油中。从现在掌握的知识看，氮化物对常减压蒸馏没有什么影响，但会使催化裂化的催化剂暂时失活。

(4) 金属化合物

金属化合物在原油中，一部分以无机水溶性盐类的形式存在，如钾、钠的氯化物盐类，它们主要存在于原油乳化的水相中，可在脱盐过程中随水分脱掉。另外一部分以油溶性的有机化合物或络合物的形态存在，并且大部分集中在渣油中，这部分重金属包括砷、磷、镍、钒、铁、铜等元素，会造成电脱盐电流升高，对原油的加工有害无利。

三、原油的分类

根据原油物理性质的不同，原油分类主要有以下几种方法。

1. 按原油的密度分类

轻质原油：<851.0kg/m^3；

中质原油：851.0~930.0kg/m^3；

重质原油：930.0~1000.0kg/m^3；

特重质原油：>1000.0kg/m^3。

现实意义：通过原油换罐后的性质分析，了解原油密度变化，也就掌握了原油轻重变化的方向，可以提前调节各种参数，减少油品变化对整个装置的冲击，提高运行平稳率。

2. 按原油的硫含量分类

低硫原油：硫含量<0.5%；

含硫原油：硫含量0.5%~2.0%；

高硫原油：硫含量>2.0%。

现实意义：了解原油硫含量的变化，可以预知腐蚀程度的变化，硫含量升高后，对塔顶油气系统、高H_2S区域的巡检要格外小心、仔细，必须佩带硫化氢报警仪巡检。

3. 按原油的含蜡量分类

低蜡原油：蜡含量0.5%~2.5%；

含蜡原油：蜡含量2.5%~10%；

高蜡原油：蜡含量>10%。

4. 按原油的胶质含量分类

以重油(沸点高于300℃的馏分)中胶质含量来分。

低胶质原油：胶质含量<17%；

含胶质原油：胶质含量17%~35%；

多胶质原油：胶质含量>35%。

5. 据原油的化学组成不同，以原油的特性因数 K 不同进行分类

石蜡基原油：$K>12.1$ 烷烃含量高，密度小，凝点高，胶质含量低。

中间基原油：$K=11.5\sim12.1$ 性质处于石蜡基和环烷基之间。

环烷基原油：$K=10.5\sim11.5$ 密度大，凝点低。

根据特性因数和密度将原油按轻油、重油两个关键组分进行更为详细的分类，可分为七类，即：石蜡基、石蜡-中间基、中间-石蜡基、中间基、中间-环烷基、环烷-中间基、环烷基。

由于各种原油的性质差异很大，在原油品种改变时，就会给装置带来波动，影响产品合格率，为了预知随着原油变化、装置的各种主要参数会发生哪种变化趋势，大量的科研人员对世界上各种原油进行了评价，得出各种原油的性质数据，汇编成《原油数据库》，以指导实际生产。由于炼厂生产时并不仅炼某一种原油，而是同时几种原油一起掺炼，如果知道原油的掺炼比例，可以预测原油的变化趋势并采取相应的调整手段；如果不知道掺炼比例，只能靠我们的经验和各种参数的变化来调整产品的质量。

第二章　电脱盐与防腐

第一节　电　脱　盐

从地下采出来的原油含有很多的水分和盐类。这些盐类大多以 NaCl、$CaCl_2$、$MgCl_2$等形式存在，还有 Ni、V、Fe、Cu 等微量金属与 Cl^-、SO_4^{2-}、CO_3^{2-} 这些酸性离子形成的无机盐或与烃类形成有机络合盐。原油中盐和水的存在给常减压装置及后续装置的平稳操作、设备腐蚀带来相当大的危害。

原油中的水分在换热流程中随着原油温度的升高逐渐被汽化，不仅带走了大量热量，降低了热量的有效传输，增加了塔顶冷却系统对水蒸气的冷却负荷，也就是增加了能耗，而且增加了流程压降，给换热器的安全运行造成危害，大量的水汽化甚至造成机泵抽空、换热器泄漏、分馏塔冲塔等安全事故。

原油含盐对加工危害极大。少量的盐类以晶体状悬浮在油中，大部分能够溶解在水中。首先这些盐类水解生成 HCl，严重腐蚀设备，或者在常压塔上部塔盘上结晶析出，堵塞塔盘，造成侧线分离不清；其次在炉管和换热设备中，盐类沉积在管壁上而结垢，影响传热，同时使炉管寿命缩短、压力降增大，严重时可使炉管或换热器堵塞，造成装置停工；第三是对后续装置的影响。金属钠对分子筛催化剂的晶格有破坏作用。催化裂化装置的进料要求含钠量小于 1μg/g。重金属 Ni、V 危害更大，它们很容易使催化剂中毒造成永久失活。渣油中所携带的盐类在延迟焦化装置的炉管里会迅速结焦，使炉管压降增加，加工量减小，甚至发生炉管烧弯。

电脱盐是当前石油加工行业普遍接受并广泛应用的电化学石油处理技术，在 20 世纪 80 年代以前，我国根本没有自己的电脱盐技术。当时，为了除去油中的水和盐，只有采取热沉降法。这种方法效率低，占用设备和场地非常大，而且脱水脱盐效果非常差。从 20 世纪 60 年代起，我国从国外引进了电脱盐设备，使我国石油加工水平提高了一大步。但是国外只卖设备，对先进的技术还是对我国进行封锁。因此我国电脱盐整体技术还是比较落后，原油脱后含盐指标还未能满足原油深度加工的技术要求。当时，国内各炼油厂电脱盐设备均为普通电力变压器，存在着不防爆、阻抗低、适应负载变化能力差等缺点，时常发生击穿、爆炸、火灾等事故。直到 1986 年，我国才自行设计、生产出第一套交流电脱盐设备，并在长岭炼油厂安装调试，开车成功。然后相继开发出交直流电脱盐技术、高速电脱盐技术、双进油双电场技术、智能调压电脱盐技术等。

为了减轻原油中的水和盐类的危害，电脱盐系统作为原油加工的第一道工序，它的重要性也逐渐提高，难度也越来越大。

一、电脱盐原理

原油中的环烷酸、胶质、沥青质是天然的乳化剂。随着原油的过度开采及采油技术越来越多地依靠油层注水和使用驱油剂(一种乳化剂)，再加上原油从油田经过长途运输和多次泵的加压传送最后送到常减压装置，其中的水被均匀地分散在油中和油滴过度混合形成牢固的乳化液。乳化液的状态分为油包水型和水包油型两种。其中，95%的原油属于稳定的油包水型。

简单地说，原油电脱盐就是在电场、破乳剂、温度、注水、混合强度等因素的综合作用下，破坏原油乳化状态、实现油水分离的过程。由于原油中的大多数盐溶于水，这样盐类就会随水一起脱掉。

原油电脱盐是怎样实现的呢?

首先是打破原油的乳化状态，这需要破乳剂来实现。破乳剂是一种表面活性较强的化学混合物，主要组分是烷基酚醛树脂、环氧乙烷和环氧丙烷的共聚物。破乳剂实际上也算是一种乳化剂，它的破乳原理就是利用破乳剂相对于原油中的乳化剂的表面活性更强、表面张力更小的特点，使其能够破坏原有乳化液牢固的吸附膜，将水分夺过来，形成新的、不稳定的乳化液。

破乳剂一般在原油泵的入口加入，经过原油泵叶轮的高速旋转、管线运输的强力搅拌，逐渐渗透到乳化液的界面发挥作用，破坏原有的乳化状态，为油水分离提供了先决条件。

现在有种新的破乳技术——超声波破乳，即在混合阀后、脱盐罐前安装超声波发生器，对乳化液进行声波振荡，打破乳化膜，达到破乳的目的。该技术已在中国石化、中国石油、延长集团等多家炼油企业应用。

其次是在电场的作用下进行油水分离。原油经分配器进入脱盐罐内，原油中的水无规则地分布在油中，在外加电场作用下，微小水滴立即被电场感应极化，产生感生电荷，这些带电荷的偶极子之间彼此形成了不同强度的偶极电场，在外加电场和偶极电场的作用下，微小水滴趋向沿电力线方向定向排列。相邻水滴之间异性相吸，同性相斥，产生聚结力，在聚结力作用下，微小水滴的运动被加速，水滴的运动速度增加，可以帮助它冲破乳化膜的约束，增加水滴碰撞凝聚的机会。电场越强，水滴越大，水滴间间距越小，聚结力就越大，小水滴越容易互相碰撞合并成大水滴。

最后，由于水的密度比原油密度大，大水滴逐渐沉降到脱盐罐底部，大量的水滴聚结成水层，这就是我们所说的“脱盐罐的界位”。脱出的水从罐底流出，而原油密度较小，上升并从罐顶流走。这样，油和水就分离开来，油中的盐分被水带走，实现了电脱盐的目的。

二、电脱盐的一般工艺流程

各炼油企业新上和改造原有的电脱盐装置，其目的是为了去掉原油中的盐分和杂质，以利于原油的深度加工和防腐，因此，电脱盐装置的设计和实施需根据各炼油厂进厂原油的品质和处理量来决定，一般采用的是两级电脱盐或三级电脱盐，图 2-1 是典型的二级电脱盐装置的工艺流程图。

流程说明：破乳剂的水溶液用泵注入原油入口，原油经换热后达到一定温度，和所加注水经静态混合器再经偏转球形混合阀进一步混合后，进入一级脱盐罐的油分布器，油水混合物在脱盐罐内通过弱电场和强电场，细小水珠聚集沉降从脱盐罐下部排出，排水与注水换热后排入含油污水系统中，脱水后的原油从脱盐罐顶部排出。

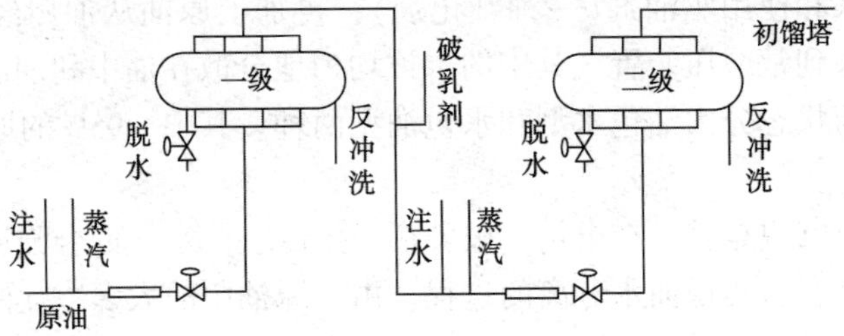

图 2-1　电脱盐工艺流程图

从一级脱盐罐顶部排出的原油与破乳剂、注水混合，经静态混合器和偏球形混合阀均匀后进入二级脱盐罐，二级脱盐罐脱出的水可以直接作为一级脱盐的洗涤水，或排入含油污水系统，二级脱后原油送往初馏塔。

三、电脱盐的几种形式

电脱盐罐是电脱盐装置的主体设备。罐体形式一般采用卧式罐，罐体材料通常采用16MnR 钢，罐体尺寸依据原油的处理量及原油在罐内强电场的停留时间确定，壁厚依据罐体的耐压指标确定，一般都在 30mm 以上。

现在的电脱盐形式根据电场结构的不同可分为交流电脱盐、交直流电脱盐、高速电脱盐、鼠笼式电脱盐、双进油双电场电脱盐、超声脉冲电脱盐、智能调压电脱盐、多频复合梯度电脱盐等几种形式。

1. 交流电脱盐

交流电脱盐罐的电极板是水平放置的，在极板间施加工频 50Hz 的交流高压电场，形成正负交变的电场，带正负电荷的偶极水滴在交变电场中产生振荡，当相邻水滴相反极性端互相吸引，碰撞使水滴复合增大，水滴聚结到一定程度时，由于油水密度差，水滴沉降速度超过原油上升速度，水滴便逐渐沉降下来，与原油分离，水滴沉降到脱盐罐底部排出。

交流电脱盐的极板一般有 3 层，少数为 2 层，分为带电极板和接地极板，对于 3 层极板，是中间极板带电，其他两层接地；对于 2 层极板，上层带电，下层接地。

交流电脱盐水平极板的特点：

① 结构简单，安装方便，每层的结构相同。

② 电场强度均匀，可避免电极板之间的不均匀放电。

③ 重量轻，对绝缘吊挂的要求低。

④ 缺点一：运行电流大，能耗较大。

⑤ 缺点二：运行效率较低，一般标准罐的处理量在 2. 5Mt/a 以下。

2. 交直流电脱盐

交直流电脱盐罐内的极板分布为垂挂式正负相间，电场分布是自下而上分为交流弱电场、直流弱电场和直流强电场。交直流电脱盐极板安装示意图见图 2-2，电场分布见图 2-3。

含水原油通过直流电场时，原油中的微小水滴在电场的作用下，同样产生偶极性，相互吸引复合，只是电场不交变。由于电极板为垂直布置，产生偶极化的水滴处在电场中的位置不平衡，或者在原油输送过程中，由于摩擦作用，水滴本身已带一定的正负电荷时，水滴产生了不平衡电场力使水滴向正负极板移动，即产生了“电泳”现象。而原油和水滴沉降是上下运动，这就大大增加了水滴复合的概率。电泳使更小的水滴在接触极板时带上相同电荷又迅速反向移动，这就是交直流电脱盐脱水率比交流电脱盐高的主要原因之一。另外，直流电场垂直布置还有利于增加电场强度和改变电极距来取得合适的原油在电场中的停留时间和电场强度，从而提高脱盐脱水率。电极距的改变是因为垂直极板的上下厚度尺寸不一样形成的，极板是上厚下薄。这种变极距结构使电场形成梯度电场，原油在上升过程中先经过弱电场脱去粒度较大的水滴，再经强电场脱去粒度较小的水滴，这样可提高电脱盐的脱除率。

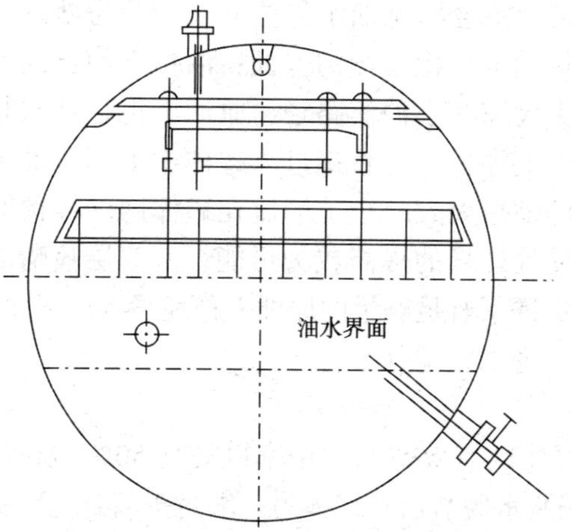

图 2-2 交直流电脱盐极板安装示意图

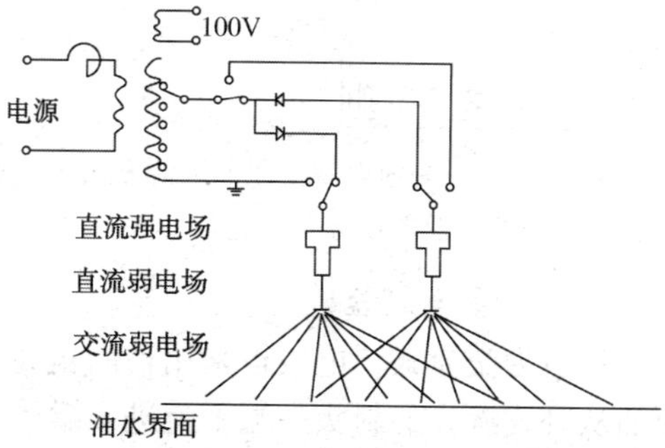

图 2-3 交直流电脱盐的电场分布图

交直流电脱盐极板的特点：

① 存在三种形式的电场，原油经过三种电场后能使油水充分分离。

② 电场高度较大，并且可根据需要设计，设计范围较大。

③ 电极板与电源的结合，可形成交流电场和直流电场，在具有交流电脱盐的基础上也具有直流电脱盐的优点。

④ 由于电源的独特设计，能源消耗较交流电脱盐有较大幅度下降，耗电量相当于交流电脱盐的30%。

3. 高速电脱盐

高速电脱盐是20世纪80年代由美国PETRECO公司针对炼油厂处理量提高而较大电脱盐罐体放置空间不足的情况而开发的电脱盐技术，高速电脱盐设备的处理能力是低速电脱盐处理能力的1.75~2.0倍。自1997年起，我国齐鲁、金山、镇海三家炼油厂引进的五套高速电脱盐设备均采用该技术。其主要技术特征为：

① 通过专门设计的进油分配器，原油、水和破乳剂三者组成的乳化液由喷嘴直接进入电脱盐罐内电场中，进油方式为油相进油。

② 在高速电脱盐罐内经高压电场脱除的水向下沉降和油流向上运动，与在水相进油的低速电脱盐相比，形成的“返混”大大削弱，原油在电场中的停留时间和罐内停留时间大大缩短，实现了罐体小、处理量大的目标。

③ 高速电脱盐罐体内布置三层电极板，形成两个相同的强电场。电场中设计为水平电极板，组成强电场。带电方式有两种形式：一种为中间极板带电，上层和下层极板接地；另一种为三层极板都带电。

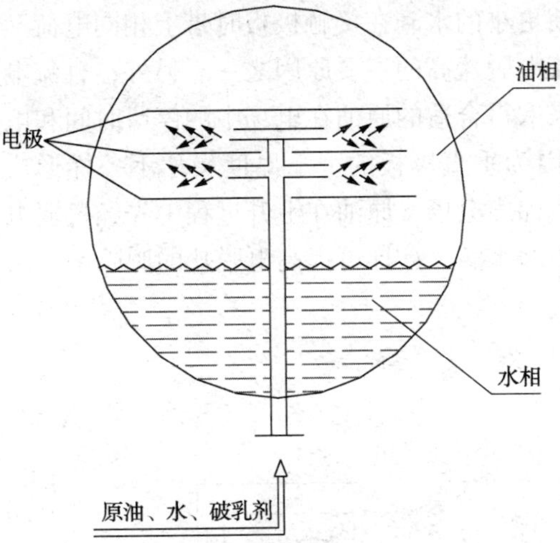

图 2-4 高速电脱盐原油进油方式及电场分布示意图

其原油进油方式与电场分布如图 2-4 所示。

高速电脱盐比传统电脱盐处理量大，设备占地空间小，实现了罐体小、处理量大的目标。高速电脱盐之所以能够提高处理量，关键在于改变了进油方式，油相进油对罐底水层不会产生搅动，不会影响油水界位的稳定，为处理量提高提供了平稳运行的保证；油相进油方式的采用大大缩短了油流路径，原油不再是从水相中慢慢上浮，而是直接进入罐体中上部，油流路径的缩短大大减小了油流在罐体内的停留时间，使处理量的提高成为可能；而双层喷嘴的设计保证了有足够量的原油平稳地喷入电场中，并在电场中合理分布。

4. 鼠笼式电脱盐

一般为交流式，电极板采用轴向鼠笼结构，罐体内有效空间利用率可提高 50%～80%。原油从卧式罐体的封头一端平流进入罐体，经电场脱水脱盐后从罐体另一端封头离开电脱盐罐，罐体内设计鼠笼式电极板结构(单层或多层)。在电脱盐罐底部设计一个或两个水包。

其特点是：电脱盐罐内由弱电场、过渡电场和强电场三个区域组成，油水混合物料从电脱盐罐一端经分配器进入罐内，以平流方式依次通过三个不同强度的电场，分段脱盐脱水，进罐原油始终在电场作用下，增加原油在电场的停留时间。脱后原油则从罐的另一端排出，从原油中沉降分离出来的水进入罐体水包，从水包底部排出。

5. 双进油双电场高速电脱盐

“双进油双电场高速电脱盐脱水”是针对原有高速电脱盐设备存在的缺陷而研发的。采用该项技术的电脱盐脱水设备占地面积小、处理量大、脱盐脱水效果好。

原有高速电脱盐技术存在的缺陷，一是上、下部电场的进油喷头由一根进油管供料，无法调节达到均衡；二是下部电场处理后的净油进入上部电场，与上部电场的油料汇合后原油上升速度急剧增加，下部电场的上升油流与上部电场的沉降水滴逆流反混，使一些含盐的微小水滴被上升的原油携带出电脱盐罐外，这样使原油脱后含盐达不到规定的技术指标。

双进油双电场电脱盐技术充分利用原有电脱盐罐的上部空间，在电脱盐罐内将原有的一套重油深度脱盐设备改造成两套重油深度脱盐设备，它能在原有电脱盐罐容积不变的情况下，通过改变内外部结构，使原油处理量达到原处理量的 1.5～2 倍。其原油进油方式及电场分布如图 2-5 所示。

6. 超声脉冲电脱盐

通常超声波主要用于乳化液(如乳制品)的制备及超声波消洗等。由于上述过程需要在一定的声强和频率下工作，所以有人提出，能否探讨在某段声强和频率下将制乳作用变为破乳作用，将超声波用在破除油水乳化液上。一般认为超声波可使介质产生机械振动、空化作用和热作用。有人曾利用超声波进行炼油厂含水量大于 10%的回收污油的破乳脱水研究，其作用原理是：机械振动作用可促进水“粒子”产生位移效应，水粒子不断向波幅或波节运

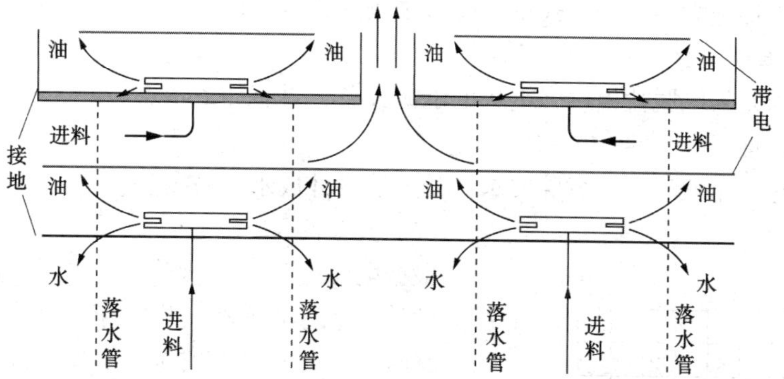

图 2-5 双进油双电场电脱盐原油进油方式及电场分布示意图

动，聚结并发生碰撞，然后根据碰撞效应使小水滴聚集成大水滴，在重力作用下沉降分离。脉冲电脱盐输出到极板上的电场波形不同于交流电脱盐和交直流电脱盐，它采用脉冲供电方式，脉冲宽度为 30～1000μs，脉冲间隙为 30～10000μs，脉冲频率为 50～2000Hz，在电脱盐罐体内形成脉冲电场，场电压波形为单向脉冲方波。在极板上施加单向脉冲电压时，因单向脉冲电压可分解为直流电压与交流电压的叠加，即原油中的水滴既受到直流电场的偶极力聚结作用，又受到交流电场的振荡聚结作用，同时电脉冲可使原油中电场峰值提高很多，使脉冲电脱盐技术具有较好的破乳效果。

7. 智能调压电脱盐

智能调压电脱盐技术改正了输入到电脱盐罐内高压不能在线调整的缺点，是电脱盐技术的重大进步，是一种对各类复杂乳化原油具有适应性，特别是用于易发生乳化的高黏度、高酸值、高含水、高导电率重质原油的脱盐脱水技术。

智能调压电脱盐技术中，电压无极可调，罐内电流被实时监控，并输送到智能响应控制柜中的 PLC 控制系统，PLC 通过运算后将输出调整信号给可控硅控制器，通过改变可控硅的导通角，并对变压器的一次侧电压进行调整，从而改变输出到极板上的二次高电压，以使其适合罐内运行状况。

智能调压电脱盐技术可以根据不同原油的性质和特点，通过预先编程设定的波形曲线或通过控制器动态调整输出控制曲线和控制参数，在处理不同原油时可以在线设定及修改参数，以向不同的油品施加更适合该油品的场强和时间，改变了单一的高压输出的情况。

8. 多频复合梯度电脱盐

多频复合梯度电脱盐是利用不同频率和不同电场强度对复杂原油乳化液破乳的脱盐脱水技术。其在高压电场设计时，更注重各种频率高压及各种强度电场的设计。采用高频（50～5000Hz 连续可调）增强对乳化膜的冲击频次。这种较高频率的高压电场对油水乳化界面膜破除具有较强的穿透力。

四、电脱盐的主要设备

1. 罐体

电脱盐的罐体一般选用 16MnR 材质，罐体厚度较大，2. 5Mt 级的脱盐罐壁厚为 30mm，5Mt 级的壁厚就超过 40mm 以上。罐径规格系列为 ϕ3000～5800mm；罐筒体长度系列为 8000～46000mm。

脱盐罐的外形绝大多数是卧式罐，少数采用立式或球形的。

2. 交流变压器

交流变压器是为电脱盐提供强电场的电源设备，具有如下特点：

(1) 防爆特性

根据石油化工企业生产的特殊要求，变压器设计成永久防爆。

(2) 安全性

根据电脱盐在实际操作中不稳定的情况，专为变压器设计成带有电抗器，并具有100%阻抗，使变压器在短路时也具有较高的安全性。图2-6为变压器的特性曲线。

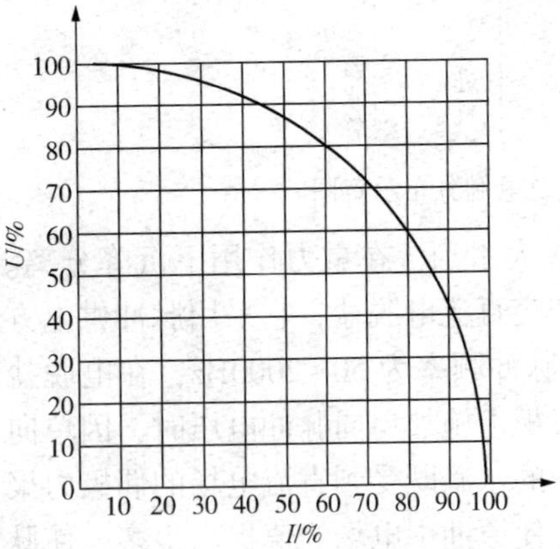

图2-6　变压器的特性曲线图

(3) 可调节性

变压器根据生产工艺要求，对不同的原油应采用不同强度的电场，因此，变压器的输出是不同的，在设计时选择了无载分级可调开关对二次输出电压进行调节，使输出电压从13~25kV分五挡可调。

(4) 适用性

变压器具有良好的环境适应性，对应用场所的要求非常低。

(5) 可靠性

变压器和电抗器采用共轭整体铁芯结构，机械性能好，选择优良的硅钢芯片，损耗低，空载电流小，具有良好的节能特性。

3. 整流箱

交直流电脱盐所使用的电源是在交流变压器的输出端加一个大功率的交直流整流箱，以得到直流电源。在此基础上，又推出一种变流电脱盐变压器，即将交流变压器和整流箱安装在一个油箱里成一整体。

4. 绝缘吊挂

电脱盐的绝缘吊挂是电脱盐电场结构中的重要部件。根据不同的电场结构和不同的原油品种，应选用不同型号和材质的绝缘吊挂，主要有四氟吊挂、四氟复合吊挂和陶瓷吊挂。其中应用最多的是四氟复合吊挂，它是用聚四氟乙烯和高分子材料复合加工而成，具有机械强度大，载重能力大，抗爬电能力大，绝缘性能好，吊挂长度可以不受限制加长等特点。

5. 高压电场—罐内电极板

电脱盐罐内高压电场通常指罐内电极板，主要由固定支架、框架梁、绝缘吊挂、紧固件及各种连接件组成。

电脱盐罐内电极板有水平结构与垂直结构两种形式。

6. 进油分配器

进油分配器是用来将原油乳化液在进入罐内后在轴向和径向均匀分配，使原油成层状平缓上升。分配器设在油水界面以下，以增加油水接触时间，并提供给原油附加的洗涤作用。分配器开孔分布于分配槽两侧，以保证热油在水中适当分散均匀，形成一定大小的油滴，在水中自由上浮。

五、电脱盐的主要控制点

影响脱盐效果的因素有很多，下面逐一说明。

1. 破乳剂

由于各种原油中的胶质、沥青质的含量不同、分子结构不同，还有原油的黏度不同，水的含量、盐的含量、品种均不同，再加上原油运输途中的混合程度也有差异，这就造成乳化液的稳定程度不同。

要破坏不同原油的乳化状态，必须使破乳剂能够适应原油品种的变化，但破乳剂很难做到这一点，现在还没有真正能够做到广谱性的破乳剂，所以进行破乳剂筛选工作是装置上经常进行的，也是必须进行的一项工作，评价破乳剂效果的标准不只是原油的脱盐率，还要考察原油脱水率的大小，也就是考察脱后含水的高低。

生产中是根据原油的盐含量和原油的乳化程度来确定加入量，流量控制一般采用玻璃板浮子流量计或计量泵，两种方法各有利弊，浮子流量计直观、易调节，但量不容易固定，经常离开设定值。计量泵流量比较稳定，但流量不直观，不容易控制破乳剂的注入量。

破乳剂一般只加注在原油泵入口，即相当于加在一级前。如果原油盐含量较高或者破乳效果不好，可将破乳剂同时加注在二级脱盐罐混合器前。

2. 注水

电脱盐是用来脱水、脱盐的，为什么还要注水？实际上脱前注水是十分必要的，如前面所述，电场中的水滴的间距减小，聚结力会急剧增加，注水后原油中的水浓度增加，相当于减小了水滴的间距，增加了水滴碰撞的机会；而且，注水可溶解悬浮在原油中的盐类，使其随水脱掉。

注水量一般控制在原油量的4%~6%，超过这个范围，脱盐率会下降。这是因为大量的水会降低脱盐温度，增加原油脱后含水量。但是如果加工的原油非常重，盐含量非常高，这时就得继续增加注水量。

注水的水质也有要求，如果所注的水含盐量高，无疑增加了电脱盐的脱盐负担，影响脱盐效果。同样，注水的 pH 值也影响着脱盐效果，破乳剂的适宜工作环境是弱碱态，如果注水 pH 值过高或过低，都会影响破乳剂的破乳效果。

另外还要选择注水的位置。注水口一般都选择原油一次换热后电脱盐混合阀前，但是这会造成水和原油混合时间较短，使水不能充分溶解盐类。也有的装置将注水口安置在原油泵后原油换热前，这样可保证较好的混合程度，但是增加了换热负荷，甚至造成换热器憋压、泄漏，同时需要安装高压水泵才能打进原油里。

3. 脱盐温度

脱盐温度是电脱盐过程中一个十分重要的参数，它直接影响脱盐效果。一般来说，脱盐温度最好控制在110~140℃之间，保持较高的脱盐温度，一方面可以使原油黏度降低，减少水滴运动阻力，有利于水滴运动；另一方面可以降低油水界面的张力，水滴受热膨胀，使乳化膜减弱，有利于破乳和聚结。

温度过高会带来负面作用：一方面，温度升高，原油的电导率升高，电耗增加；另一方面，温度升高至一定程度时，$CaCl_2$、$MgCl_2$开始水解，释放出 Cl^-离子，增加了脱盐难度。再有，为提高脱盐温度，必然会使用高温位的油品与原油换热，降低了能量的利用率。

表 2-1、表 2-2 可以说明脱盐温度对油水密度差和水的沉降速度的影响。

实际生产中，有的装置在脱前最后一组换热器上设置了三通合流阀，来保证适宜的脱盐温度，如果没有这个流程，一般采用调整换热负荷来控制温度，比如常一中的换热流程是先和脱后原油换热，再和脱前原油换热。如果脱盐温度较低，可以打开与脱后换热的一中的副线，以提高与脱前换热的一中的温度。

另外，要尽可能地提高注水的温度，减少注水后脱盐温度降低的幅度。

表 2-1　油水密度差随温度的变化

温度/℃	水密度/(t/m^3)	油密度/(t/m^3)	油水密度差/(t/m^3)
100	0.958	0.81	0.148
110	0.950	0.80	0.150
120	0.942	0.79	0.152
130	0.935	0.78	0.155
150	0.915	0.77	0.145

表 2-2　沉降速度与温度的关系

温度/℃	相对密度差/(t/m^3)	黏度/(mm^2/s)	相对沉降速度
93	0.04	28	v
121	0.037	13	$2v$
149	0.032	7.2	$3.1v$

4. 界位

脱盐罐的界位同样是脱盐过程中的一个重要参数。界位是指脱盐罐底部的水层高度，界位如果过高，水层就会进入电场，电导率增加，引起脱盐电流升高甚至跳闸；界位如果过低，水与油尚未分离清就被排走，易造成脱水带油。一般情况下界位控制 40%±10%。

界位的测量调节仪表形式有射频导纳、差压式、内浮筒式以及短波式，普通配置是每罐安装射频导纳式和差压式。生产中要经常检查界位指示是否正确，两种测量手段的偏差是否合理、正常，最好每隔一定时间，通过看样口对界位进行标定。从表 2-1 可以看出，油水密度差非常小，如果原油轻重发生变化，界位很容易发生波动，甚至出现假指示，这时要认真分析、判断界位的真实状态。

乳化层的存在也干扰了界位的正确指示。乳化层的密度介于水和原油之间，因此，乳化层是处于水层上面，油层下面，由于乳化层和水的密度差更小，很容易造成界位假指示。

5. 混合强度

原油注水后，为使水能够与油充分混合，需在注水点后安装混合装置，一般的混合装置包括静态混合器和偏转球形调节阀。静态混合器就是一段管道，内壁安装了几圈导向板，原油流经时，会破坏原来的流动状态，增加湍流效果，它的压降随原油炼量的大小而变化。偏转球形调节阀是可控制的，全开时混合强度最小，压降值越大混合强度越大。也有的装置是采用双座调节阀作为混合器。

提高混合效率，可以提高脱盐率。注水后水和油只有充分接触混合，才能把油中包含的水溶性盐溶于水中，而只有溶于水中的盐和被水润湿的固体不溶性盐才能被脱除。油水的混合强度越大，混合效果越好，所以，提高混合强度可以提高脱盐效果。

然而，混合强度越高，分散在原油中的水滴的直径越小，水滴在原油中的沉降速度越小，脱盐率将变小。如果过度混合，注入的水会和原油形成新的牢固的乳化液，难以脱除，并且脱水容易带油，所以混合强度应有一个最佳值，这个值需要摸索，而且原油品种更换后这个最佳值会发生变化，还得重新调整摸索。一般情况下，密度大的原油需要的混合强度要比密度小的原油低。

6. 停留时间

原油在电场中的停留时间影响着水滴的聚结，它是沉降时间的表述，停留时间过短，水滴没有充分沉降，会被原油携带出脱盐罐，进入初馏塔，停留时间过长，对脱盐效果没有大的帮助，只是增加电耗。一般所述的停留时间是指原油在强电场间的停留时间，最佳的停留时间是 2min，这只是针对下进上出的脱盐罐的经验值，对于高速电脱盐，它的停留时间就另当别论。

停留时间的计算公式：

$$T=\text{强电场体积}/\text{每分钟原油的体积流量}$$

对已有的脱盐罐，停留时间只随处理量变化而变化。

7. 电场强度

电场强度对脱盐效率的影响非常大。

前面提过，水滴的聚结力和电场强度的平方成正比，提高电场强度，可提高小水滴的聚结力，有利于电脱盐。但是电场强度提高到一定程度，脱盐率便不再提高，只会增加电耗，甚至发生击穿现象，造成变压器跳闸。

现在脱盐罐采用的变压器普遍是全阻抗可调变压器，在变压器上有一个旋转挡，可将变压器的输出电压分成 5 个不同的挡位，最常见的挡位是 13-16-19-22-25。生产中，如果脱盐效果变差，脱盐电流很高，可联系电工对挡位进行调高，以摸索出适宜的电场强度。

一般来说，强电场的电场强度是 700～1000V/cm，弱电场的电场强度在 350～650V/cm 之间。

六、电脱盐操作法

1. 正常操作

(1) 内操岗位

电脱盐的盯岗重点是：电流是原油性质变化的重要指征之一，要勤观察电流的变化趋势，脱盐温度是否保持在 110～150℃之间，注水量是否稳定控制在 5%左右；贮水罐的液位是否过低；界位是否正常且两种测量方式的测量值之差是否发生变化；混合阀的开度是否发生大的变化等，根据脱后含盐、含水量的分析数据进行相应的调整。

(2) 外操岗位

巡检重点：脱水是否带油；破乳剂罐的液位是否过低；破乳剂的注入量是否稳定在规定量上；各阀门、法兰是否有泄漏(尤其是高压电进罐法兰)；定期手动检查界位指示是否良好，定期检查乳化层的实际位置等。

2. 在线反冲洗

原油在开采、运输过程中会携带大量的杂质，包括固体杂质，虽经原油罐沉降，仍不免部分带入脱盐罐内，并沉降堆积于罐底，随着杂质的聚积高度逐渐升高，界位的零位也会升高，影响了水滴的沉降时间，同时过多的杂质会使排放水的含油量上升，因此要对电脱盐罐进行定期在线反冲洗以冲掉沉积的杂质，建议每月进行2~4次。

反冲洗线安装在脱盐罐最底部，是一根$\phi50$或$\phi80$的管子，在其下半部分钻有很多小孔，或者在管线上安装了多组方向各异的朝下的喷嘴，反冲洗时向管内输入高压水，水通过这些小孔以很高的速度冲击、搅拌杂质，使其流动起来，然后通过罐底直排排出。

反冲洗的步骤和注意事项如下：

① 反冲洗时不可同时冲洗两级，这样可保持一定的脱盐、脱水效果。

② 停一级注水，内操逐渐降低一级界位，降低界位的目的是防止大量的水进入罐内，造成界位突升，电脱盐跳闸，甚至出现原油带水事故。但是不要将界位降得很低，这是因为如果界位很低后，高速水流形成的涡流容易造成顽固的乳化层，一般降到25%~30%即可。

③ 打开反冲洗水阀门，将水引入罐内。一般反冲洗水是自注水线上引出，为了保证反冲洗水的压力，建议反冲洗水应自注水泵出口，注水换热器前引出，水量不可过大，避免引起界位波动，也会使搅起的杂质被原油带走。如果反冲洗水从脱盐罐一端进罐，水压会逐渐降低，造成反冲洗不均匀，影响效果，最好使水从两端进罐。

④ 打开罐底直排，排出沉积物，罐底直排和脱水线不同，罐底直排是罐的最底部的排水口，脱水是罐底部的脱水收集管(槽)中引出来的，而脱水收集管高于罐底。

⑤ 一般反冲洗30~50min即可，判断反冲洗效果的方法是观察直排放出来的水是否变清，如果水已变清，关闭直排阀门，停掉反冲洗水，改正常注水流程。

⑥ 重复以上步骤，进行二级反冲洗。

⑦ 反冲洗过程中，内、外操要勤联系，一定要控制好界位。如果中途原油大幅变化或其他不稳定因素出现如电流升高，可中断反冲洗。

3. 非正常状态

常减压装置是炼油厂的“龙头”装置，而电脱盐又是常减压装置的“龙头”处理单元，原油性质发生变化首先体现在电脱盐的各种参数上。例如：原油密度发生变化，会引起脱盐压力的变化，这是因为原油的汽化率发生了变化，原油盐含量变化，会引起电流变化。原油含水量的变化可以从脱水量的大小上看出，或从界位控制阀的开度变化看出。因此电脱盐单元很容易发生波动，这时我们要认真分析，查找波动原因并做出相应的调整。

脱盐不正常的直观表征主要是：界位变化、电流电压变化、脱后盐、水含量变化、脱后带油。下面主要讨论脱盐过程的异常状态、原因及措施。

(1) 脱盐原油中含盐量太高

可能原因：

① 混合压降太低，盐没有充分溶解于水中。

② 注水量不足。

③ 操作温度太低。

④ 原油性质变化剧烈。

⑤ 原油处理量大，停留时间短。

处理原则：

① 提高一级或两级混合压降。

② 提高一级或两级注水流量。

③ 提高脱前原油的温度。

④ 进行破乳剂筛选工作，更换破乳剂配方。

⑤ 联系调度，协调罐区调整，增加原油在原油罐里的沉降时间。

(2) 脱后原油中含水量太高

可能原因：

① 混合压降太大。

② 注水量太大。

③ 脱前原油沉积物及水含量太高，油水分离不足。

④ 电场强度太低。

⑤ 破乳剂加入量不足或者应改变破乳剂的类型。

⑥ 界位太高。

处理原则：

① 降低混合压降。

② 降低注水量。

③ 加强罐区脱水，电脱盐罐进行反冲洗。

④ 检查电气系统是否有运行问题或适当调高电压挡位。

⑤ 提高破乳剂注入量或者改变破乳剂类型。

⑥ 标定界位指示仪表。

(3) 脱水带油

可能原因：

① 混合压降太大。

② 脱盐温度太低，破乳效果不好。

③ 破乳剂加入量不足或者应改变破乳剂的类型。

④ 界位太低。

处理原则：

① 降低混合压降。

② 调整换热流程或联系改变原油品种。

③ 提高破乳剂注入量或者改变破乳剂类型。

④ 标定界位指示仪表。

(4) 电压电流出现大的波动

可能原因：

① 油/水界面控制阀运行不正常。

② 破乳剂加入量不当或破乳剂类型不对。

③ 变压器套管，进线套管或绝缘子出现电弧现象。

④ 混合压降太大。

⑤ 乳化层的存在。

⑥ 原油发生大幅变化。

处理原则：

① 检查控制阀，要做适当调校。

② 调节破乳剂的注入量或改变破乳剂类型。

③ 如果套管或绝缘子脏污，其表面有可能在几分钟内断断续续地出现打火现象，若导致永久性的破坏，则电压势必降到一个非常低的数字，这时就必须更换套管或绝缘棒。

④ 降低混合压降。

⑤ 切除乳化层。

⑥ 平稳原油量。

(5) 送不上电

可能原因：

① 有电器故障。

② 极板短路。

处理原则：

① 消除电器故障。

② 极板故障。需要将电脱盐单元停工进行进罐处理。如果只单一变压器送不上电或电流高于其他变压器，也说明该变压器的输出端或绝缘棒附着着杂质，提高了导电性，造成短路。

(6) 脱盐罐超压

问题现象：

① 电脱盐罐压力指示上升、超程，压控前现场表指示压力升高。

② 电脱盐罐安全阀启跳。

可能原因：

① 原油控制阀突然开大或停风(风关阀)。

② 原油大量带水，水被加热、汽化。

③ 原油脱后换热系统操作不当造成憋压。

④ 原油脱后分支控制阀因故障关闭。

处理原则：

① 迅速关小原油控制阀，若室内不能动作，可现场关小手阀。

② 停原油注水，开大电脱盐切水。

③ 检查流程，排除憋压原因。

④ 打开原油脱后分支控制阀，如果一级罐压力迅速上升，而二级压力未有大的变化，此时要检查二级混合阀是否关闭。

(7) 电脱盐罐电极棒击穿

事故现象：

① 该电极变压器关不上电。

② 电极处漏密封绝缘油或着火。

③ 原油喷出或着火。

可能原因：

① 电极棒质量差或用久老化，绝缘耐压能力下降而击穿。

② 电脱盐经常跳闸，送电频繁，反复受冲击而击穿，或电流经常大幅度变化而击穿。

③ 电极棒附水滴或导电杂质而击穿。

处理原则：

① 迅速停电(或电工停电)、灭火。

② 切出该电脱盐罐，适当切水降低罐内压力至不再向外喷原油。

③ 电脱盐罐退油，处理后进行检修。

(8) 电脱盐罐变压器跳闸

可能原因：

① 混合强度过大，乳化严重，造成原油带水，增加了导电能力引起跳闸。

② 界位假指示，实际界位已进入电场。

③ 原油较重，破乳困难，水脱不出来。

④ 电器故障。

⑤ 原油中重金属含量高，导电率上升。

处理原则：

① 首先现场检查界位是否正确。

② 如果界位降下来后，依然投不上，检查乳化层的厚度，可以继续降低界位直至乳化层切出。

③ 如果原油降量后或更换原油品种后，变压器仍投不上，说明电器出现故障，电脱盐罐退油，处理后进行检修。

七、电脱盐单元的开停工

(一) 电脱盐的开工

在封人孔前应首先确定电气设备的状态是否良好，因为绝缘棒、电极板都安装在设备内部。

1. 电气试验

① 车间派人进罐检查，保证所有工具、破布、木板等杂物全部拿出罐外。

② 电工进入脱盐罐对内部电器设备进行检查，确认没有问题后交付给车间。

③ 安排人员在脱盐罐周围站岗，以免闲杂人员误入有电危险区域。

④ 进行脱盐罐空载送电试验，电工控制柜送电，操作人员与现场人员保持联系，自DCS依次打开各变压器开关。

⑤ 现场人员联合电工进行观察：送电瞬间是否罐内打火，变压器声音是否正常，内操记录每个变压器电流、电压的变化情况。

⑥ 验收标准：

a. 送电瞬间罐内没有出现打火现象(短路)。

b. 变压器送电后声音应该很轻微。

c. 各变压器输出电压和设定档位基本一致，电流很小。

⑦ 如果各项指标正常，停电、拉闸、开始封人孔，如果有某项指标不符合，则应断电后进罐重新检查。

2. 工艺、设备检查

① 检查人孔、法兰是否紧好。

② 压力表、温度计是否齐全。

③ 自控仪表是否投用。

④ 安全阀是否投用。

⑤ 管线进行试压。

⑥ 破乳剂配好待用。

在电脱盐开工的试压过程、停工的蒸罐过程中，要严禁蒸汽长时间地加热脱盐罐，这是因为极板间的绝缘棒的材质一般是聚四氟乙烯，它不能长时间耐 150℃以上的高温。

3. 水试压

① 关闭 B 罐混合器前手阀，打开脱盐罐 B 混合器后手阀，关闭出口阀及副线阀，打开二级注水阀及控制阀副线阀，打开脱盐罐 B 罐顶放空阀，启动注水泵向脱盐罐 B 打水。

② 待脱盐罐 B 装满水，罐顶放空见水后，缓慢关小机泵的跨线进行升压，缓慢关小放空阀，参照罐顶压力调整放空量。

③ 控制压力稳定在 2.0MPa 时，检查脱盐罐漏项，并做好登记与处理。

④ 脱盐罐 B 试压完成后，停注水泵，打开脱盐罐 B 罐顶放空阀泄压，打开切水阀，关闭电脱盐罐 A 混合器前手阀，打开一级注水阀，关切水阀，关闭脱盐罐 A 罐混合阀副线阀，打开罐顶放空阀，启动回注水泵向脱盐罐 A 装水(B 罐水液位较低时，可适当开启注水泵向脱盐罐 B 补水)。

⑤ 脱盐罐 A 罐顶放空阀见水后，缓慢关小机泵的跨线进行升压，逐步关小放空阀，将压力控制在 2.0MPa，检查漏项，并登记处理。

⑥ 试压结束，脱盐罐内水可做脱前原油等后续系统设备打压使用。

⑦ 联系保运处理漏项，直至无泄漏为止。

4. 投运

电脱盐单元投用的时间：有的装置是在常减压开正常以后再开电脱盐，也有的装置是开工过程中途投用电脱盐，还有的装置是开工时即带着电脱盐打循环，笔者认为在开工中途投用电脱盐最好，因为这样可以尽快地利用电脱盐进行脱水脱盐，缓冲原油带水对蒸馏单元的冲击。但是，如果引原油时即投用电脱盐，这样原油没有经过加热直接进入脱盐罐，很容易形成乳化层，造成界位难以建立。脱后原油带水较多，会波及蒸馏单元的平稳操作。

① 引油流程打好，原则是一级罐入口阀门关闭，出口打开。二级入口阀门打开，出口阀门关闭，使用副线进行原油循环，注水阀门、脱水阀门关闭。反冲洗阀门关闭。混合阀手动全开。退油线加好盲板。安全阀投用。

② 在原油的开路循环过程中，当原油温度升至 90℃以上时，缓慢打开原油进一级罐阀门，副线不动。由于原油被分流，要注意控制好三塔底液位。

③ 打开脱盐罐放空线，同时将破乳剂注到原油泵入口线。

④ 密切注意脱盐罐顶压力，可以根据放空线的声音和是否冒出原油来判断罐内是否装满。

⑤ 待两罐装满后，关闭放空阀和一级入口阀，静置 1h，让界位稳定。

⑥ 送电。由于刚开工，不好确定脱盐效果，可将电压挡位定在中间挡。

⑦ 打开一级入口，二级出口阀门，慢慢关闭电脱盐副线阀，正式并入系统。

⑧ 待温度升至 110℃时，投注水控制阀，注水量控制在原油量的 4%，投界位控制阀。

现场通过看样口检查界位的正确性，也可等到此时再送电。

⑨ 联系化验分析原油含盐量、含水量，根据工艺卡片和化验数据进行调整。

（二）电脱盐的停工

① 降温。

降温目的：一是防止退油泵因水汽化抽空；二是避免油品罐因油温过热造成水汽化出现冒罐事故。降温方法：

a. 打开电脱盐副线，关闭电脱盐出入口阀门，静置降温，这种方法的缺点是降温速度非常慢。

b. 脱前原油换热器热油端走副线，这样原油相当于不再换热——降温速度很快。可以根据电脱盐罐的容积估算置换成低温原油的时间，以确定停工时间(推荐)。

② 降温同时停止破乳剂的注入，变压器断电，停止注水。

③ 提前将退油线盲板拆除，扫通退油线。

④ 降温完毕，打开副线阀，关闭出入口阀门，将电脱盐罐甩掉。

⑤ 改好退油流程，切除罐内界位。

⑥ 开启退油泵，要注意泵出口压力，避免抽空，还要注意罐内压力，当罐内压力回零时可以向罐内充加蒸汽，避免泵抽空。

⑦ 经常从看样口检查罐内还剩多少油。

⑧ 待原油真正抽干后，停止蒸汽，打开放空，向罐内冲水以洗涤罐内存油，再开泵抽走，给汽扫通退油线。

⑨ 再向罐内冲水，攒起一定的液位(不要过高)，同时打开蒸汽，开始煮罐，注意罐内温度不能长时间超过 150℃。中间至少将水置换 3 次。

⑩ 煮罐 12h 后，停止蒸汽，打开罐底直排，将脏水放掉。

⑪ 打开人孔通风。

第二节　腐蚀与防护

一、常减压装置的腐蚀类型与特点

常减压装置的腐蚀介质主要有三类：盐类腐蚀、环烷酸腐蚀、硫腐蚀。腐蚀区域主要是低温塔顶部位——盐类腐蚀，高温重油腐蚀——环烷酸腐蚀和硫腐蚀，三种腐蚀类型的机理不同，腐蚀区域不同，防护方法亦不同。

1. 盐类腐蚀

盐类腐蚀主要是水解出来的 Cl^- 与金属反应而造成的管线减薄，主要表现形式为“$HCl-H_2S-H_2O$”腐蚀，这种腐蚀主要发生在初馏塔、常压塔和减压塔≤150℃的顶循环以上的塔板塔壁、塔顶油气线和冷却系统中的低温部位。

（1）HCl 来源

在大多数生产油井中都含氯盐，它们溶于水，以乳化状态或悬浮固体颗粒状态存在于原油中，盐也来源于注入二次采油盐水，典型的成分是 75%氯化钠、15%氯化镁、10%氯化钙，当原油换热到 120℃以上时，从氯化镁和氯化钙中水解出氯化氢，而氯化钠一直到

760℃以下基本上是稳定的，但是在环烷酸存在的条件下，原油中的氯化钠在300℃以下也发生水解。

(2) H_2S 的来源

$$MgCl_2+2H_2O \longrightarrow Mg(OH)_2+2HCl\uparrow$$

$$CaCl_2+2H_2O \longrightarrow Ca(OH)_2+2HCl\uparrow$$

$$NaCl+H_2O \longrightarrow NaOH+HCl\uparrow$$

原油中含硫化物的种类较多。主要有硫化氢、硫酸根、硫醚、二硫化物、多硫化物、噻吩和游离的硫，在原油加工时硫化氢的产生量主要由硫化物的含量、热稳定性和油品温度决定，在一定程度上也与加工工艺和操作条件有关，硫化氢随温度的升高而增加，超过250℃以后，随着温度的提高，硫化氢产生量迅速提高。

各种硫化物的分解温度不同，硫醚及二硫化物热稳定性很低，从130～160℃即可分解成硫化氢及硫醇，而环状硫化物(如噻吩)在高温下也很稳定。

(3) $HCl-H_2S-H_2O$ 腐蚀过程

原油加热后，在水蒸气补助作用下进行蒸馏，加热过程中生成的腐蚀介质氯化氢和硫化氢随同原油中轻组分一同挥发，当它们都以气体状态存在时是没有腐蚀性的，或者说腐蚀性很轻。但是，在冷凝区域出现液体水以后，便形成腐蚀性很强的 $HCl-H_2S-H_2O$ 环境，在空冷-水冷的油气冷却流程中，可以很明显地看出腐蚀点均在空冷管束的前端，每片空冷的泄漏点基本都在一条线上。

现在一般认为，严重的腐蚀破坏是由于硫化氢和氯化氢相互促进构成的循环腐蚀引起的。腐蚀反应式如下：

$$Fe+2HCl \longrightarrow FeCl_2+H_2$$

$$FeCl_2+H_2S \longrightarrow FeS\downarrow+2HCl$$

$$Fe+H_2S \longrightarrow FeS\downarrow+H_2$$

$$FeS+2HCl \longrightarrow FeCl_2+H_2S$$

塔顶脱水中携带的黑色颗粒就是FeS。

冷凝系统不同部位腐蚀机理是有区别的，在最先冷凝的区域，尤其是气液两相转变的“露点”部位，剧烈的腐蚀是由于低pH值的盐酸引起的，因为最初凝结水是少量的且饱和了大量氯化氢，其pH值可达到1，其反应式如下：

$$Fe+2H^+ \longrightarrow Fe^{2+}+H_2\uparrow$$

$$FeS+2H^+ \longrightarrow Fe^{2+}+H_2S\uparrow$$

从国内外炼油厂腐蚀情况也可以看出，不论原油含硫高低，只要含盐，一样引起这些部位的严重腐蚀。但是，硫化氢的存在促进了腐蚀反应。

随着冷凝过程的进行，冷凝水量不断增加，HCl水溶液逐渐被稀释，pH值提高，腐蚀理应有所缓和，但在这一过程中由于 H_2S 溶解度迅速增加，提供了更多的 H^+ 因而又促进了去氢极化腐蚀反应。

$$Fe^{2+}+H_2S \longrightarrow FeS\downarrow+2H^+$$

可见，$HCl+H_2S+H_2O$ 体系的腐蚀性，对pH值的依赖性很强，可把pH值划分为四个区间：

$pH<4.5$　由于 H^+ 很多发生严重的酸腐蚀。

4.5<pH<6.5　由于 H^+ 和 HS^- 浓度很低，腐蚀速度为最小。

6.5<pH<7.5　HS^- 浓度增加，形式不牢固的硫化物膜，腐蚀速度回升。

pH>7.5　硫化物膜强韧性增加，腐蚀速度再度下降。

所以，塔顶 pH 值是一个应该受到密切连续监控的参量，它关系到装置运行的合理性和稳定性。但受到各种因素的影响变化规律很复杂，其中汇集了装置运行状况的丰富信息。

"$HCl-H_2S-H_2O$"低温腐蚀也会发生在塔内部，表现为上部塔盘结盐，顶循泵密封经常泄漏等，要注意的是如果塔顶温度过低，低于这个温度、压力下塔上部的水蒸气的露点温度，水会在塔内冷凝，造成塔顶内壁、塔板的腐蚀。

另外，HCl 还会造成金属发生应力开裂，特别是不锈钢材质。

2. 环烷酸腐蚀

环烷酸：几种典型原油的硫含量、酸值见表 2-3。环烷酸是存在于石油中的含饱和环状结构的有机酸，其通式为 RCH_2COOH。在石油加工过程中，环烷酸随石油一起被加热、蒸馏，并随之与沸点相同的油品冷凝，且溶于其中，从而造成馏分对设备材料的腐蚀，多数学者认为，反应机理如下：

$$2RCOOH+Fe \longrightarrow Fe(RCOO)_2+H_2$$

表 2-3　几种典型原油的硫含量、酸值

原油品种	密度/(kg/m³)	硫/%	酸值/(mgKOH/g)	原油品种	密度/(kg/m³)	硫/%	酸值/(mgKOH/g)
冀东油	879.9	0.81	0.91	阿曼原油	856.1	1.36	0.44
胜利原油	912.3	0.87	1.48	胜利+阿曼	879.8	1.20	0.95

现场经验表明，环烷酸腐蚀通常发生在酸值>0.5mgKOH/g，温度在 250～280℃、350～400℃之间高流速的工艺介质之中，环烷酸腐蚀无须水相存在，它与金属表面或 FeS 保护膜可直接发生反应生成环烷酸铁，并在工艺物流中立刻溶解，使金属表面不断暴露并受到腐蚀，所以腐蚀后形成边缘轮廓清晰的蚀坑，表面无腐蚀产物或积垢，内部保留流线状的槽纹。环烷酸腐蚀主要发生在塔盘、塔壁、塔板的下部泡帽和转油线弯头等部位。阀门的闸板、阀杆也是极易遭受环烷酸腐蚀的部位，造成穿孔、泄漏。环烷酸腐蚀集中在常压柴油到减压蜡油部位，当 260～400℃馏分油的酸值高于原油酸值时腐蚀尤为严重。

影响环烷酸的因素有酸值、活性、温度、汽化、冷凝、硫含量、流速、流态等。

3. 硫腐蚀

原油中很少有游离的硫，石油馏分中的硫和硫化氢多是其他硫化合物的分解产物，常温下硫不活泼，无腐蚀性，但是当温度在 350～400℃时硫很活泼，很容易和普通钢反应生成 FeS(硫化亚铁)，形成一种金属表面的保护膜，但其结构较松散，受高速流体冲击之后，腐蚀层状破坏脱落，新的金属表面又暴露在腐蚀介质中继续腐蚀，这些腐蚀多发生于常压塔底、减压塔底、加热炉管、转油线、重油管线、重油机泵的叶轮等部位。

$$Fe+S \longrightarrow FeS(350\sim400℃)$$

在高温(>250℃)环境下，硫化物会大量分解转化为 H_2S 和硫，直接与碳钢产生腐蚀：

$$Fe+H_2S \longrightarrow FeS+H_2(>250℃)$$

硫化氢在 350～400℃时能按下式分解：

$$H_2S \longrightarrow S+H_2(350\sim400℃)$$

分解出来的硫，比 H_2S 有更强的活性，因此腐蚀也就更为激烈。

二、腐蚀的监测和防护方法

1. 监测方法

① 对于塔顶低温腐蚀，一般是分析塔顶脱水的 Fe^{2+}、Cl^- 和 pH 值来判断腐蚀状况，指标是：$Fe^{2+} \leqslant 3mg/L$，$Cl^- \leqslant 60mg/L$，pH 值 = 7 ~ 9，近两年新推出一种新的塔顶腐蚀在线监测方法——电阻探针在线腐蚀监测系统，它的原理就是利用探针上的电阻片受腐蚀而减薄产生的电阻变化来在线监测探针安装点处的腐蚀速度(单位为 mm/a)。

② 检修时在蒸馏塔里从上到下容易发生腐蚀的区域，挂上与该区域材质相同厚度的金属挂片，到下次检修时测量挂片剩余厚度以检查塔内壁的腐蚀速度。

③ 正常生产时，可进行定期定点测厚，在各种低温油气管线、含硫管线、高温管线的直管段、重点是弯头部位做出活动保温以方便测厚，如果加工含硫较高的原油可以每 3 个月进行一次定点测厚，并作好记录以进行对比，这种方法有一个缺点，就是高温部位的测厚数据有时候不太准确，经常会比原始厚度还厚，可能与测厚仪器或测厚手法有关系。最好是利用停工检修时进行大面积测厚。

2. 防护措施

防护措施可分为两种：工艺防腐和设备防腐。

(1) 设备防腐

设备防腐主要指的是对设备的材质进行适当的选择，以抵抗腐蚀。

① 塔顶低温腐蚀的设备防护，在塔顶腐蚀环境下，碳钢会产生严重的均匀腐蚀，0Cr13 表现为点腐蚀，奥氏体不锈钢则会发生应力腐蚀破裂，所以，我们必须在材质方面采取一定措施。

现在加工高硫原油的常压塔，常一中以上塔体一般都采用内部衬不锈钢 0Cr13 的措施。

初馏塔、常压塔顶空冷器部位，冲蚀和露点腐蚀严重，为了避免 Cl^- 造成的不锈钢材质应力开裂，可以使用管束材质为钛合金或双相不锈钢的空冷，也可以在空冷入口处用钛板做衬板。在塔顶水冷器的管束上可采用新型涂料进行内外防腐，需要注意的是有一些防腐涂料的耐热温度很低，在停工吹扫、蒸塔时，要避免长时间超过 200℃，否则会出现起皮、脱落现象，进而结垢严重，需要进行高压清洗，但高压清洗同样会冲坏其涂层。

为节约成本，各装置基本未对油气管线的材质进行升级，仍然还是采用碳钢管，只是增加了在线测厚的频次。机泵密封的材质也要进行选择，以抵抗腐蚀。

② 高温腐蚀的设备防护。针对高温腐蚀的特点，处于腐蚀严重的高温部位——常压塔常一中以下塔体、减压塔整个塔体，减压转油线均应采用 316L 内衬钢板。

常压炉、减压炉的辐射室，介质温度高于 250℃的工艺管道，必须采用 Cr5Mo 材质，减压炉的出口扩径管应使用 316L 材质钢材，弯头、三通、热电偶套管插入处、倒淋，这些地方的环烷酸腐蚀特别严重，也需要对这些区域进行定期定点测厚。

高温换热器的材质也应提高档次，以减少腐蚀。

重油的阀门丝杠会被腐蚀变细或腐蚀出凹坑，出现压盖处泄漏、阀门关不严的问题。因此重油、高温阀门应保持全开、全关，避免阀杆遭受腐蚀。生产中开关重油阀门时要注意安全，以免烫伤或发生火灾。

对装置所有的重油管线及其管件要进行材质的确认，尤其是新安装的管线，国内已有多起材质用错，造成泄漏着火，甚至发生伤及人身安全或危及生命的事故。

（2）工艺防腐

设备防腐是在装置初建或检修中进行的，日常生产中，为了控制蒸馏装置的塔顶低温电化学腐蚀，最有效的手段就是工艺防腐，一般都采用“一脱三注”——原油深度电脱盐，塔顶挥发线注氨、注缓蚀剂、注水。

① 原油电脱盐。原油电脱盐是控制腐蚀的关键一步，充分脱除水解后产生氯化氢的盐类是防止腐蚀的治本办法，通过有效的脱盐，实现脱后原油含盐 3mg/L 以下，即可对低温部位腐蚀进行有效的控制。

前一节已详细阐述了有关电脱盐的知识，这里就不再重复了。

但是要注意，完全脱盐会加重高温部位的硫腐蚀。因为氯化物对高温硫腐蚀有抑制作用，因此脱后含盐控制在 5mg/L 是比较合理的。

② 挥发线注氨。为使常减压塔顶冷凝冷却系统的腐蚀进一步降低，需在塔顶挥发线系统中注中和剂以中和 HCl、H_2S，因氨价格低廉来源充足，多数炼油厂都使用氨作为中和剂，氨除了中和作用还可以起调节 pH 值的作用，pH 值对腐蚀的影响见表 2-4。

表 2-4 pH 值和腐蚀速度的关系

pH 值范围	腐蚀速度变化说明
pH<4.5	由于 H^+ 很多，发生严重的酸腐蚀
4.5<pH<6.5	由于 H^+ 和 HS^- 浓度很低，腐蚀速度为最小
6.5<pH<7.5	HS^- 浓度增加，形成不牢固的硫化物膜，腐蚀速度回升
pH>7.5	硫化物膜强韧性增加，腐蚀速度再度下降

从上面可以看出，弱酸、弱碱的环境下，腐蚀速度最小，因此有不少人认为可以保持弱酸环境不要注氨，以控制腐蚀速度，理由还有减少化工原材料的用量，而且长期注氨，生成的氯化铵盐会在冷却器中沉积，造成塔顶各水冷器结垢严重，严重影响传热效果，但由于缓蚀剂的适宜工作环境是弱碱性，所以需要在注缓蚀剂前先注氨，将 pH 值调到碱性，发挥缓蚀剂的作用。

氨水的来源是污水汽提装置的产物或将液氨与软化水配成氨水。如果用液氨配制溶液，要小心液氨对呼吸道的刺激。氨水的浓度可大可小，日常生产中要勤检查塔顶脱水的 pH 值，并据此来调节氨水注入量，以保障 pH 值在 7~9 之间。现在也有 pH 值在线监测控制系统，方便了 pH 的控制。

③ 挥发线注缓蚀剂。缓蚀剂是一种表面活性剂，其分子内部有硫、氮、氧等强极性因子及烃类的结构因子，缓蚀剂可以以单分子状态吸附在金属表面，形成一层致密的膜，其极性因子吸附在金属设备表面，另一端烃类因子则在设备与介质之间组成一道屏障，隔断了腐蚀介质和金属的接触，因此具有保护作用。

一般常用的缓蚀剂是中和缓蚀剂，即其中含有大量的起中和作用的有机胺，缓蚀剂的配制和破乳剂相同，效果好的缓蚀剂的注入量仅是塔顶馏出物的 10mg/L，现场一般控制一个定量，根据塔顶腐蚀数据来调节。

缓蚀剂分油溶性和水溶性两大类。其中油溶性缓蚀剂经过顶回流可循环使用，所以损失较小；而水溶性缓蚀剂随冷凝水排掉，因此使用油溶性缓蚀剂较经济。

在开工初期，要尽快将缓蚀剂注入塔顶，而且量要大，目的是使缓蚀剂尽快成膜，发挥保护作用，一般需要两个星期，然后可以根据腐蚀速度调节注入量。

④ 挥发线注水。在挥发线上注水，可使冷凝冷却器的露点部位外移以保护冷凝设备，同时，注氨后塔顶馏出系统会出现氯化铵沉积，即影响冷凝冷却器传热效果，又引起设备的垢下腐蚀，故需用注水洗涤加以解决，注水量不要长时间固定一个量，每隔一段时间调整一次，注水量要尽量大些，提高露点处的 pH 值。一般，三注按流程走向的顺序是注氨、注缓蚀剂、注水。

⑤ 高温腐蚀的工艺防腐。根据高温腐蚀机理分析，目前控制高温腐蚀环境的对策有如下几种：

a. 混炼：原油的酸值易于通过稀释加以降低，对许多炼油厂而言混炼不失为一种较好地防止高温腐蚀的方法，即不需要额外支出或投资，只需在计划和运行上做些额外的努力。

b. 注高温缓蚀剂：使用油溶性缓蚀剂(使用温度范围316~400℃)。原油脱酸(工业上从油中萃取环烷酸)等方法属于新技术，国内尚处于研究阶段，我们应密切注意其动态，了解专业前沿内容，以便尽快服务于生产。

三、其他部位防腐

加热炉如果烧瓦斯，空气预热器腐蚀较轻，因为瓦斯一般经过脱硫，硫含量较低，如果烧燃料油，因为常减压加热炉的燃料油基本都是选用减渣，而硫大部分集中在渣油中，再加上高含硫的减顶瓦斯，势必造成预热器的露点腐蚀。

渣油中的硫经过燃烧，转变成 SO_2 和 SO_3，这些硫化物被烟气携带到空气预热器里，在与冷介质换热后，烟气温度下降，在烟气中的水蒸气冷凝时(露点)，SO_2 和 SO_3 溶于水中，形成强酸，开始腐蚀金属，这就是露点腐蚀。

在加热炉上可以看到，对流室以后烟气经过的地方，从缝隙里流出黄色的印迹，这就是硫被冷凝下来的表现，如果对流室、烟道、烟囱里的衬里脱落后，由于外界就是大气温度，烟气渗到金属炉壁被冷却，同样形成露点腐蚀，10mm 的碳钢钢板在露点腐蚀的环境下，两个月就会腐蚀透。

解决露点腐蚀的措施：

① 控制好排烟温度，使之在露点以上。

② 加强吹灰效果。

③ 平稳加热炉操作，避免炉膛压力大幅波动造成衬里脱落。

④ 检修时加强炉内衬里的检查和修补。

⑤ 选用抗露点腐蚀的材质。

⑥ 使用低硫燃料。

第三章　蒸馏基本知识

一、蒸馏的基本原理

蒸馏塔是整个常减压装置工艺过程的核心。蒸馏是炼油工业中一种最基本、最常用的分离方法。它是分离(传质)过程中最重要的单元操作之一。不仅常减压装置有蒸馏过程，几乎每种加工装置都要用到，例如催化裂化装置的分馏塔、气体分馏装置的分馏塔、重整装置的预分馏塔等。它们的操作条件不同、介质不同、产品数目不同、分离目的不同，但其原理是一致的。

化工生产中经常要处理由若干组分所组成的混合物。为了满足储存、运输、加工和使用的要求，时常需要将这些混合物分离成为较纯净或几乎纯态的物质或组分。

蒸馏是分离液体混合物的典型单元操作。这种操作是将液体混合物加热使之部分汽化，在蒸馏塔内利用混合物各组分的挥发度不同的特性以实现分离的目的，或者通俗地说是利用其中各组分沸点不同的特性来实现分离。

原油是不同沸点的复杂组分组成的混合物，我们所说的常减压蒸馏就是指在常压状态下和真空状态下，根据原油中各组分的沸点不同，将原油切割成不同馏出物的过程。不同沸点范围的馏出物称之为“馏分”，在一定温度下蒸馏出来的馏分也是混合物，例如<200℃的石脑油馏分、200~350℃的柴油馏分等。在实验室里将馏分油加热，将馏分油开始汽化的温度称为“初馏点”，蒸出总体积的10%时的温度称之为“10%点”，同样确定30%、50%、70%、90%、95%(98%)点，直至混合物全部蒸干，只剩下不可汽化的物质，此时温度称为“干点”或“终馏点”。从初馏点到干点这一温度范围我们叫它“馏程”。

二、蒸馏的基本知识点

1. 相关概念

(1) 气液相平衡及相平衡常数

对一个有相变化的系统，当气液两相在接触以后经过一定时间，最后达到温度、压力及浓度都不随时间而变化的状态，气液两相间从液相进入气相的分子与从气相进入液相的分子相等，这种状态称为相平衡状态。

在一定的温度和压力条件下，当气液两相呈平衡状态时，气相与液相中组分 i 在气相中的摩尔分率 y_i 与液相中的摩尔分率 x_i 的比值为一定值，该比值称为组分的相平衡常数，以 K 表示。

$$K_i = y_i / x_i$$

① 挥发度及相对挥发度：挥发度 V_i 是液体汽化难易程度的一种量度，计算公式为：

$$V_i = K \cdot P = y_i / x_i \cdot P$$

式中　P——系统总压。

对于理想系统，液体的挥发度就是它的饱和蒸气压。

两个组分 i 和 j 其挥发度 V_i 和 V_j 之比称为相对挥发度 α_{ij}：

$$\alpha_{ij}=K_i/K_j$$

同样，对于理想系统：

$$\alpha_{ij}=P_{oi}/P_{oj}$$

P_{oi} 和 P_{oj} 分别为纯组分 i、j 组分的饱和蒸气压。

② 泡点：在一定的系统压力下，将油品加热至刚刚开始汽化，也就是刚刚出现第一个气泡时保持的平衡温度称为该油品的泡点温度或平衡汽化(蒸发)的温度。

在泡点温度时，$\sum y_i=\sum K_i\cdot x_i=1$ 称为泡点方程式。

③ 露点：油品加热直至油品全部汽化(即汽化分率为 100%的饱和蒸气)或者是气态油品冷却至刚出现第一滴液珠(冷凝分率为 0)所保持平衡时的温度称为露点温度或平衡汽化(蒸发)100%的温度。

在露点温度时，$\sum x_i=\sum /K_i\cdot x_i=1$ 称为露点方程式。

泡点、露点和压力大小和混合物的组成有关。对于一种单纯物质来说，在一定压力下，它的泡点和露点是相等的，也就是它的沸点。但对于混合物，则其泡点温度要低于露点温度。

④ 饱和蒸气压值：在某一温度下，液体与在它上面的蒸气呈平衡状态时，由此蒸气所产生的压力称为饱和蒸气压，简称蒸气值。

蒸气压的高低表明了液体中的分子离开液体汽化或蒸发的能力。蒸气值越高，表明液体越容易汽化。

(2) 相关定律

① 拉乌尔定律：在定温定压下，溶液上面该组分蒸气分压 P_i 等于其在纯组分液面上的饱和蒸气压 P_{oi} 乘以该组分在液相中的分子数 x_i。

$$P_i=P_{oi}\cdot x_i$$

在系统压力不高的条件下可以认为碳氢化合物混合物的性质是近于理想溶液的，因此计算中可采用拉乌尔定律。

② 道尔顿定律：在一定温度下，与液体混合物处于平衡状态的饱和蒸气总压力 P 等于同一温度下混合物中各组分的蒸气分压 P_i 之和。而每一个气体组分之分压 P_i 又等于混合物气体的总压力 P 与该组分在气相内分子分数 y_i 的乘积：

$$P=\sum P_i$$

$$P_i=P\cdot x_i$$

③ 亨利定律：在一定的温度条件下，气体的溶解度一般随压力的增高而增加。微溶气体的溶解度 N 与其分压 P_i 成正比：

$$N=P_i/H$$

式中　H——亨利常数，大气压/分子分数。

亨利定律适用于稀溶液的溶质，它对常压或接近常压下的难溶气体较为适合，对易溶气体，只适用于低浓度的狭小范围。

④ 热力学第一定律：热能量有多种形式存在，但总能量是守恒的。当能量以某种形式消失的同时，就以另一种形式出现。

这是热力学表述方式之一，能量守恒定律是热力学第一定律最基本的问题。

⑤ 热力学第二定律："不可能从第一热源取热使之完全转变为有用功而不引起其他的变化"。"不可能把热从低温物体传给高温物体，而不引起其他的变化"。

上述是热力学第二定律两种最为普通的表述。热力学定律是阐明能量转变的方向和限度的规律。

三、蒸馏过程的分类

蒸馏过程可以按不同方法分类。按照操作方式可分为间歇蒸馏和连续蒸馏。按蒸馏方法可分为平衡蒸馏(闪蒸)、简单蒸馏、精馏或特殊精馏等。当一般较易分离的物系或对分离要求不高时，可采用简单蒸馏或闪蒸，较难分离的可采用精馏，很难分离的或用普通精馏不能分离的可采用特殊精馏。按操作压强可分为常压、加压和减压精馏。按待分离混合物中组分的数目可以分为两(双)组分和多组分精馏。原油是由许多种组分组成的混合物，原油的蒸馏属于多组分精馏。在炼油厂中，可以遇到各种蒸馏操作，归纳起来可以分为三种方式：

1. 闪蒸——平衡汽化

进料以某种方式(换热、加热炉)被加热至部分汽化，进入容积突然变大的空间内(如转油线、闪蒸罐、蒸馏塔的汽化段)，在一定的温度和压力下，气液两相迅速分离，得到相应的气液两相产物，此即称为闪蒸，又称为平衡蒸馏。

如果在加热过程中，气液有足够的接触时间，达到了平衡状态，扩容后气液两相产物迅速分离，则这种汽化方式称为平衡汽化。平衡汽化时得到的气、液两相是饱和蒸气和饱和液体。实际的闪蒸过程不可能达到真正的平衡汽化，只能接近平衡汽化状态。

闪蒸只是将混合物简单地分成两种物流——塔底的液相产物和塔顶的气相产物，这两种产物依然是组分很杂的混合物，往往达不到产品要求。

2. 简单蒸馏——渐次汽化

在一定的压力下，液体混合物在蒸馏釜中加热，当被加热到某一温度时，液体开始汽化，生成微量蒸气当即被引出并继续加热，蒸气不断形成并不断引出，将其冷凝冷却成为液体，收集，一直蒸到所需要的程度为止，这种蒸馏方式称为简单蒸馏。

单蒸馏的处理能力很低，而且分离效率不高，所以简单蒸馏只用于小型的粗略分离，而大型生产装置的精确分离不能用此方法。

3. 精馏———蒸馏的高级形式

为了满足生产上对分离产品的质量和数量的要求，工业上常采用精馏过程来实现。

混合液沸腾所得蒸气凝缩并使一部分凝缩的液体回流，与上升的蒸气逆向接触，称为精馏或分馏。在提供回流的情况下，气液相多次逆流接触，进行相间扩散的传质传热，使气相中轻组分浓度沿塔高向上逐步升高，液相中重组分浓度沿塔高向下逐步增大，从而使原始物料中有关组成得到一定程度的分离或提纯。由此可见，简单蒸馏与精馏的区别就在于有无回流。

精馏过程是一个传质、传热、多次汽化、多次冷凝的过程。在精馏塔中，上升的蒸气流与下降的液流在特殊接触段上进行紧密的相互作用。接触的蒸气流与液流应当互相是不平衡的，这样在它们之间才有可能进行物质与能量的交换过程。每个接触段的功用在于创造这样的条件，就是使接触的气相与液相尽可能地趋近于平衡状态。在极限的情况下，接触段上接触物相之间的能量交换使得它们的温度得到拉平，而物质交换使相的组成达到了平衡的数

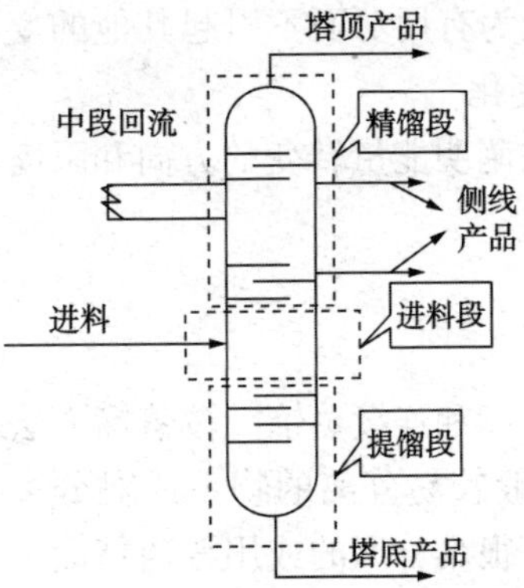

图 3-1　分馏塔的简单示意图

值，此时物相间相互作用的过程就停止了，因为气-液系统已经达到稳定的平衡状态。在物相平衡共存的条件下，不可能有任何结果会使平衡系统的性质发生变化。因此有必要将系统的平衡物互相分离，并且在另外一个接触段上使这些物相和另外一些同它们不呈平衡的液流或蒸气流重新接触来继续进行这种过程。这种相对流动的液流与蒸气流是在精馏塔的塔板上进行的，每层塔板(或填料)是一个接触段，最后使得接触物相的组成发生了很大的变化。一个精馏塔的简单示意如图 3-1 所示。整个塔可分为三段：精馏段、进料段、提馏段。

(1) 进料段

进料段是提供气液相快速分离的场所。从加热炉出来的物料或换完热的物料已经部分汽化，进入分馏塔后应该使其快速分离。实质上这里进行的就是平衡汽化(闪蒸)。分离开的气相向上走，液相向下流，如果进料段空间不够，容易将液相组分携带上去，造成上部产品过重。尤其在填料式减压塔内，由于压降低、汽化率高，气速非常大，很容易将渣油组分带入蜡油组分中。因此更要求足够高的进料段，必要时还需增加脏洗流程。

(2) 提馏段

提馏段的主要作用是把塔底产品中的轻组分蒸出去，减少塔底油中的轻组分，以减少后续系统的负荷，能够提高塔上部的收率，或者提高塔底油的质量(比如侧线的闪点或渣油的520℃馏出)。

现在很多装置采用干式减压蒸馏，但我们要了解减压塔底汽提可以降低进料段的油气分压，提高进料的汽化率。

侧线的汽提塔可以看作是只有提馏段的蒸馏塔，侧线产品自汽提塔上部进料，汽提塔底部通入过热蒸汽，将产品中的轻组分蒸出去，通过气相线回到主塔里，以提高侧线产品的初馏点、闪点。

在常减压蒸馏装置，提馏的方法大多是采用蒸汽汽提。

蒸汽汽提的原理是向塔底通入过热蒸汽，蒸汽在塔板上和从上往下流的重组分逆向接触，降低了油气分压而使被提馏油中的轻组分汽化、上升，从而达到提馏的目的。

由于过热蒸汽比较容易获得，且在常减压装置找到比塔底油温位高的介质很难，所以一般都使用经过加热炉对流段加热的 0.3~0.6MPa、400~450℃的过热蒸汽作为汽提介质。

但是用蒸汽作汽提介质会增加塔内的气相负荷，影响塔的处理量，尤其是满负荷时，塔顶压力会明显上升，反倒降低了进料的汽化率，也增加了塔顶冷却系统的冷却负荷，造成常压塔顶汽油冷后温度高，外送温度超标，减压塔顶真空度会因冷却不足而下降。

汽提蒸汽的量应根据要汽提的油品中的轻组分的含量高低来确定，一般是塔底馏出物的2%~4%，或者根据常压渣油中 350℃前组分的化验分析数据进行调整。调整时要注意缓慢，观察塔顶压力的变化，汽提蒸汽量不可过大，以免发生冲翻塔板的事故。

另外，生产喷气燃料时为避免水蒸气的存在影响冰点指标，该侧线汽提塔就不能使用蒸汽汽提，要选用重沸器形式进行提馏。

(3) 精馏段

精馏塔进料口以上到塔顶部分称为精馏段，精馏段是从进料段上升的气相进行分离的主要场所。

原料进入蒸馏塔的进料段后气液相分离，气相自下而上升至塔上部，塔顶液相回流自上而下流动，在塔上半部的各层塔板上与上升的气相接触，液相回流中轻组分浓度自上而下不断减少，而其温度不断上升，气相中轻组分自下而上不断上升，其温度则逐渐降低，到塔顶时轻组分浓度很高，精馏塔上部的作用是将进料的气相部分中轻组分提浓，在塔顶得到合格的产品。

从精馏过程的实质分析可以看出，要使精馏过程进行，必须具备下列条件：

① 首先要求混合物中各组分间挥发度存在差异，相对挥发度 $\alpha \neq 1$，这是用精馏方法分离混合物的根本依据。

② 气液两相接触时，必须存在浓度差和温度差，也就是说上升的气相中轻组分浓度要低于该塔板上平衡时气相中轻组分浓度，而下降的液相中轻组分浓度要高于该塔板上平衡时液相中轻组分浓度，同时所接触的气液两相，气相温度要高于液相温度，这样才能形成不平衡状态，造成传质传热的推动力。

③ 为了创造两相接触时的浓度差和温度差，必须要有顶部的液相回流和底部的气相回流，塔顶打入冷凝后的产品，为精馏提供了轻组分浓度很高而温度很低的液相内回流，底部汽提蒸汽提供了重组分浓度高、温度也比较高的气相内回流。由于气液相回流的共同作用，各层塔板上才具有了浓度差别(浓度梯度)和温度差别(温度梯度)，这样才能使精馏得以顺利进行。

④ 必须提供气液两相密切接触的场所——塔板(填料)，当向上的气相与向下的液相接触时，由于气相温度高，将液相中的易汽化的轻组分蒸发到气相中，由于液相温度低，将气相中的易冷凝的重组分冷却到液相中，这样气液相中的轻重组分就发生了转移，热量也发生了交换。

4. 简单蒸馏与闪蒸的对比

从本质上看，简单蒸馏是由无穷多次平衡汽化所组成的，是渐次汽化过程。与一次汽化的平衡蒸馏相比较，简单蒸馏由于气相的不断引出，液相浓度逐渐变重，与之呈平衡的气相浓度也逐渐变重。在相同的蒸馏终温(液相组成相同)下，简单蒸馏的馏出物中轻组分的浓度会较平衡蒸馏略高，但气相收率略低。以下利用二元系相图来进行说明(见图 3-2)。

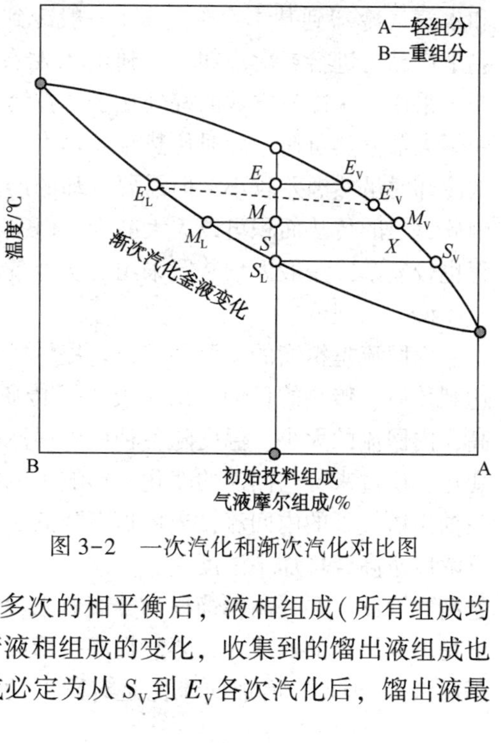

图 3-2 一次汽化和渐次汽化对比图

要考察简单蒸馏与闪蒸效果间的差异，需要规定对比标准。在规定两种蒸馏过程的蒸馏终温相同条件下。图 3-2 中比较了一次汽化和渐次汽化在二元 $t-x-y$ 相图中差异，图中 E 点为一次汽化闪蒸的终点，S 为简单蒸馏的起点(泡点)。随着加热量的增加和气相不断的引出，通过多次的相平衡后，液相组成(所有组成均指轻组分 A，下同)从 S_L 向 E_L 连续降低。同时随着液相组成的变化，收集到的馏出液组成也逐渐降低，直到蒸馏的终点，收集到的馏出液组成必定为从 S_V 到 E_V 各次汽化后，馏出液最终组成为累积混合的组成。

按照杠杆原理可知，在相图中两个物料混合的合点必然位于两个物料分点的连线之间。若简单蒸馏过程仅两次汽化，中间汽化点为 M，其对应的液相组成点为 M_L，气相组成点为 M_V。从 S 点蒸馏到 M 点后，馏出液的混合组成点 X 必定处于 S_V 和 M_V 两点连线之间，且不在露点线上。再从 M 点蒸馏到 E 点，则馏出液混合后的组成必定在 X 与 E_V 两点连线之间，即 E'_V 点，同样 E'_V 点也不在露点线上。因此 E'_V 点的组成必定高于 E_V 点，因此简单蒸馏的分离效果要优于平衡汽化，但 E'_V 点的馏出液的总产量必定低于 E_V 点(重组分含量少)。

简单蒸馏操作过程汽化次数严重依赖于外部加热速率，E_V 点与 E'_V 点组成差异取决于加热速率。加热速率越快，汽化次数少，两者差异越小，当加热速率为无穷大时，E 点和 E' 点重合，此时相当于闪蒸；当加热速率为无穷小时，E 点和 E' 点的差异最大，但生产效能最低。

四、蒸馏的几个概念

1. 回流

从塔顶或侧线抽出的馏分油经过冷却后返回塔内的部分称为回流(注：此定义中不包括内回流)，回流有三种：

(1) 顶回流

指塔顶组分被冷却再打回塔顶的那部分回流，它一般都打回到塔顶第一层塔盘上。

顶回流是控制塔顶温度的主要手段。在操作中，顶回流量不能任意大幅度地调节，否则会引起塔顶温度、压力和整个塔内气液相负荷的变化，顶回流量过大，会造成塔顶压力迅速上升，影响整个塔的气液相变化，同时使塔顶冷却系统超负荷。

塔顶冷却系统分为一次冷凝和二次冷凝两种形式，塔顶油气直接被冷却到常温(40℃左右)，回流和外送产品的温度是相同的，这种方式是一次冷凝。二次冷凝是首先将塔顶油气和水蒸气冷却到基本全部冷凝(一般冷到 55~90℃)，即将冷凝液大部分送回塔顶作回流，剩下产品再进行二次冷却，冷到 40℃左右送出装置。

采用二次冷凝方式的好处在于：在第一次冷凝时，由于油气和水蒸气基本全部冷凝，集中了大部分热负荷，此时传热温差较大，传热系数较高，所需传热面积就相应小些，到第二次冷却时虽然温差较小，但需要冷却的产品也少，热负荷大为减少，所需传热面积也就小。因此，总的传热面积可以大大减少，但采用二次冷凝的回流量大，消耗动力也相应增加，流程也较复杂，一般大型装置采用二次冷凝冷却方法有利。

(2) 内回流

内回流是精馏的必要条件，它提供塔板上的液相回流，创造气液两相充分接触的条件，达到传质、传热的目的。由于发生了传质、传热过程，内回流的量逐层减少，温度逐层升高，内回流的大小、温度随各种塔外回流的温度、流量变化，侧线抽出的温度、流量变化而变化。反过来，内回流的变化又影响了侧线的温度、流量以及外回流的温度，抽出的侧线就是抽出塔板处的内回流，当塔顶下降的液相回流量越大时，塔顶温度越低，上升蒸气中轻组分浓度越高，增加了浓度差。同理，当上升的气相回流量越大时，则下降液相中重组分浓度越高。因此，要提高精馏段的分离效果，在塔板数一定的条件下，可以增加内回流量，措施就是增加塔顶的回流比，要想提高提馏段分离效果，可以增加塔底的气相回流量(即增加汽提蒸汽)。但是，增加回流比是有限度的，对原油精馏塔，当原油入塔温度和汽化率一定时，原油入塔热量基本固定，根据全塔热平衡计算，塔顶的回流量和回流比也就确定了，它允许变动的范围很小，回流比过大，必然会使下降的液相中轻组分含量增多。此时，如不能相应的增加进料热量及塔底热量，就会使轻组分来不及汽化，被带到下一层塔板，其结果影响了轻组分收率，也影响侧线产品及塔底产品的分离效果，同时大量回流在塔内循环，大大降低了塔的处理能力。此外，由于塔内的循环量增大，塔内上升蒸气量以及上升的蒸气速度有所增大，反而会造成雾沫夹带或液泛，使分离效果恶化，塔板效率下降，所以回流比只能在一定范围内调节。

(3) 中段回流

中段回流的作用是将热量取出，平衡塔内的气液相负荷。一般在两种产品之间设一个中段回流，即中段回流数为侧线数减一。多数装置的蒸馏塔均设置了3个或3个以上的中段回流：顶循环回流、一中、二中。

塔顶循环回流和塔顶冷回流大幅返塔口(第一层塔板上)仅相差几层塔板，设立顶循环的主要目的是：

① 塔顶回流热较大，考虑回收这部分热量以降低装置能耗，塔顶循环回流的热量的温位(或者称能级)较塔顶冷回流的高，便于回收。

② 塔顶馏出物中含有较多的不凝气(例如催化裂化主分馏塔)，使塔顶冷凝冷却器的传热系数降低，采用塔顶循环回流可大大减少塔顶冷凝冷却器的传热负荷，避免使用庞大的塔顶冷凝冷却器(空冷)群。

③ 要求尽量降低塔顶馏出线及冷凝冷却系统的流动压降，以保证塔顶压力不致过高(如催化裂化主分馏塔)，或保证塔内有尽可能高的真空度(例如减压精馏塔)。

塔顶冷回流和塔顶循环回流两种形式的回流方案可同时采用。

中段回流将热量取出后，精馏段从上到下形成了几个温度梯度，以满足产品质量的控制，取出来的热量与原油或拔头油进行换热，为了充分利用中段的热量，要多取高温位的下部中段的热量。

采用中段循环回流也会带来一些不利之处：中段循环回流上方塔板上的回流比相应降低，塔板效率有所下降，中段循环回流的出入口之间要增设换热塔板，使塔板数和塔高增大，相应地增设泵和换热器，工艺流程变得复杂等。

一般来说，两个侧线之间要有一个中段循环回流，比如常一中，设在常一线抽出和常二线抽出塔板之间，且返塔口一般设在抽出口的上部。中段的抽出口太靠近下一个侧线并不好，因为上方的塔板上的回流大减，上面几层塔板的分馏效果降低很多。同样，返塔口紧挨着上一侧线的抽出口也不太好，因为可能会有部分中段回流油混入该侧线，使其干点升高。因此，常用的方案是使中段回流的返塔入口与上一侧线的抽出板隔一层塔板。

图3-3为设置中段回流前后对全塔气液相负荷的影响。

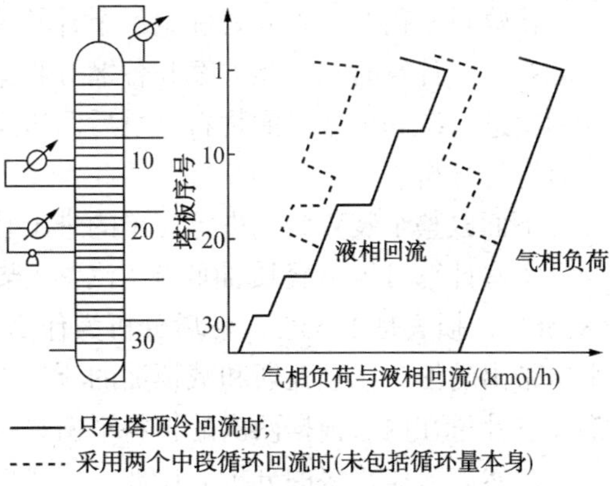

图3-3 采用中段回流前后气液相负荷分布变化图

操作时，不要频繁地对中段回流进行调整，不要使用中段回流来调节产品质量，目的是稳定常压塔的气液相负荷的分配平衡。只有当炼量大幅调整、原油轻重发生变化或产品方案改变时再调整中段回流。

2. 脱空与重叠

在石油蒸馏分割多种馏分时，常以相邻两馏分的恩氏蒸馏曲线的间隙(或者间隔)或重叠度来衡量蒸馏塔或者该塔段的分离精确度。脱空是馏分脱空的简称，是指上下两个侧线的馏程没有交叉，通常用上一侧线的95%点和下一侧线的5%点之间的温度差表示。如果两点交叉，则称之为重叠。馏分脱空，说明精馏段分离效果好；馏分重叠，说明该塔段分流精馏较差。脱空并不是表示这两点馏程之间的组分不存在，也不是蒸馏中的跑损，而是分馏塔的分离精确度超过了化验人员所进行的恩氏蒸馏的精确度。

从蒸馏的目的来说，各产品之间最好都能脱空，以表明塔的分离效率高。实际上，常顶汽油和常一线很容易做到脱空。当常一线生产小产品时，也能和常二线实现脱空，但常二线和常三线基本上总是重叠。减压塔各侧线之间，由于塔板较少或填料层少必然是重叠。

塔内气液相负荷过大，塔板长时间运行造成浮阀脱落，侧线抽出过大都会影响脱空程度。

五、影响蒸馏塔操作的因素

蒸馏塔平稳操作的基础是三大平衡：即物料平衡、热量平衡、气液相平衡。三大平衡之间相互影响，相互制约。

1. 物料平衡

物料平衡是指进出塔的物料保持相等。如果物料不平衡，也就是塔内各种物料的流量发生变化，直接影响了各物料所携带热量的变化和塔的内回流量的变化。

物料平衡是进行塔的工艺计算的基础，搞班组核算经常用到物料平衡。就此介绍一下怎样作物料平衡。

根据物质不灭定律可知道进入某个系统的各种物料总量，应等于离开该系统的物料总量。系统的大小及其范围的选定是人为的，是可变的。选定原则是方便于我们分析问题和解决问题，可以是一个精馏段、一个常压塔，也可以是整个常减压装置。

作物料平衡时，首先要确定一个计算基准，通常用一个操作日(24h)或1h的流量作为计算基础。计算时，产品方案和各馏分收率可根据实验数据或装置操作数据确定，以表格方式列出进系统和出系统的物料，最后两边总和应相等。物料的单位通常用kg/h或t/h表示，然后进行分析。

下面以整个装置为例进行简单的进出物料平衡计算，见表3-1。

本次计算可得出轻质油收率(汽油+柴油收率)是39.78%，总拔(轻收+蜡油收率)是68.56%，损失是1.55%。然后分析为什么损失这么大？这是因为原油所带水分，电脱盐脱水携带出的油，减顶瓦斯和减顶油的流量，最多的是作加热炉燃料减渣的自用量，这些数据都没有计量在内。根据两次的物料平衡数据的变化也可以看出原油的变化趋势。

当然如若作再多的分析，比如常压塔应拔出多少，低压瓦斯中含多少液化气组分等，应根据原油评价的数据、化验分析的数据和其他的数据。另外，由于计量数据的不准确，会给物料平衡的分析带来一定的影响。

表 3-1　常用物料平衡计算表

项目		流量/(t/h)	流量/(10^4t/a)	收率/%
入方	原油	600	480	100
出方	轻烃	2.94	2.35	0.49
	初顶石脑油	27.48	21.94	4.58
	常顶重整料	31.92	25.54	5.32
	200#溶剂油	21.9	17.52	3.65
	0#柴油	157.38	125.90	26.23
	常压渣油	26.4	21.12	4.4
	减压蜡油	172.68	138.14	28.78
	减压渣油去焦化	149.34	119.47	24.89
	减压渣油去沥青	27.06	21.65	4.51
	小计	558.2	446.57	98.45
	损失	9.3	7.44	1.55
	轻收			39.78
	总拔			68.56

2. 热量平衡

热量平衡是物料平衡和气液相平衡得以实现的基础。精馏是传质、传热过程，热量发生变化，影响了气相的放热和液相的吸热，造成各侧线的馏出温度的变化。热量平衡的计算相当复杂，这里不再进行举例说明。

3. 气液相平衡

气液相平衡是指塔板上气液相的轻重组分的冷凝和汽化速度保持平衡，它失去平衡直接影响了内回流量的变化，也就造成了各侧线馏出量、温度的变化。影响这三个平衡的因素主要有以下几种。

(1) 进料温度

在蒸馏塔内产品分离的依据是各种产品的沸点不同，这需要加热炉提供热量来使原油的温度升高，加热炉提供的热量不仅要使原油汽化以保证分馏塔的拔出率和各个侧线的收率，而且还必须保证精馏段最低侧线以下的几层塔板上有内回流。

进料温度是常减压装置的关键控制点之一。要维持进料温度处于平稳状态，才能提供稳定的原料汽化率，各侧线的抽出温度不会波动(原料性质稳定的前提下)，产品质量才能容易控制。

为了使最低的侧线以下的几层塔板上也有一定的内回流，原料的汽化率应高于塔顶产品和侧线产品的总收率，高出的这部分叫过汽化量。保持一定的过汽化量，可以提高精馏段下部塔板的精馏效果，保证下部侧线的产品质量。过汽化量占进料的百分数称为过汽化度(也称过汽化率)，原油精馏塔的过汽化度一般推荐对常压塔为进料的 2%~4%，对减压塔为 3%~6%。如果选择的过汽化率太低，随同气相冲上精馏段的过重组分会因最低侧线以下的内回流量不足而带到最低的侧线中，造成该侧线产品的馏程变宽，影响产品质量。过高的过汽化率也不适宜，因为实际生产中，原油加热炉出口温度是油品不发生严重分解的最高温度。因此，在进料段操作压力一定的情况下，原油的汽化率已被决定，塔的进料温度(即炉出口温度)是不能任意变动的，通常为360~370℃。

在保证侧线产品质量的前提下，过汽化率定得低一些可以节约燃料，有利于节能。

进料段的温度是进料在进料段汽化时的汽相温度，它比进料温度要低，它是由进料在进料段进一步汽化吸热和与塔内的过汽化油换热共同引起的。不仅如此，进料在较细的加热炉分支出口的温度也要高于转油线末端的进料温度，这也是因为由于管线突然扩径，油品发生进一步的汽化造成的，而且随进料性质的变轻，温降会增加，常压炉分支温度要比集合管温度高3~5℃，减压炉出口经高速转油线、低速转油线温降更大，一般在10~15℃之间。

(2) 进料性质、流量

进料轻重的变化会造成加热炉出口物料的汽化率发生变化，从而打破了原来的气液相平衡，影响了塔的压力和各抽出温度。

进料增加，即气相负荷、液相负荷同时增加，会使塔顶压力上升，内回流量增加，各侧线的馏程变轻，需要及时调整中段量、抽出量的变化。

(3) 塔顶压力

前面已说过，油品的汽化温度和油气分压有直接联系。

塔顶压力低，蒸出同样组分的油品所需的温度就低，使整个塔的操作温度下降，塔顶压力低还可以提高进料段油品的汽化量，塔内液相负荷上升，侧线的干点降低，有利于产品拔出。

塔顶压力升高，蒸出同样组分的油品所需的温度就高，使整个塔的操作温度上升，侧线和回流抽出温度升高，有利于热量回收。同时。塔内正常操作所需的冷回流和中段回流量下降。进料段的汽化量也会下降。塔内的气液相负荷下降，可以提高处理量，但影响了侧线拔出率。

塔顶压力的变化受进料温度、轻重、流量影响，还受塔顶冷却系统的冷却能力的限制，塔顶压力的变化，能够比较灵敏地反映塔内气液相负荷的变化情况。因此在操作中要密切注意塔顶压力的指示变化情况，发现有大的波动要及时查找分析原因，进行调节。

(4) 塔顶温度

塔顶温度可以灵敏地反映塔内热平衡的变化，温度的变化还反映了塔内气液相负荷的变化，塔顶温度必须控制平稳。这对整个塔的平稳操作十分有利，在操作上，塔顶温度还是控制塔顶产品馏分的主要手段。

(5) 塔底液位

塔底液位的变化反映了塔内物料平衡的变化，而物料平衡又取决于温度、流量和压力的温度。由于生产中塔底液位，用仪表自动控制以保持液位的稳定。因此，用塔底油的流量来观测物料平衡的变化，塔底油量的变化还是原料轻重变化的表征。

(6) 侧线抽出流量与温度

侧线抽出温度是产品在抽出口所在塔板处油气分压下的泡点温度，在进料温度一定的情况下，侧线抽出温度的高低与塔内气液相负荷的大小有关。侧线馏出多少直接影响着塔内气液相负荷的平衡，当侧线流量变化时，侧线抽出板以下的内回流量会发生变化，导致抽出板气相温度的变化，抽出板处液相温度也就随之变化。

一般来说，侧线量增大，抽出温度高，反之则小。

第四章 蒸 馏 塔

在石油、化工、轻工等生产部门中，塔设备主要应用在气相和液相间或两液相间的传质过程，如精馏、吸收解吸、萃取等工艺。这些工艺过程是在一定的温度、压力、流量等条件下在塔内进行的。要完成上述过程必须使塔的结构能保证气-液两相或液-液两相的充分接触和必要的传质、传热面积以及两相的分离空间。因此，根据传质过程的种类不同及工艺条件的差异，要求塔设备的结构类型也是有很大区别的。塔设备除应满足工艺的特殊要求外，一般还需满足下列条件：

① 对于一定大小结构的塔，生产能力越大，分离或吸收效率越高、越好。因此，在塔的结构上要保证两相充分的接触时间和接触面积以及两相的通量。

② 要尽可能减小塔在操作过程中的动力和热量消耗，为此必须尽力减少塔内流体的阻力损失和热量损失，从而达到节能的目的。

③ 要使塔有较大的操作弹性，以便于操作，为此在塔的结构上要考虑尽力减少雾沫夹带量和泄漏量以及液泛的可能性。

④ 塔的结构要简单，节省材料、易于制造和安装检修，使用周期长，才能降低产品成本，获得较高的经济利益。

一个塔设备能够同时满足上述各方面的要求是很难的。因此，要根据传质种类和操作条件的不同，正确分析上述各项要求，来确定合理的塔设备类型和内部结构。

现代塔设备经过100多年的历史发展，已开发出数千种不同气液流型、不同气液接触结构的塔内件构型。按照塔内产生相界面的方法，塔设备可以分为消耗气体动能的板式塔和人为添加机械界面的填料塔两大类；按照气液流动方向，可分为逆流和错流两大类，其中填料塔主要为逆流类，目前未见错流类填料塔工业应用；而板式塔主要有逆流和错流两大类。

选择什么类型塔，涉及的因素也很多，应从满足生产工艺条件的要求出发，对塔型的优缺点进行综合评价。若两种塔型在技术上都是可行的情况下，应从设备投资、操作费用、操作维护的难易等方面进行分析和选择。

一般情况下，板式塔与填料塔的选择，应权衡下述几方面的内容：

① 塔板与填料的性能对比。

② 塔板与填料的投资、操作费用对比。

③ 系统的物性特点。

④ 操作条件。

工业应用中，技术的成熟程度仍然是塔型选择最重要的原则，板式塔与填料塔选型的一般经验规则见表4-1，可供参考。

对工艺条件沿塔高变化较大的塔，在不同的塔段可以根据具体工艺情况采用不同的塔板或填料以优化设计。随着填料塔技术的显著进步，大型填料塔的应用已经非常普遍，而塔盘技术也在继续发展。

表 4-1 塔板或填料选择的经验规则

考虑因素	推荐方案	说　明
系统物理和化学性质		
易起泡物系	填料较合适	
易结垢物系	塔板较合适	
含油渣或固体物系	塔板最佳选择	填料可防止泡沫形成
腐蚀性很强的物系	陶瓷填料	
放热的物系	塔板较好	
热敏性的物系	推荐填料	
液体相特性		
气相阻力控制物系	推荐填料	传质效率高
液相阻力控制物系	推荐塔板	传质效率高
低液体流率	推荐塔板	只要分布器问题解决也可用填料
塔的因素		
清洗	一般用塔板	
质量	倾向用塔板	塔板抽出侧线方便，但有些特殊情况下，结论相反
有侧线	略倾向于塔板	
操作因素		
釜式精馏	倾向填料	
间歇精馏	塔板	
连续精馏	综合考虑前面各因素	
弹性	>1~2.5，推荐塔板(尤其浮阀)	
压力	>1.0MPa 推荐塔板	尤其泡罩塔板
造价	一般，塔径<45.7~61cm 填料造价低；>91.4cm，塔板造价低，材料为合金钢	
效率	小塔径(<0.8m)，用填料 大塔径(>0.8m)，用塔板 现在：大塔径也可用填料	

从塔设备的历史发展来看，蒸馏技术与石油、化学加工工业的发展是相辅相成、相互刺激、共同进步的发展关系。蒸馏技术的任何进步，都会极大刺激化学加工工业的技术发展，同样在石油、化学加工工业发展的每一个历史阶段都会对塔设备技术提出更高的要求。未来塔设备技术会紧密围绕着工艺工程新的要求，从经验科学逐渐向理论科学的方向发展。

第一节　塔设备的主要性能指标

描述塔设备的性能指标为处理能力、压降和传质效率，以及操作弹性和操作稳定性。

1. 处理能力

塔设备的处理能力一般指塔内最大容许的气相流量，此时塔内的操作气速为泛点气速

u_F。无论何种塔类型，普遍都采用容量因子表示，也称 Sounders-Brown 因子。但对于不同塔类型，其泛点气速计算的面积基准不同，错流板式塔采用有效截面积，穿流塔板和填料塔采用塔界面积。

2. 传质效率

传质效率是表征实际级和理论级传质效果差异的指标，其影响因素极为复杂。对于板式塔，塔板效率有多种定义，工程中最常用的是塔段效率，即理论板数与实际塔板数之比。由于理论板数是一个工艺变量，而实际板数是一个设备变量，因此塔段效率塔设计时，连接工艺变量和变量的“桥梁”，因此，工业塔设备的表观塔板效率受工艺计算误差、塔板性能预测的误差以及塔的应用特征以及安装因素的共同制约，本章对此进行了扼要分析。

填料塔的效率一般采用等板高度 HETP 表示，即达到一个理论级分离效果所需的实际填料高度。

3. 压降

压降一般指气相通过每层塔板或每米填料的能量损失。板式塔一般采用每层实际塔板的压降来表示，填料塔习惯于采用每米填料的压降来描述。两者若要对比，常常采用每理论板的压降来表示。显然填料塔的每理论板压降远低于板式塔。关于板式塔和填料塔的压降性能详见本章后续各节的有关水力学性能介绍。

4. 操作弹性

塔设备的操作弹性是指最高效率范围，即可行的高效操作范围。一般用上限气速和下限气速之比表示。

5. 操作稳定性

操作稳定性泛指对原料条件波动、操作变化的适应能力，也称为抗噪能力，具体表现于操作条件和产品质量稳定性。严格来讲，操作稳定性和操作弹性有一定的关系，但涉及的内容更为广泛。一般而言，化工设备的流动阻力越大和操作弹性越宽，操作稳定性越好。对于塔内件而言，板式塔的操作稳定性较填料塔更高。

第二节 板式塔的种类和结构

在石油化工行业，目前板式塔所占比例比填料塔大，用于精馏过程比用于吸收过程的较多，塔设备一般都较高，特别是在石油和有机化工生产中，用于双组分和多组分分离的精馏塔。因各组分的相对挥发度较小，采用的塔盘结构各不相同，所需塔板数也较多，塔高一般在几十米甚至百米以上。同时由于石油化工企业向大型化发展，所需塔径也逐渐增大。这些塔的外壳多数采用钢板焊制，露天安放。因此，受大自然温度变化、风力、地震等外界条件的影响很大。

一、板式塔的种类

板式塔的形式很多，分类方法也各不相同，如按气液在塔板上的流向可分为：

① 气-液呈错流的塔板；

② 气-液呈逆流的塔板；

③ 气-液呈并流的塔板。

按有无溢流装置又可分为：

① 无溢流装置板式塔；

② 有溢流装置板式塔。

在工业应用中，以有溢流装置的塔板应用最为广泛，按塔盘结构又可分为泡罩塔、浮阀塔、筛板塔等。

二、塔盘

塔盘的种类多种多样：筛板、泡罩；浮阀、舌形；网孔；多降液管塔板(MD)；穿流筛板、栅纹穿流板(无降液管塔板)等。每一类下面有很多小类，比如浮阀又分为 V-1 形浮阀、V-4 形浮阀(圆形浮阀)；HTV 船形；T 形、B 形浮阀(条形阀板)等。下面介绍几种最常用的塔盘。

1. 泡罩

泡罩塔板是工业生产上最早出现的塔板(1813 年)，至今已有近 200 年的历史了，广泛应用在精馏、吸收、解吸等传质过程中。

随着石油化工生产的发展和技术的进步，不断出现了种类繁多的新型高效板式塔，使泡罩塔的使用范围逐渐缩小，但至今石化生产中仍然还有使用的，因为它具有以下优点：

① 气液两相接触比较充分，传质面积较大，因此塔板效率较高；

② 操作弹性较大，便于操作；

③ 具有较高的生产能力，适用于大型生产。

它被逐渐淘汰的原因是结构复杂，造价较高，塔板压降较大等。

2. 浮阀

浮阀是 20 世纪 50 年代初发展起来的一种新型塔盘结构，目前在实际工业中应用最广泛。浮阀塔盘的结构特点是在塔板上开有若干阀孔见图 4-1，每个阀孔装有一个可上下浮动的阀片，阀片本身连有几个阀腿。阀腿的作用是限制浮阀升起的高度和避免浮阀被气流冲走，阀片周围冲有几个略向下弯的定距片，当气速较低时，由于定距片的作用，阀片和塔板以点接触形式坐落在塔板上，可防止阀片粘贴在塔板上。

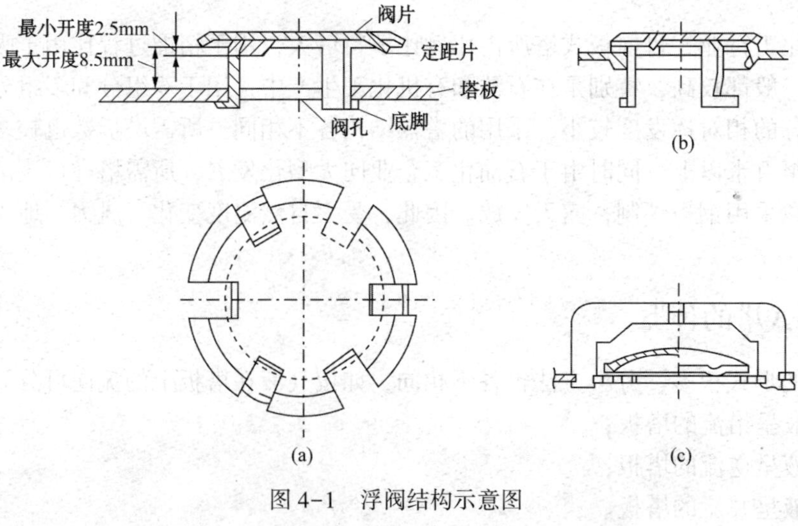

图 4-1 浮阀结构示意图

（1）浮阀塔板的优点

① 由于浮阀可以根据气速大小自由升降，关闭或开启，当气速变化时，开度大小可以自动调节。因此它的操作弹性大，适用于炼量波动和变化的情况。

② 生产能力较大，比泡罩塔高 20%～40%，和筛板塔接近。

③ 气液两相接触充分，因此，塔板效率较高，一般比泡罩塔高 15%左右。

④ 塔板压降小。

⑤ 结构较简单，制造容易，检修方便。

（2）浮阀塔板的缺点

① 处理易结焦、高黏度的物料，阀片易与塔板粘结在一起。

② 操作时阀片易卡死或脱落，使塔板效率和操作弹性下降。

现在应用十分广泛的浮阀是 ADV 浮阀，它是一种十分高效的塔盘，对浮阀及塔盘进行了全面优化，将处理能力与分离效率同时提高。

（3）ADV 浮阀的主要特点

① 浮阀顶部开切口，具有导向作用。

② ADV 塔板改进降液管结构。

③ 处理能力提高 40%或更多。

④ 分离效率提高 10%～20%。

⑤ 压降减少 10%，操作弹性增加 30%～50%。

⑥ 改造施工量小，安装简便。

3. 筛板

筛板全称是筛孔塔板，它的结构和浮阀相类似，不同之处是塔板上不是开设装置浮阀的阀孔，而只是在塔板上开设许多直径 3～5mm 的筛孔，因此结构非常简单。

（1）筛板的优点

① 结构简单，造价仅为泡罩塔的 60%；

② 塔板上液面落差低，塔板压降小；

③ 生产能力大；

④ 塔板效率高；

（2）筛板的缺点

① 操作弹性小；

② 筛孔易堵塞，不适合处理高黏度、易结焦的物料。

4. 喷射形塔板

喷射形塔板是近些年开发的高效塔板，是适应大型化生产的产物。

（1）舌形塔板

舌形塔板的结构特点是：在塔板上开出许多舌孔，方向和液体流动方向一致，舌片和塔板平面成一定的角度，舌孔按正三角形排列，塔板的流出侧没有溢流堰，只保留降液管，见图 4-2。

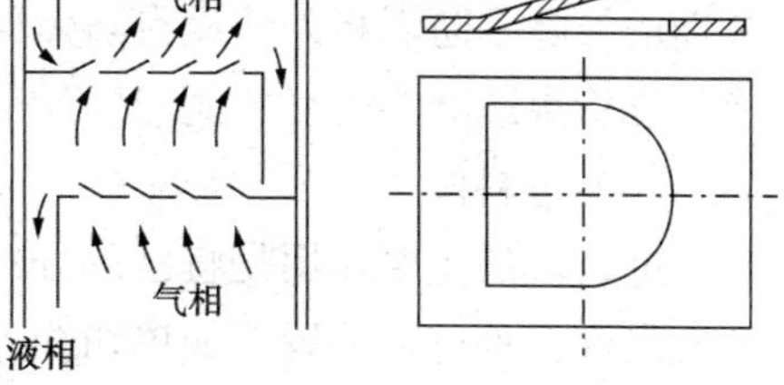

图 4-2　舌形塔板示意图

舌形塔板的优点是：

① 结构简单，造价低；

② 塔板上液面落差低，塔板压降小；

③ 生产能力大；

④ 塔板效率高。

舌形塔板的缺点主要是操作弹性小。

（2）浮舌塔板

浮舌塔板的结构特点是舌片能够上下活动，也就是说同时具备浮阀塔板和舌形塔板的特点，具有处理量大、压降低、操作弹性高等优点。

虽然塔板的种类繁多，但各种塔板的作用是相同的，就是提供较大的气液相接触的表面积，以利于在两相之间进行传质和传热的过程。

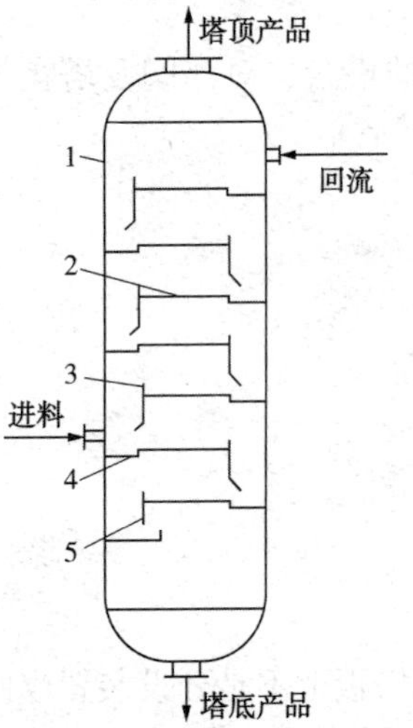

图 4-3　普通蒸馏塔结构图

1—壳体；2—塔板；3—溢流堰；4—受液盘；5—降液管

三、板式塔结构

板式塔是逐级接触式的气液传质设备，最普通的板式塔是由壳体、塔板、溢流堰、降液管、受液盘等部件组成，普通蒸馏塔结构见图 4-3。

（1）壳体

蒸馏塔的壳体外形均为圆柱形。以前的蒸馏塔的材质多选用普通碳钢。随着原油硫含量的不断升高，壳体也随之升级。现在的蒸馏塔基本上都是使用复合钢板制造的，即外层钢板使用普通碳钢，内层塔板使用不锈钢或者防腐能力更高的 316L 等高等钢材。

（2）塔顶部分

在蒸馏塔内的顶端一般是气体出口的管口，在顶端到第一层塔板这一段是气液分离的空间，此空间较大，以降低气体上升速度便于液滴从气相中分离出来，有些塔的塔顶为了除掉气相中的液滴或泡沫，还装有惯性分离或离心分离装置。

（3）塔底部分

塔底部分的空间也非常大，它的作用一是储存大量的液体以稳定下一单元的进料，二是在此进行气液分离，使塔底重组分中所携带的轻组分回到塔上部。为达此目的，在塔底一般设有汽提蒸汽盘管或汽提蒸汽分布管，也有相当多的塔使用重沸器来加热塔底油以驱赶出其中的轻组分。

在塔底封头的最底部是塔底油的抽出口，在抽出口上装有防涡板，以避免液体在抽出口处形成旋涡，将塔内气体抽走，造成泵抽空，对于一些含杂质的液体，比如催化裂化装置的分馏塔，除了防涡板外还设有防焦网，以避免油浆将催化剂焦块携带入管线内，堵塞管线、换热器管束或磨穿管线、阀门。

（4）进料段

进料段的主要作用是将已部分汽化的油品迅速、彻底地分成气相、液相两部分。为此，开发出许多种进料装置，如单切线进料、双切线进料等。

进料段也需要一定大的空间，以增加气液相分离时间。

(5) 塔盘结构

塔盘安装时采用分块安装或整体安装两种方式，选择的依据是根据塔径的大小和安装检修的方便来确定的。

塔盘间的距离和塔径大小要根据工艺计算出来的雾沫夹带量、气相负荷、液相负荷等参数来确定，塔盘间距太大会使整个塔的高度增加，塔盘间距过小则易产生雾沫夹带和液泛。因此塔盘间距选择要合适，一般采用400mm、600mm、800mm三种距离，对于开有人孔、返塔口、抽出口等层，塔盘间距要大些，以便于安装检修。

四、板式塔的流体动力学

1. 塔板上气液两相的接触状态

塔板上气液接触的情况随气速的变化而有所不同，大致可以分为四种类型：

① 鼓泡接触：当塔内气速较低的情况下，气体以一个个气泡的形态穿过液层上升，塔板上所有气泡外表面积之和，即该塔板上气-液相传质的面积。

② 蜂窝状接触：继续提高气速，单位时间内通过液层的气泡数量增多，使液层变成蜂窝状，它的传质面积要比鼓泡接触大。

③ 泡沫接触：气体速度进一步加大时，穿过液层的气泡直径变小，呈现泡沫状态的接触形式。

④ 喷射接触：气体高速穿过塔板，将塔板上的液体都击碎成液滴，此时传质、传热过程是在气体和液滴的外表面之间进行。

前三种情况在塔板上的液体是连续的，气体是分散相进行气液接触传质和传热过程的，而在喷射接触状态下，气体是连续相，液体变成了分散相。

在小型低速的蒸馏塔内才会出现鼓泡和蜂窝状的接触情况，原油蒸馏过程中气速一般都比较大，常压蒸馏采用浮阀或筛孔塔板，以泡沫接触为主进行传质传热，减压蒸馏的气速特别高，通常采用网孔或浮喷塔板，以喷射接触的方式进行传质、传热，经高速气流冲击所形成液滴的流速也很大，容易造成雾沫夹带。

2. 气体通过塔板的压降

气体通过塔板的压降(塔板的总压降)包括：塔板的干板阻力(即板上各部件所造成的局部阻力)、板上充气液层的静压力及液体的表面张力。

塔板压降是影响板式塔操作特性的重要因素。塔板压降增大，一方面塔板上气液两相的接触时间随之延长，板效率升高，完成同样的分离任务所需实际塔板数减少，设备费降低，另一方面，塔釜温度随之升高，能耗增加，操作费增大，若分离热敏性物系时易造成物料的分解或结焦。因此，进行塔板设计时，应综合考虑，在保证较高效率的前提下，力求减小塔板压降，以降低能耗和改善塔的操作。

3. 塔板上的液面落差

当液体横向流过塔板时，为克服板上的摩擦阻力和板上部件(如泡罩、浮阀等)的局部阻力，需要一定的液位差，则在板上形成由液体进入板面到离开板面的液面落差。液面落差也是影响板式塔操作特性的重要因素，液面落差将导致气流分布不均，从而造成漏液现象，使塔板的效率下降。因此，在塔板设计中应尽量减小液面落差。

液面落差的大小与塔板结构有关，泡罩塔板结构复杂，液体在板面上流动阻力大，故液面落差较大。筛板板面结构简单，液面落差较小。除此之外，液面落差还与塔径和液体流量有关，当塔径或流量很大时，也会造成较大的液面落差。为此，对于直径较大的塔，设计中常采用双溢流或阶梯溢流等溢流形式来减小液面落差。

4. 气液相负荷变化的限度

保持板式塔正常运行的基础是保证塔内的气液相负荷处于一个比较适宜、均匀(不是从上到下均匀)的状态，气液相的波动影响了产品质量的控制，严重波动时甚至会造成冲塔等事故，下面是几种气液相变化可能出现的结果。

(1) 气相负荷大——雾沫夹带

正常情况下，进料进入进料段后气液相迅速分开，少量液相会被气相携带上去，还有在塔板上气液相接触后，也会有少量液相被携带上去。这是允许的也是必然的，雾沫夹带的允许值是0.1kg液体/1kg气体，但当气相流速过大时，液相被大量携带到上一层塔板，势必影响塔板效率，造成分离效果差。

雾沫夹带的现象是塔顶压力上升，产品变重且互相重叠。

原因主要是处理量过大，原油过轻或原油带水，加热炉出口温度过高，液相内回流量过小等。

(2) 气相负荷小——漏液

如果气速过低，托不住塔板上的液体，液体顺着浮阀阀孔向下一层塔板泄漏，造成塔板分离效率降低，允许漏液量为10%。

漏液的现象是塔内各段温差变小，顶温、顶压下降，侧线馏程宽。

漏液的原因是处理量过低，原油很重，进料温度低，造成气相负荷低。

(3) 液相负荷大——降液管超负荷

塔内液相负荷过大，而降液管流通面积较小，在塔板上的液层堆积很厚，气相不能逸出，被携带回下层塔板，操作中降液管超负荷并不常见。

(4) 液相负荷小——液层吹开

内回流很少或侧线抽出太大，造成塔板上的液层被向上的气相吹起来，不能形成液层，大部分的气相不能和液相很好地接触，影响了传质、传热，这种情况生产中也不常见。

(5) 气液相负荷均大——淹塔(液泛)

此时，液相由于降液管限量流不下来，而气相又顶着液相，造成整个塔内均是液体，称之为淹塔。

淹塔的现象：塔顶压力快速上升，侧线甚至塔顶都出黑油，塔顶温度及侧线温度迅速升高。

淹塔的原因：处理量过高，进料太轻，炉出口温度过高，原油带水，汽提蒸汽量过大等因素。

这5个指标决定了板式塔的处理量的极限，板式塔出现雾沫夹带、降液管超负荷的现象说明了已超过塔的最大处理能力，如果再加大处理量就会发生淹塔事故。对于整个常减压装置的最大处理量的限制因素，还有装置主要设备、管线的尺寸规格、主要机泵的功率、加热炉负荷等因素。当板式塔出现漏液、液层吹开等现象时说明处理量低于板式塔的最低限度，板式塔已经不能正常操作。对于整个常减压装置的最小负荷的影响因素，还有加热炉的冷油流速的限制，常压炉的冷油流速不能低于1.3m/s，减压炉出口炉管的冷油流速不能低于1.1m/s。如果低于这个流速，就应向炉管内注汽，保持油品的流动速度。假如某装置的减压炉出口炉管管径为 *DN*200，则最低流量按 1.1m/s，折合成 $1.1\times\pi\times0.2^2\div4\times3600=125$t/h。也就是说当减炉进料流量低于 125 t/h 应打开炉管注汽。

第三节 填料塔的种类和结构

填料塔是在圆柱形筒体内设置填料，使气液两相通过填料层时达到充分接触，完成气液两相的传质过程。填料塔具有结构简单，填料可用耐腐蚀材料制作的特点，同时填料塔的压力降也比板式塔小。所以是石油化工生产中广泛应用的传质设备。

一、填料塔的总体种类

填料塔的结构较板式塔简单，这类塔由塔体、喷淋装置、填料、分布器等组成。气体进入塔内后，经填料上升，液体则由喷淋装置喷出后，沿填料表面下流，气液两相便得到充分接触，从而达到传质的目的。

二、填料的种类和特性

1. 填料的特性

填料的特性常用下面几个参数说明：

① 填料的尺寸，常以填料的外径、高度和厚度数值的乘式来表示，例如 10mm×10mm×1.5mm 的拉西环，则表示拉西环外径为 10mm，高度为 10mm，厚度为 1.5mm。

② 单位体积中填料的个数 n，即每立方米体积内装多少个填料。

③ 比表面 α，单位体积内填料所具有的表面积，m^2/m^3。

④ 空隙率(也叫自由体积) ε，塔内每立方米干填料净空间(空隙体积)所占的百分数，m^3/m^3，填料上喷淋液体后。

由于填料表面挂液，则空隙率减小。

⑤ 堆积密度 ρ，单位体积内填料的质量，kg/m^3。

2. 填料的种类

填料塔所采用的填料根据装填方式主要分两大类：乱堆填料和规整填料，其中乱堆填料是指将一个个具有一定几何形状和尺寸的颗粒体，一般以随机的方式堆积在塔内，又称为散装填料或颗粒填料，乱堆填料根据结构特点不同，又可分为环形填料、鞍形填料、环鞍形填料及球形填料等。现介绍几种较为典型的乱堆填料。

(1) 乱堆填料

① 拉西环填料。拉西环填料于 1914 年由拉西(F. Rashching)发明，为外径与高度相等的圆环，如图 4-4 所示。拉西环填料的气液分布较差，传质效率低，阻力大，通量小，目前工业上已较少应用。

图 4-4 拉西环

② 鲍尔环填料。如图 4-5 所示，鲍尔环是对拉西环的改进，在拉西环的侧壁上开出两排长方形的窗孔，被切开的环壁的一侧仍与壁面相连，另一侧向环内弯曲，形成内伸的舌叶。诸舌叶的侧边在环中心相搭，鲍尔环由于环壁开孔，大大提高了环内空间及环内表面的利用率，气流阻力小，液体分布均匀，与拉西环相比，鲍尔环的气体通量可增加 50%以上，传质效率提高 30%左右，鲍尔环是一种应用较广的填料。

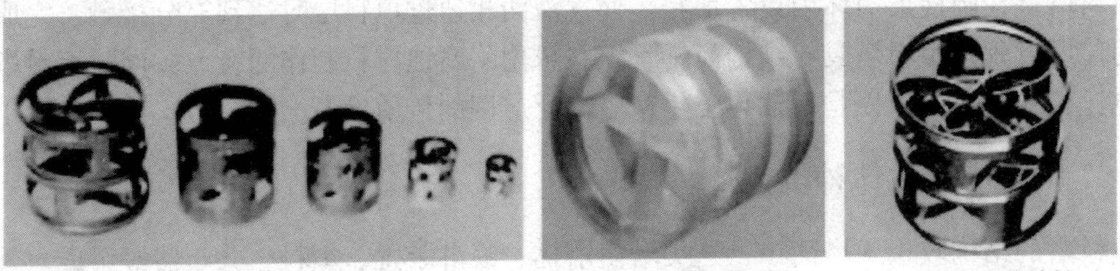

(a)金属鲍尔环填料　(b)塑料鲍尔环填料　(c)改型鲍尔环填料

图 4-5　鲍尔环

③ 阶梯环填料。如图 4-6 所示，阶梯环是对鲍尔环的改进，与鲍尔环相比，阶梯环高度减少了一半并在一端增加了一个锥形翻边，由于高径比减少，使得气体绕填料外壁的平均路径大为缩短，减少了气体通过填料层的阻力，锥形翻边不仅增加了填料的机械强度，而且使填料之间由线接触为主变成以点接触为主。这样不但增加了填料间的空隙，同时成为液体沿填料表面流动的汇集分散点，可以促进液膜的表面更新，有利于传质效率的提高，阶梯环的综合性能优于鲍尔环，成为目前所使用的环形填料中最为优良的一种。

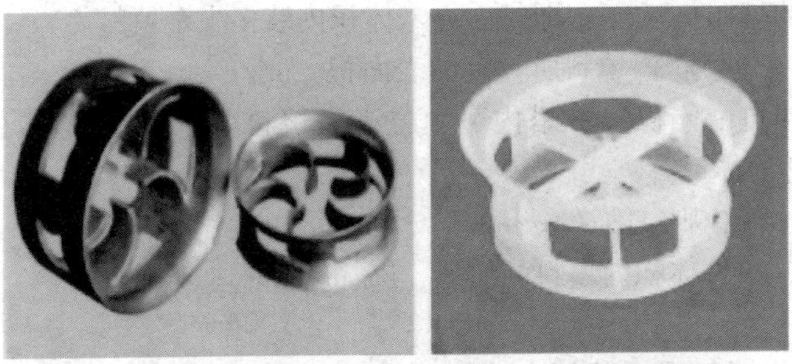

(a)金属阶梯环填料　(b)塑料阶梯环

图 4-6　阶梯环

④ 弧鞍填料。弧鞍填料属鞍形填料的一种，其形状如同马鞍，一般采用瓷质材料制成。弧鞍填料的特点是表面全部敞开，不分内外，液体在表面两侧均匀流动，表面利用率高，流道呈弧形，流动阻力小，其缺点是易发生套叠，致使一部分填料表面被重合，使传质效率降低，弧鞍填料强度较差，容易破碎，工业生产中应用不多。

⑤ 矩鞍填料。将弧鞍填料两端的弧形面改为矩形面，且两面大小不等，即成为矩鞍填料。矩鞍填料堆积时不会套叠，液体分布较均匀。矩鞍填料一般采用瓷质材料制成，其性能优于拉西环。目前，国内绝大多数应用瓷拉西环的场合，均已被瓷矩鞍填料所取代。

⑥ 金属环矩鞍填料。如图 4-7 所示，环矩鞍填料(国外称为 Intalox)是兼顾环形和鞍形结构特点而设计出的一种新型填料。该填料一般以金属材质制成，故又称为金属环矩鞍填料。环矩鞍填料将环形填料和鞍形填料两者的优点集于一体，其综合性能优于鲍尔环和阶梯环，在散装填料中应用较多。

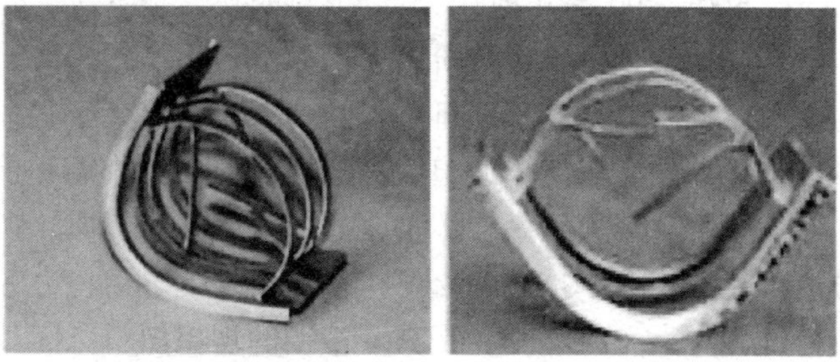

(a)金属环矩鞍填料 (b)金属环矩鞍填料(Intalox)

图 4-7 金属环矩鞍填料

⑦ 球形填料。一般采用塑料注塑而成，其结构有多种，球形填料的特点是球体为空心，可以允许气体、液体从其内部通过。由于球体结构的对称性，填料装填密度均匀，不易产生空穴和架桥，所以气液分散性能好。球形填料一般只适用于某些特定的场合，工程上应用较少。

除上述几种较典型的乱堆填料外，近年来不断有构形独特的新型填料开发出来，如共轭环填料、海尔环填料、纳特环填料等。工业上常用的乱堆填料的特性数据可查有关手册。

（2）规整填料

规整填料是按一定的几何构形排列，整齐堆砌的填料。规整填料种类很多，根据其几何结构可分为格栅填料、波纹填料、脉冲填料等。

① 格栅填料。格栅填料是以条状单元体经一定规则组合而成的，具有多种结构形式，工业上应用最早的格栅填料为木格栅填料。目前应用较为普遍的有格里奇格栅填料、网孔格栅填料、蜂窝格栅填料等，其中以格里奇格栅填料最具代表性。

格栅填料的比表面积较低，主要用于要求压降小、负荷大及防堵等场合。

② 目前工业上应用的规整填料绝大部分为波纹填料，它是由许多波纹薄板组成的圆盘状填料。波纹与塔轴的倾角有 30°和 45°两种，组装时相邻两波纹板反向靠叠，各盘填料垂直装于塔内，相邻的两盘填料间交错 90°排列。

波纹填料按结构可分为网波纹填料和板波纹填料两大类，其材质又有金属、塑料和陶瓷等之分。如图 4-8 所示，金属丝网波纹填料是网波纹填料的主要形式，它是由金属丝网制成的，金属丝网波纹填料的压降低，分离效率很高，特别适用于精密精馏及真空精馏装置，为难分离物系、热敏性物系的精馏提供了有效的手段。尽管其造价高，但因其性能优良仍得到了广泛的应用。

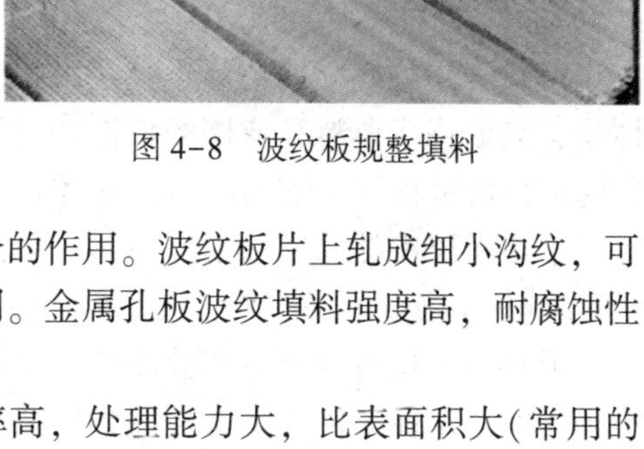

图 4-8 波纹板规整填料

金属板波纹填料是板波纹填料的一种主要形式。该填料的波纹板片上冲压有许多 ϕ5mm 左右的小孔，可起到粗分配板片上的液体、加强横向混合的作用。波纹板片上轧成细小沟纹，可起到细分配板片上的液体、增强表面润湿性能的作用。金属孔板波纹填料强度高，耐腐蚀性强，特别适用于大直径塔及气液负荷较大的场合。

波纹填料的优点是结构紧凑，阻力小，传质效率高，处理能力大，比表面积大（常用的有 125、150、250、350、500、700 等几种)。波纹填料的缺点是不适于处理黏度大、易聚合或有悬浮物的物料，且装卸、清理困难，造价高。

③ 脉冲填料是由带缩颈的中空棱柱形个体，按一定方式拼装而成的一种规整填料，脉冲填料组装后，会形成带缩颈的多孔棱形通道，其纵面流道交替收缩和扩大，气液两相通过时产生强烈的湍动，在缩颈段，气速最高，湍动剧烈，从而强化传质，在扩大段，气速减到最小，实现两相的分离，流道收缩、扩大的交替重复，实现了“脉冲”传质过程。

脉冲填料的特点是处理量大、压降小，是真空精馏的理想填料。因其优良的液体分布性能使放大效应减少，故特别适用于大塔径的场合。工业上常用规整填料的特性参数可参阅有关手册。

三、填料的流体动力学

填料塔是以塔内的填料作为气液两相间接触构件的传质设备。填料塔的塔身是一直立式圆筒，底部装有填料支承板。填料以乱堆或整砌的方式放置在支承板上，填料的上方安装填料压板，以防被上升气流吹动，液体从塔顶经液体分布器喷淋到填料上，并沿填料表面流下，气体从塔底送入，经气体分布装置(小直径塔一般不设气体分布装置)分布后，与液体呈逆流连续通过填料层的空隙，在填料表面上，气液两相密切接触进行传质。填料塔属于连续接触式气液传质设备，两相组成沿塔高连续变化，在正常操作状态下，气相为连续相，液相为分散相。

当液体沿填料层向下流动时，有逐渐向塔壁集中的趋势，使得塔壁附近的液流量逐渐增大，这种现象称为壁流。壁流效应造成气液两相在填料层中分布不均，从而使传质效率下降。因此，当填料层较高时，需要进行分段，中间设置再分布装置。液体再分布装置包括液体收集器和液体再分布器两部分，上层填料流下的液体经液体收集器收集后，送到液体再分布器，经重新分布后喷淋到下层填料上。

填料塔具有生产能力大、分离效率高、压降小、持液量小、操作弹性大等优点。

填料塔也有一些不足之处，如填料造价高，当液体负荷较小时不能有效地润湿填料表面，使传质效率降低，不能直接用于有悬浮物或容易聚合的物料，对侧线进料和出料等复杂精馏不太适合等。

填料塔的流体力学性能主要包括填料层的持液量、填料层的压降、液泛、填料表面的润湿及返混等。

1. 填料层的持液量

填料层的持液量是指在一定操作条件下，在单位体积填料层内所积存的液体体积，以 m^3液体/m^3填料表示，持液。可分为静持液量 H_S、动持液量 H_o 和总持液量 H_t。静持液量是指当填料被充分润湿后，停止气液两相进料，并经排液至无滴液流出时存留于填料层中的液体量，其取决于填料和流体的特性，与气液负荷无关。动持液量是指填料塔停止气液两相进料时流出的液体量，它与填料、液体特性及气液负荷有关。总持液量是指在一定操作条件下存留于填料层中的液体总量。显然，总持液量为静持液量和动持液量之和，即：

$$H_t = H_o + H_S$$

填料层的持液量可由实验测出，也可由经验公式计算。一般来说，适当的持液量对填料塔操作的稳定性和传质是有益的，但持液量过大，将减少填料层的空隙和气相流通截面，使压降增大，处理能力下降。

2. 填料层的压降

在逆流操作的填料塔中，从塔顶喷淋下来的液体，依靠重力在填料表面成膜状向下流动，上升气体与下降液膜的摩擦阻力形成了填料层的压降，填料层压降与液体喷淋量及气速有关。在一定的气速下，液体喷淋量越大，压降越大，在一定的液体喷淋量下，气速越大，压降也越大。将不同液体喷淋量下的单位填料层的压降 $\Delta P/Z$ 与空塔气速 u 的关系标绘在对数坐标纸上，可得到如图 4-9 所示的曲线簇。

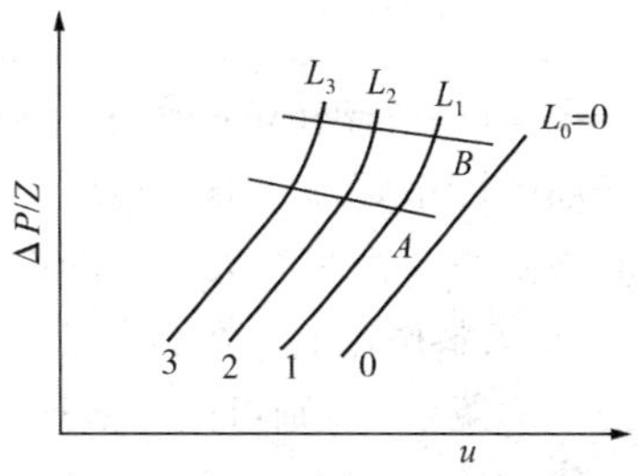

图 4-9 填料层的$(\Delta P/Z)-u$关系

图中，直线 0 表示无液体喷淋（$L=0$）时，干填料的$(\Delta P/Z)-u$关系，称为干填料压降线。曲线 1、2、3 表示不同液体喷淋量下，填料层的$(\Delta P/Z)-u$关系，称为填料操作压降线。

从图中可看出，在一定的喷淋量下，压降随空塔气速的变化曲线大致可分为三段：当气速低于 A 点时，气体流动对液膜的曳力很小，液体流动不受气流的影响。填料表面上覆盖的液膜厚度基本不变，因而填料层的持液量不变，该区域称为恒持液量区，此时$(\Delta P/Z)-u$为一直线，位于干填料压降线的左侧，且基本上与干填料压降线平行，当气速超过 A 点时，气体对液膜的曳力较大，对液膜流动产生阻滞作用，使液膜增厚，填料层的持液量随气速的增加而增大，此现象称为拦液。开始发生拦液现象时的空塔气速称为载点气速，曲线上的转折点 A 称为载点。若气速继续增大，到达图中 B 点时，由于液体不能顺利向下流动，使填料层的持液量不断增大，填料层内几乎充满液体，气速增加很小便会引起压降的剧增，此现象称为液泛。开始发生液泛现象时的气速称为泛点气速，以 U_F 表示。曲线上的点 B，称为泛点。从载点到泛点的区域称为载液区，泛点以上的区域称为液泛区。

应当指出在同样的气液负荷下，不同填料的$(\Delta P/Z)-u$关系曲线有所差异，但其基本形状相近。对于某些填料载点与泛点并不明显，故上述三个区域间无截然的界限。

3. 液泛

在泛点气速下，持液量的增多使液相由分散相变为连续相，而气相则由连续相变为分散相，此时气体呈气泡形式通过液层，气流出现脉动，液体被大量带出塔顶，塔的操作极不稳定，甚至会被破坏，此种情况称为淹塔或液泛。影响液泛的因素很多，如填料的特性、流体的物性及操作的液气比等。

填料特性的影响集中体现在填料因子上，填料因子 F 值越小，越不易发生液泛现象。

流体物性的影响体现在气体密度 ρ_V、液体的密度 ρ_L 和黏度 μ_L 上，气体密度越小，液体的密度越大、黏度越小，则泛点气速越大。

操作的液气比越大，则在一定气速下液体喷淋量越大，填料层的持液量增加而空隙率减小，故泛点气速越小。

4. 液体喷淋密度和填料表面的润湿

填料塔中气液两相间的传质主要是在填料表面流动的液膜上进行的，要形成液膜，填料表面必须被液体充分润湿，而填料表面的润湿状况取决于塔内的液体喷淋密度及填料材质的表面润湿性能。

四、填料塔与板式塔的比较

对于许多气液逆流接触过程，填料塔和板式塔都是可以适用的，设计者必须根据具体情况进行选用。填料塔和板式塔有许多不同点，了解这些不同点对于合理选用塔设备是有帮助的。

① 填料塔操作范围较小，特别是对于液体负荷变化更为敏感，当液体负荷较小时，填料表面不能很好地润湿，传质效果急剧下降，当液体负荷过大时，则容易产生液泛。设计良好的板式塔，则具有大得多的操作范围。

② 填料塔不宜于处理易聚合或含有固体悬浮物的物料，而某些类型的板式塔(如大孔径筛板、泡罩塔等)则可以有效地处理这种物质。另外，板式塔的清洗亦比填料塔方便。

③ 当气液接触过程中需要冷却以移除反应热或溶解热时，填料塔因涉及液体均布问题而使结构复杂化，板式塔可方便地在塔板上安装冷却盘管。同理，当有侧线出料时，填料塔也不如板式塔方便。

④ 以前乱堆填料塔直径很少大于 0.5m，后来又认为不宜超过 1.5m。根据近 10 年来填料塔的发展状况，这一限制似乎不再成立，板式塔直径一般不小于 0.6m。

⑤ 关于板式塔的设计资料更容易得到而且更为可靠，因此板式塔的设计比较准确，安全系数可取得更小。

⑥ 当塔径不很大时，填料塔因结构简单而造价便宜。

⑦ 对于易起泡物系，填料塔更适合，因填料对泡沫有限制和破碎的作用。

⑧ 对于腐蚀性物系，填料塔更适合，因可采用瓷质填料。

⑨ 对热敏性物系宜采用填料塔，因为填料塔内的滞液量比板式塔少，物料在塔内的停留时间短。

⑩ 填料塔的压降比板式塔小，因而对真空操作更为适宜。

第五章　蒸馏工艺的特点和控制

第一节　常压蒸馏单元

一、预蒸馏(闪蒸)

原油进装置换热至120~140℃进入预处理设施，经脱盐脱水预处理之后，继续换热到220~240℃，进入初馏塔(闪蒸塔)。设置原油预蒸馏(初馏塔)或者预闪蒸(闪蒸塔)的主要目的是释放原油系统的压力。随着原油常减压蒸馏技术的发展，原油的换热系统压力降多在0.6~1.2MPa或以上，设置预蒸馏(闪蒸)可以有效缓解原油系统的压力，降低原油泵的扬程和原油换热系统的设计压力。

1. 初馏塔的工艺特点

在原油常压蒸馏过程中设置初馏塔，具有以下特点：

① 加工轻质原油时，可以通过初馏塔顶生产部分石脑油，也可以通过初馏塔设置侧线抽出部分轻质油品，或作为产品(溶剂油等)，或直接送入常压塔相似组成部位继续分馏。这样可以有效地降低常压加热炉的负荷，同时也可以提升常压塔的加工能力。

② 原油电脱盐设施操作不良，脱后原油带水较严重时，设置初馏塔，可以起到稳定常压塔操作的作用。

③ 目前，原油蒸馏系统中多有“氯化铵盐”产生，这种氯化铵盐在低于160℃时会析出并沉积，严重腐蚀常压塔顶部内件和冷凝冷却系统，设置初馏塔会缓解常压塔顶部和塔顶冷凝冷却系统的设备和工艺管道的腐蚀。

2. 闪蒸塔的工艺特点

① 流程简单，塔顶不设置冷凝冷却系统及回流，塔顶不出产品。

② 投资省，闪蒸塔内不设置任何传质内件，闪蒸塔顶部气体直接引入常压塔适当部位，而不设置冷凝冷却系统和回流设施。

③ 节能，由于闪蒸塔没有顶回流，也不存在过汽化，因此，不存在重复汽化和冷凝。

3. 预蒸馏(闪蒸)的相关技术

(1) 初馏塔顶气的回收技术

原油中的大部分轻烃会在初馏塔塔顶蒸出，约占原油的0.3%~0.8%。这些轻烃含有大量的液化气组分，回收方式主要有两种：一种是初馏塔提压操作，初馏塔顶产品罐的操作压力0.2~0.3MPa，轻烃全部溶解到石脑油馏分中，再通过分离装置将轻烃从石脑油馏分中分离出来；另一种是与常压塔顶不凝气一起通过压缩机提压送往轻烃回收单元进行回收。

(2) 初馏塔顶余热回收技术

与常压塔顶余热回收相同，初馏塔顶油气需要参与原油或热水换热，回收这部分低温余热。

(3) 闪蒸塔的进料分布技术

尽管闪蒸塔进料分布器的主要功能与初馏塔的基本一致，满足进料段油气分压下汽化作用的同时，实现良好的气液分离，但闪蒸塔的气液分离更为重要，可以认为闪蒸塔的进料分布器需要最大限度地追求气液分离。因为，闪蒸塔内没有设置任何的气液传质分离元件，闪蒸塔顶气体任何对液体的夹带都将会对常压塔产品质量造成影响。

(4) 常压塔内闪顶气进料分布技术

常压塔内设置优良的汽液分布系统，以满足闪蒸塔顶气进入常压塔之后的分布作用，避免大量的闪蒸塔顶气对常压塔平稳操作造成冲击。

二、常压塔的工艺特点

拔头原油用泵加压后与高温位的中段回流、产品、减渣等进行换热，一般换后温度能达到260℃以上，在原油加工方案合适、换热流程合理条件下，换后温度可达到310℃甚至以上。拔头原油再经常压加热炉进一步加热至365℃(各装置设定的炉出口温度随所炼不同原油的组成性质而差异，一般都在360~370℃之间)。最后拔头原油进入常压塔进行分离。

常压蒸馏单元的核心设备是常压塔。常压塔塔顶生产较轻的石脑油组分，塔底生产重质油品，侧线生产介于这两者之间的煤油、柴油或蜡油组分等。常压塔一般设3~5个抽出侧线，侧线数的多少主要是根据产品种类的多少来确定的，等于常压塔的产品种类n减去塔顶和塔底这两种产品，即$n-2$。实际上，为了尽可能地均匀分布常压塔的全塔气液相负荷，同时有利于优化整个装置的换热网络，常压蒸馏塔的柴油馏分生产往往通过常二线和常三线两条侧线来完成。

初馏塔、常压塔一般都采用板式塔。这是因为全塔的压力降，在常压状态下对拔出率的影响不大，而填料塔尽管压力降很低，但是设备投资要较板式塔高得多。

三、预蒸馏的操作要点

(一) 初馏塔的操作

1. 原油性质对初馏塔的影响

原油性质变化，在初馏塔的各种参数上表现十分明显，然后才影响常压塔、减压塔。

(1) 原油密度

原油密度变小，轻油产量会增加，重油产量减少。相应地脱前原油和轻油换热，脱前温度会升高。脱后和重油换热，初馏塔进料温度低。初馏塔进料的汽化率增加，塔内气相负荷上升，塔顶压力上升，不凝气量、汽油量增加，汽油干点降低，冷后温度升高；侧线馏出温度升高；初底液位下降。

操作重点：原油变轻后，应提高初馏塔的塔顶温度和侧线的馏出量，以提高塔顶产品干点，保证产品质量。适当提高中段回流量，并稳定塔底液位和流量。如果原油变化太剧烈，可联系调度降量处理。

(2) 进料温度

初馏塔的进料温度主要是和常压塔、减压塔的侧线产品、中段回流以及渣油换热之后产生的温度。进料温度主要影响进料的汽化率、初馏塔内的气液相分布，造成产品分布的变化。当进料温度变化较大时，一般首先采取控制塔顶温度的方式来保证塔顶产品质量合格。

若进料温度升高、进料汽相量增加时，导致塔顶温度升高，则初馏塔顶石脑油馏分干点升高，可采取增加塔顶回流量或降低回流温度的方式来控制塔顶温度平稳。当进料温度降低、进料气相量降低时，相反操作。

加工原油性质的变化、与原油换热的热源流量或温度的变化，都会影响进料的换后温度，这可以看出初馏塔的进料温度是容易波动的。在换热网络设计时，应充分考虑这种波动的可能性，尽可能维持塔进料温度平稳。

(3) 进料带水量

原油中带水在初馏塔的进料段会产生汽化，水蒸气进入初馏塔会使塔内汽相负荷大幅增加，塔顶压力上升，石脑油冷后温度升高，塔顶罐界位迅速上升。带水严重时会造成冲塔，塔顶产品变黑，安全阀启跳。

操作中要随时注意初馏塔的进料温度、塔顶压力、塔顶罐界位和初底液位等参数的变化，同时注意电脱盐罐的界位控制和电流的变化，避免脱后原油携带大量的水进入初馏塔。

2. 塔顶压力

初馏塔顶压力同样受进料的轻重、含水量、流量大小的影响。初顶不凝气体的后路如果憋压，会使初馏塔顶的压力迅速上升，同样初顶回流及产品罐中液相产品送不出去，液位满也会使塔顶压力上升，如果空冷皮带损坏、电机故障，或者冷却器气阻、循环水等中断都会造成塔顶压力升高。

如果初馏塔顶压力提高至0.35MPa以上，其产品罐的压力将达到0.3MPa左右。不凝气体里的液化气组分基本可以全部溶解到石脑油中，再送至轻烃回收单元(装置)进行分离。提压有利于回收轻烃，但同时也带来一个问题，就是压力升高后，进料的汽化率降低，起不到提高加工量的作用，有的装置就在初馏塔后又增加一级常压闪蒸，将其中的轻组分蒸出送至常压塔中部。还有一种在初馏塔前设置闪蒸塔，目的也是提高加工量。

3. 塔顶温度

塔顶温度是塔顶产品在其本身油气分压下的露点温度，受原油的性质、含水量和进料温度的影响，还受控制方案的限制。生产中可通过调节塔顶回流量来控制塔顶温度，进而使塔顶产品的质量和收率满足要求。为保证塔顶产品质量，生产操作中塔顶温度需控制平稳。

4. 初底液位

初底液位是初馏塔物料平衡的表征。很多因素会使液位产生波动，原油轻重的变化、原油量、初底油量的调整、塔顶温度压力的变化等。

操作中控制好初底液位，更要保持好初底油量的稳定，因为这关系着后续流程的平稳运行。

(二) 闪蒸塔的操作

闪蒸塔流程较初馏塔流程简单，影响闪蒸塔操作的因素主要有两点，一个是闪蒸塔进料段温度，另一个就是闪蒸塔底的液位。

1. 闪蒸塔进料段温度

闪蒸塔进料段温度的高低直接决定了闪蒸量的大小，温度越高，闪蒸量越大，反之，温度越低，闪蒸量就越小。由于闪蒸塔进料段温度与初馏塔进料段温度在性质上是相同的，都是通过原油换热网络获得热量，某种意义上具有不可调节性，或者说不方便调节。因此，闪蒸塔的流程设计，必须考虑留有必要的闪蒸量余地，避免由于过量闪蒸而引起常压塔侧线产品不合格。当然，优良的换热网络设计，不论是闪蒸塔流程，还是初馏塔流程，均应保留调节进料段温度的办法和手段。

2. 闪蒸塔底液位

与初馏塔的概念基本一致，当原油轻重发生变化、装置生产方案发生变化或操作条件调节幅度较大时，闪蒸塔的进料段温度和闪蒸量会发生改变，闪蒸塔底的液位就会发生波动。生产操作过程中必须注意控制，保持装置的运行平稳。此外，由于闪蒸塔内的气体会直接进入常压塔中上部，气流的过分波动也将会影响到常压塔的平稳运行，特别是要注意原油电脱盐设施的操作，避免出现大量的水被带入闪蒸塔内。过量水的夹带，既影响闪蒸塔的操作也会影响常压塔的操作。

四、常压塔的操作要点

常压塔的操作是常压蒸馏单元核心的操作环节，掌握着主要产品的质量控制。对一套完整的常减压蒸馏装置，一般在常压塔前设有闪蒸塔或初馏塔，在常压塔后设置减压塔，故常压塔在整个流程中起着“承上启下”的作用，对全装置的平稳操作影响很大，同时其他单元的波动也会影响常压塔的平稳操作。

常压蒸馏的主要操作参数包括温度、压力、产品收率、回流量以及汽提蒸汽量等，这些参数控制是否合适是生产操作中需要考虑的重点。要使常压塔操作平稳、质量合格，必须做到：

① 稳定进料量和进料性质。当进料发生变化时，及时调整中段回流量和侧线抽出量。

② 稳定塔顶温度。当塔顶温度发生变化时，侧线抽出温度会呈现放大效果，很容易造成产品不合格。

③ 稳定塔顶压力。当塔顶压力发生变化时，各侧线抽出位置的油气分压也会发生改变，抽出量不变的情况下，产品质量就会发生改变。因此，要注意调整各侧线的抽出温度，以保证产品质量。

④ 稳定塔底液位，稳定塔底吹汽和汽提塔吹汽量。

⑤ 稳定各回流温度和流量，保持好热量的平衡。

常压塔和初馏塔都是在接近常压状态下进行蒸馏的，前面所述的初馏塔的控制要点基本适用于常压塔。在这里补充中段回流和侧线抽出对产品质量的影响。

根据热量平衡，如果降低顶循环回流量，减少了顶循环的取热量，则塔顶的热量会增加，为了控制一定的塔顶温度，应提高冷回流量。同理，对于常二中、常一中、常顶循、常顶回流这四种常压塔的取热，任何一个取热的增加或减少，另外的取热必须相应地减少或增加，以维持全塔的热平衡。中段回流调整原则是适当增加高中温位的中段回流量，稳定塔顶回流量。中段回流量是否恰当则以产品质量合格、轻油收率高、塔顶温度稳定且调节灵敏为原则。对常压塔，中段回流取热量一般以占全塔回流热的40%~60%为宜。

常压塔的作用就是将原油分离成各种产品，如何控制产品质量是常压塔操作的重中之重。

常压馏出的产品中，主要控制石脑油干点，煤油闪点、冰点、密度、馏程等，柴油凝点、馏程90%点和95%点等。当初馏塔侧线打入常一中返回板附近时，为确保常一线油的质量，要求初馏塔侧线油控制在一定的流程范围内。产品质量不合格，概括起来主要有：头部轻、尾部重和头轻尾重三种。

头部轻，即初馏点低、闪点低，说明轻组分未充分蒸出。这样不仅影响本侧线油品的质量，还影响上方侧线油品的收率。调节的方法是：提高上方侧线油品的抽出量，使向下的液相回流减少，温度提高，或者加大本侧线油品的汽提量，均可使轻组分含量降低，解决头部轻的问题。

尾部重，即干点高、凝点高，说明与下方侧线油品之间分离精度差，重组分被携带上来。这样不但本侧线产品质量不合格，还影响下方侧线馏分的收率。调节的方法是：降低本侧线油品的抽出量，使回流到下层去的液相回流量增大、温度降低，回流比适当增大，或者减少下一侧线油品的汽提蒸汽量，均可以减少重组分被携带上来的可能性，解决油品尾部重的问题。

头轻尾重，说明塔的分馏效果差，油品中的轻组分没能充分蒸出，重组分又被携带上来。应综合上述两种方法进行调节。

1. *石脑油干点*

石脑油干点的指标是根据后续装置对原料的要求而制定的。干点主要受塔顶温度和压力、进料的温度和密度、中段回流的流量和抽出返塔温度的变化、侧线抽出量的大小及塔底吹汽量大小等因素的影响。

① 塔顶温度是调节石脑油干点的主要手段。而塔顶温度是用调节塔顶回流量、常顶循环回流量来控制的。

② 塔顶压力降低时，进料汽化率升高，石脑油干点会升高，这时应降低塔顶温度。但当压力变化不大时（≤0.02MPa），可忽略压力对石脑油干点和侧线馏程的影响。

③ 进料性质变轻，石脑油干点下降，应提高顶温。

④ 进料温度升高，同样汽化率升高，石脑油干点会升高，这时应降低塔顶温度。

⑤ 中段回流量的减小会使中部热量上移，石脑油干点升高。

⑥ 塔顶冷回流量及顶循环取热量小，塔顶部塔板内回流量减少，分离效果下降，石脑油干点升高。

⑦ 塔底汽提蒸汽量增加，会使重组分被携带上去，干点就会升高。

⑧ 原油带水严重，水随初底油进入常压塔，塔顶石脑油的干点会提高。

2. *侧线闪点*

闪点是油品安全性的指标。油品在特定的标准条件下加热至某一温度，当由其表面逸出的蒸气刚好与周围的空气形成一可燃性混合物，以一标准测试火源与该混合物接触时即会引起瞬时的闪火，此时油品的温度即定义为其闪点。闪点愈低愈危险，通常愈是轻质的油品闪点愈低，反之愈高。只要条件许可，一切操作均宜在低于闪点的温度下进行，但并非所有油品均能满足这一要求，汽油与石油气之所以特别危险，就是因为前者的闪点很低，一般在-30~-40℃，而石油气更远低于汽油。另外，值得注意的是原油，因它包括轻质组分，闪点一般较低。

闪点的高低是由其轻组分的含量决定的。闪点低，说明侧线中易挥发的轻组分含量较多，对应着其馏程中初馏点、10%点温度也偏低。

一般来说，常二线、常三线的闪点指标要求是≥55℃，而实际数值都是>80℃，所以要控制的主要是常一线的闪点。

① 适当提高塔顶温度，可以提高侧线闪点。

② 增加侧线汽提蒸汽流量，可将其中的轻组分蒸出，提高闪点。

③ 提高该侧线馏出温度，也可提高闪点，但要注意的是，干点同时也升高了。因此这种操作必须在保证干点合格的前提下进行。

④ 塔顶压力降低，闪点上升。

3. 侧线干点

侧线的干点是由油品中重组分的含量决定的。干点高，说明侧线中的重组分含量较多，对应着其馏程中90%点、95%点(KK)温度也偏高。现在很多厂控制95%点而不是控制干点。

干点温度和该侧线的馏出量有直接联系。提高侧线馏出量，干点升高。侧线产品质量之间相互影响，也可通过提高上一侧线的馏出量来提高该侧线干点。如果上一侧线(包括常顶石脑油)馏出量增加，馏分变重，则该侧线抽出板以下的内回流量下降，塔内温度升高，分馏效果变差，侧线产品之间重叠程度增加，降低了下一侧线的馏出量。

4. 常一线的控制

常一线主要用来生产一些特种产品，比如溶剂油、喷气燃料、分子筛脱蜡原料等，既要求闪点，又要控制初馏点和98%点，也就是两头都要兼顾，而且馏程比较窄。在常一线的质量控制上主要掌握以下几个方面：

① 馏程要求比较窄，馏出量相对较低。

② 塔顶温度不能过高，以控制一线的干点，也不能过低，以保证一线的闪点和初馏点。可以用调整一线的汽提蒸汽量来配合顶温。

③ 提高一线的馏出温度可提高闪点、初馏点。而提高一线的馏出量会使馏程变宽，初馏点下降，干点提高。这里需要提到馏出温度和馏出量的关系，在其他条件不变的情况下，馏出量提高，馏出温度肯定会升高。但是通过调整其他因素比如提高顶温、降低一中回流，可以做到只提高一线的馏出温度，而馏出量保持不变。

④ 98%点主要受顶温和馏出量的影响。馏出量增加，98%点上升，反之下降。

⑤ 可以通过调整常二线的馏出量来影响一线的干点。

生产喷气燃料时还要求控制冰点、结晶点，生产灯用燃料时要求控制烟点等。这里只讨论共性的问题，不再阐明喷气燃料、灯用燃料的控制方法。

常二线、常三线生产柴油时，常二线只控制闪点，常三线控制闪点和95%点或凝点。前已说过，常二线、常三线的闪点不要调整就可满足指标，凝点的调整和95%点调整方法一致。另外，可以利用常四线进行常三线质量的调整。对于有常四线集油箱的常压塔，在进料性质不变的情况下，常四线馏出量的变化能反映出常三线95%点的变化趋势。如果常四线是塔盘的话，可以观察常四线抽出温度的变化。

5. 提高装置拔出率

装置轻油收率和总拔出率是装置技术、操作水平的重要标志，它的高低跟装置原油性质、装置配置、产品结构、设备技术水平及操作水平等因素有关。

轻油收率是指装置所加工的各类原油的轻柴油及以前的馏分的含量；总拔出率是指装置所加工的各类原油的重蜡油及以前的馏分的含量。主要和原油的性质有关系。

从操作方面看，提高装置拔出率主要应从以下几个方面下着手：

（1）优化产品结构

不同的常减压蒸馏装置的工艺设备状况不同，都有适合于本装置的生产方案和产品结构。如有些装置生产乙烯原料，有些生产喷气燃料，有些生产溶剂油，有些生产直馏柴油。生产方案选择得好，产品结构比较合理，产品收率就高。不能局限于当初设计所定的产品结构，要进行不断地摸索和总结，优化产品的结构。要根据自己装置的工艺和设备特点进行筛选适宜的加工方案，不可盲目照搬别人经验。

（2）合理分配中段回流

合理分配中段回流量就是为了平衡塔内负荷和提高塔的分馏精确度。调整回流的原则，一个是要提高高温位的回流取热比，另一个就是要使塔内气液相负荷分布的较为均匀，这样有利于提高全塔的处理能力和分离精确度，提高塔的轻油收率。

（3）调整塔底吹汽，提高提馏效果

塔底吹汽量的大小应根据实际操作情况而定：过小起不到提馏效果，过大则装置蒸汽用量上升，塔内气速增大，气相负荷增加，塔顶冷却负荷增加，能耗升高。

观察分析常压塔底吹汽量是否合适主要看如下几个方面：

① 根据常压塔的进料温度和塔底温度差来判断，如果温差很小，说明提馏效果差，应开大塔底吹汽量。

② 如果常压塔最后一个侧线量少（根据原油评价数据计算），而减压塔上部侧线馏出量较多，则可以判断塔底吹汽过小。

③ 如果减压塔进料段真空度下降，减压炉出口温度比以往相同条件低，炉膛温度升高（柴油汽化），也有可能是常压塔底吹汽量小。

④ 根据常渣馏程数据，350℃以前馏分大于5%，可以加大常底吹汽量。

⑤ 根据侧线馏程数据，如果石脑油干点低，而各侧线产品的馏程重叠程度较大，需进行掐头去尾，则应适当开大常底吹汽。反之，应关小常底吹汽量。

五、常压单元常见的操作事故

由于当前各厂加工原油性质较杂，给蒸馏塔带来很多不稳定因素，容易引发一些操作事故。这些事故有的会非常突然，很难提前作出反应。而有些事故会有这样那样的表现，如果观察细致、操作得当，是可以将事故消灭于萌芽状态的。

初馏塔易发生的事故主要是原油带水、进料中断、冲塔等。

1. 原油带水

原油带水事故可以说是常减压装置发生次数最多的事故，在这里同时将带水对常压塔的影响也一并列出。

事故现象：

① 电脱盐电流上升，上升速度和原油带水量多少相关联，直至跳闸。

② 电脱盐罐压力上升，脱水控制阀开度变大，直至全开。

③ 初馏塔进料温度下降，换热器憋压甚至泄漏，原油量由于憋压而减少。

④ 初馏塔塔顶压力迅速上升，或者安全阀启跳；塔顶温度下降，塔顶罐界位满，排水量升高。

⑤ 初馏塔塔底温度下降。塔底温度如果下降太多，降至150℃以下可能会发生抽空。

⑥ 如果水量过大，被初底油带走，在经过换热器、加热炉后，其中的乳化水也会被全部汽化，造成炉管压降升高，初底油泵开始晃量，甚至抽空。

⑦ 常压塔顶压力上升，温度下降，界位升高。由于炉出口温度变化，会影响侧线抽出质量。

⑧ 如果原油带水十分严重，初馏塔会出现冲塔事故。而常压塔由于有初馏塔的缓冲，轻易不会发生因为带水而造成的冲塔。

可能原因：

① 罐区切水不彻底或原油在罐内沉降时间过短，造成原油携带大量明水进入装置。

② 原油性质恶劣，乳化严重，经过电脱盐也不能破乳，乳化水被带入初馏塔。这种水化验分析不出来。

③ 混合压降设置过高，引起原油乳化加剧，乳化水被带入初馏塔。

④ 电脱盐罐界位过高或者假指示，造成水进入初馏塔。

处理原则：

发生原油带水后，应迅速查明事故源头。

轻度带水时：

① 原油降量，降注水量，联系调度换原油罐。

② 电脱盐罐加大切水，降低界位，如果乳化层过厚，将乳化层切掉。稍后送电，尽量维持电脱盐的正常操作。

③ 初顶界位控制阀开副线加强切水，降低顶回流量，减少塔顶负荷，平稳塔顶压力。

严重带水时：

① 原油大幅降量，联系调度换罐。

② 电脱盐停止注水，快速降低界位，降低混合强度。

③ 塔顶压力上升，可增开空冷风机。紧急时，初馏塔顶放火炬以降低压力，如果安全阀已经启跳，则须在压力下来后检查安全阀是否复位。加强初顶罐的切水，降低顶回流量。

④ 初底油泵关小泵出口，如果抽空，处理抽空。

⑤ 塔顶液相产品视顶温情况和颜色决定是否转污油线；侧线关闭馏出控制阀，避免污染产品。如泵压力表处或者采样口处颜色已变黑，联系调度转污油线。

⑥ 常压炉降低炉出口温度。常压塔顶减少顶回流，加强切水。

⑦ 等待原油变好，尽快恢复生产。注意检查换热器是否泄漏。

⑧ 特殊情况下，原油含水过大，可采取紧急停原油泵措施。

2. 原油中断

事故现象：

① 原油量指示为 0，原油控制阀处、电脱盐罐顶处压力迅速下降。

② 初底液位迅速降低。

可能原因：

① 油品罐区操作失误，阀门关闭。

② 原油泵过滤器堵，原油不能通过。

③ 原油流量控制阀、电脱盐混合压降控制阀故障，自动关闭。

④ 脱前、脱后换热流程中阀门被误关闭。

⑤ 原油泵故障。

⑥ 原油罐液位低，原油泵抽空。

处理原则：

① 大幅降低初底油量。

② 迅速查明中断原因，快速排除故障。开启原油泵，恢复生产。

③ 如果原油进料没有恢复，而初底液位已到底线或有抽空迹象，需马上加热炉灭火，同时停掉常底泵、减底泵。侧线停止抽出，塔顶汽油外送降量以保持液位以备恢复打回流用。

④ 如果原油中断还未恢复，按紧急停工处理。

3. 冲塔

分馏塔正常操作时，气液相负荷相对稳定。当气相负荷过大时，气体通过塔板的压降增大，使降液管中液层高度升高；当液相负荷过大时，出口堰的堰上液层高度升高，同样使降液管中液层高度升高。当液体充满降液管时，上下塔板液体连成一片，分馏被完全破坏，即发生冲塔。

事故现象：

① 塔顶压力迅速上升，甚至安全阀启跳。

② 塔顶温度、侧线温度迅速上升。

③ 侧线产品、塔顶汽油颜色变深，甚至变黑。

可能原因：

① 原油量过大，超过设计负荷。

② 原油大量带水。

③ 塔顶界位过高，造成回流带水。

④ 塔板结盐或降液管堵塞。

处理原则：

① 迅速降低原油量。

② 加强电脱盐脱水。

③ 加大初底油流量，适当减小顶回流量。

④ 关闭侧线抽出阀，产品转污油。

⑤ 进行洗盐等以降低塔盘压降。

常压塔发生冲塔时，在处理时按照上面原则，同时降低炉出口温度，关小甚至停掉汽提用过热蒸汽。

4. 塔顶回流带水

可能原因：

① 塔顶回流罐(初馏塔、常压塔)界面控制过高，或仪表失灵造成油水界面过高，水被顶回流带入塔。

② 塔顶有水冷却器时，因腐蚀等原因泄漏，由于水的压力超过塔顶压力，水会漏入油气中。

③ 原油带水量大，而回流罐脱水不及时，界面超高带水。

确认方法：顶回流控制阀放空采样，检查是否有水，无水正常，有水即为回流带水。

事故现象：

① 塔顶回流罐水界面满(现场玻璃板满)。

② 塔顶压力上升，严重时安全阀启跳，而常顶温度及常一线、常二线等侧线温度下降，顶回流量下降，常一线泵有时抽空。

处理原则：

① 塔顶回流罐加大切水，迅速降至正常位置。

② 检查仪表控制是否准确，冷却器有无泄漏。

③ 关小塔底及侧线吹汽，视情况调整空冷，控制塔顶压力，防止安全阀启跳。

④ 适当提高塔顶或常一线温度，加速水分蒸发(赶水)，侧线不合格时改去污油线。

5. 塔顶罐液体满罐

事故现象：

① 塔顶罐液面指示满程，报警或指示假象，现场玻璃板(或浮球)显示液面满。

② 塔顶压力突然上升。

③ 如果是减顶罐满，则会造成减顶真空度下降，加热炉低压瓦斯带油，烟囱冒黑烟，火嘴漏油造成炉底着火。

④ 初、常顶油水分离罐满，石脑油会随低压瓦斯送到轻烃回收装置。

可能原因：

① 仪表失灵，指示假象而实际满。

② 石脑油外送困难，液面上升。

③ 塔顶油气量突然增加，来不及外排。

处理原则：

① 如果是初馏塔或常压塔的石脑油罐满，可将塔顶瓦斯改火炬，关去轻烃回收的手阀。此时注意三点：如果改就地放空，要注意石脑油和不凝气会喷出，如果落到重油线会马上着火，引发更大的事故；另外，改放空或火炬如果过快，罐内压力突降，会造成石脑油汽化，石脑油泵抽空，而且不易上量。还有，将初顶和常顶的不凝气要分开，防止互串。

② 如果是减压塔的塔顶罐满，关闭去炉瓦斯阀门，打开放空。同样注意轻油的喷溅。

③ 增加塔上部中段回流量，降低塔顶负荷。

④ 尽量降低界位，多余出空间。

⑤ 处理机泵，如不能马上启动，原油降量，或采取降低炉出口温度的方法。

⑥ 如是石脑油后路堵，将石脑油从污油送走。

6. 吹翻塔盘事故预想及处理

可能原因：

① 停工蒸洗塔罐过程中，蒸汽给太大，再加上塔盘固定螺栓腐蚀，强度减小，造成塔盘吹翻，严重时可造成吹汽分布管以上七、八层塔盘吹翻事故。

② 在开工吹扫试压过程中，蒸汽试压给汽量过大，或原管线中存有相当量液态水，蒸汽通入使水大量汽化，造成塔盘吹翻。

③ 正常生产过程中，严重的原油带水、回流带水，可冲掉许多浮阀，或吹翻部分塔盘。或者分馏塔大负荷生产时，塔底吹汽较大，如果忽然大幅降量，液相负荷减小，也可能发生吹翻塔盘事故。

事故现象：

① 开停工过程中，吹汽流量过大，可听到塔内有金属碰撞声音。

② 正常生产过程中，塔盘被吹翻的塔段，产品馏程的间隙与正常产品间隙相比减少许多或产品的重叠增加许多。产品频繁出现不合格，侧线产品收率分布发生大的改变。同时，塔盘吹翻的塔段，压降比正常下降许多。塔盘吹翻的塔段，用 X 光检测，可以从胶片上清楚地看到被吹翻的塔盘。

处理原则：

① 停工过程中出现的问题，可以通过检修来处理。

② 开工及生产过程中出现的塔盘吹翻问题，如果不严重，可以通过调整操作或改变侧线所生产的产品品种，能够使之合格，即可维持操作至下次检修。

③ 多层塔盘被吹翻，必须停工修复塔盘。

7. 塔底泵抽空预想及处理

事故现象：

① 轻微抽空时，泵出口压力、流量波动大，泵体伴有振动，声音异常或间歇式异常，塔底液面上升。

② 严重抽空时，泵出口压力很低或无压力，流量回零，泵体振动，声音异常，塔底液面迅速上升。

③ 泵抽空时间长，容易抽坏密封，发生漏油着火。这种事故也比较常见。

可能原因：

① 塔底液面低或液面指示假象而实际液面过低。

② 塔底油轻组分多，部分在泵体内汽化。

③ 泵入口扫线蒸汽内漏蒸汽或凝结水。

④ 备用泵预热时有凉油或预热循环量太大。

⑤ 封油过轻、含水或注入量过大。

⑥ 泵入口漏气。

⑦ 机械故障。

处理原则：

① 轻微抽空时，关泵出口阀憋压处理。

② 严重抽空时，关泵出口阀憋压，检查塔底液面，关闭备用泵出入口阀，切断备用泵影响。如果效果不好，启运备用泵，看是否能够上量。若长时间两泵都不上量，应按紧急停工处理。

③ 针对泵抽空的几种原因，全面查找，逐步消除。

a. 检查塔底液面的实际情况，校表，调稳液面。

b. 检查进料入塔温度及最低侧线产品干点，调整塔底油轻组分。

c. 检查两泵入口扫线蒸汽线是否热或关闭扫线总线阀，放空检查。

d. 检查备用泵预热温度及预热量大小情况，适当调整。为排除此影响，可暂时关闭备用泵出口阀和预热线。

e. 检查备用泵密封及冷却水情况，适当调整或维修。为排除此影响，可暂时关闭备用泵入口阀。

f. 检查封油含水及注入量情况，适当调小封油量，维持好封油压力。必要时可短时间切除封油，消除此影响，观察机泵运行情况。

g. 检查泵入口压力，尤其是减底泵入口压力，看真空度是否大幅度波动。

h. 赶走泵内气体，查出漏气位置并尽快处理。

确认泵体有问题时，联系钳工维修机泵。立即切换备用泵。

第二节 减压蒸馏单元

一、减压塔的工艺特点

常压重油自常压塔底抽出，经泵加压后进入减压炉加热，一般加热到390℃以上进入减压塔。减压塔在负压下操作，目的就是降低油品的沸点。常压重油的初馏点一般是260℃以上，5%点应该超过350℃，而要得到的蜡油组分的切割点一般在520℃甚至以上，减压深拔时更是大于565℃，要想常压下分离出蜡油组分，加热炉炉出口温度必须超过520℃(还要保持一定的过汽化量)。如果这样，常压重油会很快在炉管内结焦、裂化，造成炉管堵塞。从表5-1可以看出，随着压力(绝对压力)的下降，某油品的沸点大幅降低。

根据油品的这种特性，诞生了减压蒸馏。

表5-1 压力与沸点关系

压力/kPa	101.325	13.33	2.67	0.4
沸点/℃	500	407	353	300

减压塔塔顶油气被抽真空系统不断地抽走冷却，使塔内形成负压，常压重油大量汽化，分离成蜡油组分或润滑油组分和减压渣油等。蜡油可以作催化裂化、加氢裂化等装置的原料，润滑油组分经过其他加工工艺精制成润滑油基础油，减压渣油是氧化沥青、延迟焦化的原料，也可送到渣油加氢、溶剂脱沥青等装置，还可以作为商品燃料油外销。

与初馏塔、常压塔相比，减压塔在结构和工艺上有明显的不同。

① 减压塔对分馏精度的要求要比常压塔粗略。

② 减压塔的结构和工艺要求尽量提高收率同时还要减少发生裂化反应。减压塔进料段真空度是提高收率和避免裂化的关键。一方面为了提高进料段的真空度，减压塔顶需使用高效稳定的抽真空设备，提高塔顶真空度。另一方面，塔内都使用压降较小的塔板或者填料，尽量减少进料段到塔顶的压降。

③ 在减压下，油气、水蒸气、不凝气的比体积大，比常压塔中油气的比体积要高出十余倍。尽管减压蒸馏时允许采用比常压塔高得多的空塔线速，但为了降低气速防止气相夹带液相，减压塔的直径和板间距要比常压塔大。因此，在设计减压塔时需要更多地考虑如何使沿塔高的气相负荷均匀以减小塔径。为此，减压塔一般采用多个中段循环回流，常常是在每两个侧线之间都设中段循环回流。这样做也有利于回收利用回流热。

④ 减压塔的外形一般都是两头细中间粗，这是因为塔顶的气相负荷较小，只剩下不凝气、汽提蒸汽(湿式)和携带上来的少量油气，故塔径较小。为降低塔顶气相流量和减轻塔顶抽真空系统的负荷，减压塔顶一般不出产品，塔顶管线只供抽真空设备抽出不凝气之用，

以减少通过塔顶馏出管线的气体量。因为减压塔顶没有产品馏出，故只采用塔顶循环回流而不采用塔顶冷回流。

塔底减压渣油是最重的物料，如果在高温下停留时间过长，则其分解、缩合等反应会进行得比较显著，一方面生成较多的不凝气使减压塔的真空度下降，另一方面会造成塔内结焦。因此，减压塔底部的直径常常缩小以缩短渣油在塔内的停留时间。此外，有的减压塔还在塔底打入急冷油以降低塔底温度，减少渣油分解、结焦的倾向。

⑤ 由于塔内是负压，为保证减底泵入口有足够的灌注压头，避免减底泵抽空，故减压塔底离地面较高。

⑥ 填料型减压塔的内回流不是从塔顶流到进料段，是分段的。在每个填料段上部，中段回流通过塔内液体分布器均匀地喷淋到填料上，与气相进行传质传热。进行完传质传热的液相被集油箱收集抽出，换完热后再打回来。

⑦ 减压塔处理的物料相对密度比较大、黏度比较高，还可能含有一些表面活性物质，而且塔内的蒸气速度又相当高，因此，当采用塔板时，蒸气穿过塔板上的液层形成泡沫的倾向比较严重。为了减少携带泡沫，减压塔内的板间距比常压塔大。此外，在塔的进料段和塔顶都设计了很大的气相破沫空间，有些也设有破沫网等设施。

⑧ 减压塔汽化段温度并不是常压重油在减压蒸馏系统中所经受的最高温度，此最高温的部位是在减压炉出口。为了避免油品分解，对减压炉出口温度要加以限制，在生产润滑油时一般不得超过 398℃，在生产裂化原料时一般不超过 400~420℃，同时在高温炉管内采用较高的油气流速以减少停留时间。

转油线是指从炉出口到蒸馏塔入口的这根管线，此管线的特点是温度高、管内流体处于气液混相状态，同时流速很高。转油线设计时流速应进行恰当选择，转油线的尺寸一般根据气液两相在管内的流速、允许压降和温度降等因素进行综合考虑，管径小则流速高，但压降与温降大。如果设计与安装不当，管线容易产生较强的振动，或因为强烈冲刷加上介质的腐蚀作用，造成油气泄漏引起事故。

⑨ 为了降低馏出油的残炭值和重金属含量，在汽化段上方设有洗涤段。所用的回流油可以是最下一个侧线馏出油，也可以设循环回流，使用上一层的液相回流通过蒸馏作用除去杂质的效果比使用冷循环回流的效果要更好一些。为了保证最低侧线抽出板下有一定的回流量，通常应有 1%~2%的过汽化率。对裂化原料质量要求严格时，过汽化率可达 4%甚至以上。一般来说，过汽化率高，增加能耗，不利于装置经济性的提高，而过汽化率过低，可能造成最下段填料结焦、影响正常操作，故过汽化率选择要适当。

二、减压塔的分类

根据汽提方式的不同，减压塔可分为干式减压、微湿式减压和湿式减压。

湿式减压蒸馏就是减压塔塔底有汽提蒸汽以降低油气分压提高拔出率，同时减压炉入口也注有蒸汽以提高常渣在炉管内的流速，这样塔内有了“湿”的水蒸气，故称之为“湿式减压”。湿式减压蒸馏一般采用板式塔和两级蒸汽喷射抽空器，塔的真空度低、压降大，加工能耗高，减压拔出率也相对较低。过去，生产润滑油的减压塔或使用塔板的燃料型减压塔一般都采用湿式减压蒸馏。

相对于湿式减压，干式减压就是塔内不通蒸汽。保证比湿式更高的蜡油收率，使塔的进料段在较高的真空度(一般残压 2. 0~3. 3kPa)和较低的温度(360~370℃)下操作。为了达到这样的操作条件，在塔内部结构上采用了处理能力高、压降小、传质传热效率高的填料及相应的液体分布器，并采用三级抽真空，减压炉管逐级扩径以及采用低速转油线以获得低的压力降和温度降等。

与湿式减压技术相比，采用干式减压技术具有下列优点：

① 减少了蒸汽用量，不再使用汽提蒸汽和炉管注汽，降低了抽真空系统的冷却负荷，有效降低装置总能耗。

② 高真空度，提高了装置拔出率。

近年来，在"干式"减压蒸馏的基础上，又发展了"微湿式"减压蒸馏。与干式减压蒸馏相比，微湿式系统炉管和塔底有少量注汽，故塔顶抽真空系统比干式要大，而相对湿式系统，由于炉管和汽提蒸汽量小，塔顶取消了预冷凝器。实践已证明，微湿式减压技术应用在减压深拔中，可以获得更高的切割点。

三、减压深拔技术

近些年来，减压深拔作为常减压装置设计和生产的重要技术，在国内发展迅速。一般地，国外常减压装置的标准设计是将减压渣油的切割点定在 1050℉，即 565℃。国内所指的减压深拔，有一个演变过程，当前一般概念的减压深拔，指通过减压蒸馏，减压渣油切割点温度达到 565℃(实沸点蒸馏)以上，并具有一定的过汽化油量，减压重质蜡油的干点进行控制，通常不高于切割点温度 30℃，减压重质蜡油的质量(残炭、重金属含量、C_7不溶物含量等)进行控制，减压渣油中轻组分含量进行控制，通常<538℃的轻组分含量不超过 5%。

减压深拔的目的是增加减压蜡油的拔出量，为催化裂化和加氢裂化等装置提供优质原料，减少低值的减压渣油产量，对下游装置和全厂效益有着极为积极的意义。

对加工低硫石蜡基优质原油(如我国大庆原油)，减压渣油即使深拔至 565℃，其金属含量和残炭仍完全满足催化料要求。无论生产润滑油料或裂化料，其深拔的必要性不大。

对于减压渣油需要生产沥青甚至是重交道路沥青的一些原油(如塔河、孤岛及进口沙中原油等)，则不需深拔或只需适度深拔。

对于进口的含硫或高硫原油(如伊朗、沙轻、俄罗斯、哈萨克斯坦等)，其减渣密度大，残炭值高，重金属含量多，硫含量高，一般作为渣油加氢脱硫(VRDS)的部分原料和焦化的原料。减压宜深度拔出，一般可在 565℃甚至以上，以减少渣油的收率。

对给定的常压重油，其平衡汽化曲线是一定的。减压拔出深度必然取决于炉子出口温度、减压塔进料段压力和汽提段的条件。要提高拔出率，需要提高操作温度、降低压力、增加汽提蒸汽量，这三者的作用是相辅相成的。影响减压深拔的因素还有：

(1) 常压拔出深度

常压拔出不完全，势必导致减压系统负荷增加，影响抽空效果，甚至影响蜡油质量。

(2) 抽真空系统能力

抽空器使用的蒸汽压力不足，将直接影响塔顶的抽空。塔顶冷凝器和各级冷凝冷却水温度太高或水压太低，会造成各级喷射器入口压力升高而使真空度下降，设置空冷器的各级冷凝冷却器，外界气温升高也可导致真空度下降。

(3) 塔底渣油停留时间

减压渣油在360℃以上有明显的结焦趋势，在深拔条件下，较长的塔底停留时间，易裂化导致塔顶气相负荷增大，蜡油中残炭升高。目前正在设计的大型蒸馏装置多采用急冷措施，塔底渣油停留时间一般不超过2min。

(4) 其他

转油线压降、进料段气液分离程度、汽提段及洗涤段的效果好坏等均影响到深拔。

减压深拔技术在国内发展趋向成熟，仍有如下几方面工作可持续加强：

① 塔顶高效抽空技术；

② 有效控制减压炉高温裂解技术；

③ 高效低压降减压塔内件技术；

④ 转油线技术。

四、减压塔的操作要点

1. 真空度

减压塔控制的关键是减顶真空度。真空度的高低直接影响着全塔的气液相负荷的分布。在其他条件不变的情况下，如果真空度降低，打破了塔内油品的油气分压和温度的平衡关系，油品的沸点会升高，汽化率下降，收率也下降。

塔顶真空操作是靠抽真空系统实现的。这个系统包括蒸汽喷射器(抽空器)、冷却器、大气腿、油气分离罐等。

抽真空系统的作用是连续不断地将减压塔顶馏出的气体抽出，使塔内保持一定的真空度。

图5-1为典型的干式减压蒸馏的三级抽真空流程。

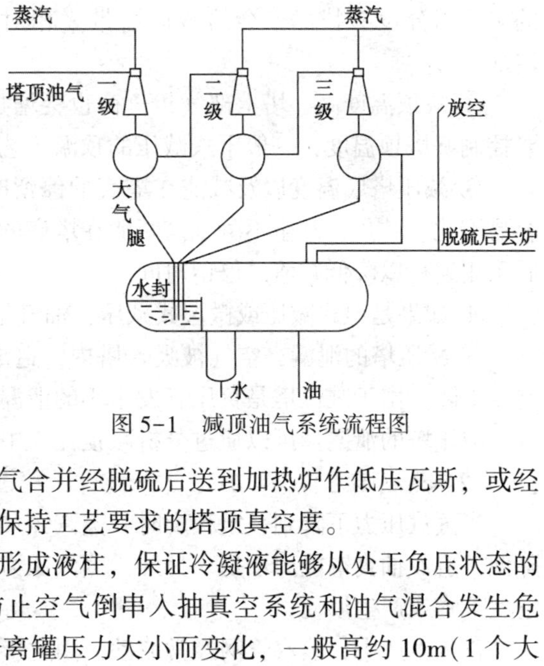

图5-1 减顶油气系统流程图

塔顶油气被一级抽空器抽吸，然后进入一级冷却器，把其中的可冷凝组分冷却成液体通过大气腿流入油气分离罐加以回收，不能冷凝的气体组分自冷却器被二级抽空器抽出来，进入二级冷却器继续冷却，残余的不凝气进入三级抽空器，再进入三级冷却器，最后仍不能冷凝的气体与油气分离罐顶的不凝气合并经脱硫后送到加热炉作低压瓦斯，或经压缩后去后续装置或燃料气管网，从而稳定地保持工艺要求的塔顶真空度。

大气腿和塔顶油气分离罐内水封的作用是形成液柱，保证冷凝液能够从处于负压状态的冷却器顺利排到常压状态的塔顶罐内，同时防止空气倒串入抽真空系统和油气混合发生危险。这个液柱的高度随真空度的高低及油水分离罐压力大小而变化，一般高约10m(1个大气压)。

抽空器的工作原理是利用水蒸气高速喷射时形成的抽力，将减压塔顶的油气抽出，形成真空。如图5-2所示，蒸汽经过喷嘴后，形成高速气流，蒸汽的压力能转变为速度动能，在抽空器的混合室部分形成负压，将油气吸入。混合气进入扩压管，混合气速度下降，压力

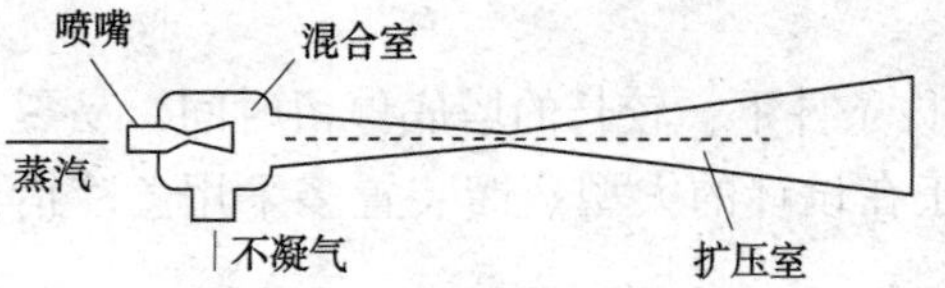

图 5-2 蒸汽抽空器原理示意图

上升，即可将混合气排入后续系统中，达到抽真空的效果。

增压器其实就是一台大的抽空器。在干式减压蒸馏所要求的高真空下，部分塔顶油气由于压力过低，在第一台冷却器中不能冷却下来。使用高压缩比(6~8)的大抽空器可以将塔顶油气的压力提高到在常规冷却器中油气能够冷凝的压力，因此第一级抽空器就称之为增压器。

抽空器的最适宜工作介质为水蒸气，因为它提供的能量大而且可以在级间冷却器中被冷凝、排掉，不增加后一级抽空器的入口流量。一般采用 1MPa 或 0.3MPa 的蒸汽，具体选择哪一种蒸汽视炼厂蒸汽管网条件及抽真空系统要求而定，一般较少采用 0.3MPa 压力级的蒸汽。如果采用 1MPa 的蒸汽，较好的耗量指标为 7~8kg/t 原油。

现在机械抽真空设备的应用前景越来越好，机械抽真空的优点是效率高，节约能源。

影响真空度的因素：

(1) 塔顶油气量

塔顶油气量的提高，增加了抽空器的负荷，会降低真空度。造成塔顶油气量增加的原因主要有：

① 进料的性质。减压炉出口温度越高，进料的裂解程度越大，产生的气体烃量越大。现在越来越追求减压的深拔，势必会提高减压炉炉温，国外某炼油厂采用特殊技术，炉出口温度可以高达 440℃，这样会产生大量的裂解气。如果常压塔的分离效果不好，350℃以前的柴油组分没有拔净，会给减压塔带来相对大的气相负荷。进料量增加，不凝气量也会增加。

② 减顶温度高，塔上部气相负荷也会增加，许多轻蜡油组分会进入抽真空系统。因此要控制好塔顶温度，一般干式减压的顶温工艺指标是不大于 70℃。

③ 减压塔底温度以及减渣在塔底的停留时间也会影响不凝气量。塔底温度过高，减渣容易裂化、结焦，产生不凝气。减渣在塔底的停留时间越长，裂化时间也越长，因此减压塔底采用缩径以降低减渣的停留时间。

④ 如果是湿式减压或微湿式减压，油气里会有大量的蒸汽。

⑤ 减压塔的泄漏，空气被吸入塔内，造成油气量增加，而且空气不能冷凝，会导致真空度下降。由于减压塔是负压，发生小的泄漏很难被发现。如果泄漏较大，会听到尖锐的哨音。减压塔的泄漏量可以通过分析减顶瓦斯中的空气含量的大小来判断。

(2) 蒸汽压力

当蒸汽压力下降到一定程度时，蒸汽经过喷嘴后的动能下降，抽空器混合室的真空度会降低，造成抽真空能力不足。另外，蒸汽压力过高，如果冷却器冷凝能力不足，也会导致真空度下降或产生波动。

正常生产中，蒸汽管网经常波动，因此影响真空度最频繁、最易发生的原因就是蒸汽压力的波动。同时要加强蒸汽的排凝，避免蒸汽带水造成抽空能力下降。

(3) 冷却设备的冷却能力

冷却能力对真空度的影响也非常大。冷却深度大，不凝气量少，下级抽空器负荷降低。影响冷却能力的因素有很多方面。冷却器结垢，冷却水压力低，循环水量会减小，或冷却水上水温度高，热量带不出去；冷却器腐蚀严重，折流板被腐蚀掉，不凝气走短路，换热效果变差；空冷运行不良等都会降低冷却能力。

冷却设备主要是采用水冷器和空冷器。有的装置为了提高冷却能力，采用新鲜水代替循环水。采用空冷器可以减少装置用水量，但检修、维护工作量大，同时占地较大。采用水冷器的维护工作量相对较少，但循环水耗量很大。

抽空器"喘"的不正常状态，很多时候都是由于冷却能力不足造成的。抽空器"喘"时，DCS 上经常会看到真空度来回波动，剧烈时会波动 6~7kPa，现场可以听到明显的不均匀的声音。这时可以进行减顶冷却器的反冲洗，提高冷却效果，一般可以解决"喘"的问题。

(4) 抽空器的运行状况

抽空器长时间运行，喷嘴易受蒸汽的磨损，影响抽空能力。喷嘴的内表面加工很精细，如果蒸汽结盐会造成划痕，抽吸能力减小。

抽空器的安装也有要求，最好是垂直安装，如果水平安装，应有一定的往下倾斜角度，避免抽空器内部积存冷凝液。

(5) 不凝气的后路是否畅通

经过抽空器的增压，三级冷却器不凝气出口压力为微正压。不凝气的后路如果有背压，就会造成不凝气排放不走，严重时影响塔顶真空度。后路堵塞可能有如下几个原因：

① 由于不凝气中 H_2S 含量很高，放空线和三级冷却器与塔顶罐的连通线腐蚀严重，管线内表面出现表皮脱落，堵塞管线，造成不凝气憋压。

② 减顶瓦斯在管线里冷凝，在弯头处形成液封，使减顶瓦斯憋压。当抽空器发生"喘"，经过反冲洗冷却器后仍效果不好，可检查减顶瓦斯线或放空线等是否畅通。建议减顶瓦斯线的伴热线常年运行，夏季可适量减汽。

(6) 减顶罐的运行状况

如果减顶罐的油或水外送困难，造成罐内液位满，会使大气腿里的液柱升高，冷却器里的冷凝液排不下来，影响抽真空。

(7) 减压塔的泄漏

近年来由于原油性质日益变差，硫含量、酸值越来越高，对设备的腐蚀也日益加剧，有时会使减压塔壁腐蚀穿孔或抽空器筒体穿孔造成空气漏入系统内。此外，由于温度造成的热胀冷缩和安装过程的失误而产生的法兰接口泄漏，也会造成空气漏入系统。

2. 塔顶温度

塔顶温度是减压塔热平衡的表征，也是塔顶气相负荷变化的表征。它受进料温度、进料量、中段回流的取热量、汽提蒸汽等影响。调整手段主要是通过减顶回流来控制，也可以通过中段回流量进行调整。

3. 中段回流

同常压塔一样，中段回流的目的是取走热量。这里强调的是，对于填料型减压塔，中段回流量不能盲目调大，因为过大的液相回流会增加压降，影响真空度，同时，中段回流取热负荷的调整范围也受侧线产品流量控制的限制。使用填料的目的是减少全塔压降，即减少进料段到塔顶的压降。

4. 塔底吹汽和炉管注汽

塔底吹汽量和炉管注汽量的调节应注意以下几点：

① 调节以不影响真空度为前提。汽量大，抽真空器负荷就大。

② 调节以不影响产品质量为前提。汽量过大，会将渣油液滴携带到塔的上部。

③ 不管湿式减压还是干式减压，当炉管的冷油流速低于 1.6～1.8m/s 时，炉管注汽必须投用。

④ 对于减压深拔操作的减压塔，炉管注汽量受炉管内流体流型及油膜温度的限制。

5. 塔底液位

减压塔底的渣油相当黏稠，温度也高，操作环境是负压，一般的差压液位测量仪表不能满足要求，因此几乎都是使用浮球液位计来测量液位，而且是两套浮球，不像初馏塔、常压塔采用差压液位计配合浮球液位计。由于减压塔底部缩径，塔底渣油流速较大，液面波动较剧烈，因此浮球经常出问题，最常见的是浮球脱落和摇杆弯曲，还有由于高温腐蚀，浮球里漏进液体，抬不起头来。

由于减压塔底缩径，容积较小，液位变化较大，操作中要注意尽量保持液位的稳定，减少波动。由于减渣换热流程最长，且黏度很大，液位的波动会造成换热器压力的变化，容易发生泄漏着火事故。

6. 封油系统

很多常减压装置采用常三线和减一线或减二线配合做封油的流程。实践中，要关注好封油罐液位，当减顶真空度变化时，或减压炉出口温度下降后，要对减一线或减二线的集油箱液位多加注意，以免无油供作封油，液位保不住时应及时将封油改用常三线。

五、减压操作法

减压分馏的原理，其操作法与常压大致相同，它的侧线量、温度、顶温、液面控制、影响因素以及物料和热量的平衡的维持也基本与常压相同，但不同的是它在负压的条件下蒸馏，所以真空度的变化给以上各个操作条件都会造成影响，几乎每个条件中的影响因素和调节方法都提到了真空度的变化和控制。同时为了更直观的说明控制方法，特把前面阐明的各影响因素汇总在一起。

1. 正常操作

(1) 减顶温度控制

影响因素：

① 进料温度、流量发生变化。

② 顶回流的流量和冷后温度波动。

③ 中段回流量变化，影响上部气相负荷。

④ 炉管注汽量变化。

⑤ 真空度波动。

⑥ 常压拔出率减小，会把部分柴油组分带到减压塔，顶温升高。

⑦ 仪表失灵。

调节方法：

① 平稳减压炉出口温度。

② 平稳塔顶回流量，调整冷却温度。

③ 调节中段回流量或返塔温度。

④ 根据塔负荷的变化，塔顶温度作相应的调整。
⑤ 调整炉管注汽量。
⑥ 调整真空度。
⑦ 联系仪表处理。
(2) 侧线温度控制
影响原因：
① 减顶温度变化。
② 顶回流或中段回流温度变化。
③ 顶回流或中段回流量变化。
④ 真空度变化。
⑤ 减压炉出口温度变化。
调节方法：
① 稳定减顶温度。
② 平稳顶回流或中段回流温度。
③ 根据负荷调节顶回流、中段回流量。
④ 稳定真空度。
⑤ 平稳减压炉出口温度。
(3) 减底液面控制
影响原因：
① 减压炉出口温度变化。
② 减底泵流量不稳定。
③ 真空度波动。
④ 备用预热泵循环量突然增大。
⑤ 进料量变化。
调节方法：
① 平稳减压炉出口温度。
② 处理塔底泵，使泵流量平稳。
③ 控制真空度温度。
④ 稳定进料量。
⑤ 关小预热泵出口阀。
(4) 侧线液面控制
影响因素：
① 塔顶温度波动。
② 进料量与进料温度的变化。
③ 一中、二中回流量的变化。
④ 真空度的变化。
⑤ 泵抽空不上量。
⑥ 仪表失灵。
调节方法：

① 稳定减顶温度。

② 稳定进料量与进料温度。

③ 调节一中、二中的流量到适当值。

④ 稳定真空度。

⑤ 处理泵、使泵流量稳定。

⑥ 联系仪表处理。

(5) 抽空器的起停操作

启用步骤:

① 先开抽真空冷凝器的上水。

② 不凝气放空打开,再开三级抽空器蒸汽,后开二级抽空器蒸汽,稳定后开一级抽空器蒸汽。

③ 调节蒸汽、水量,使之达到规定真空度。

停用步骤:

① 先关一级抽空器蒸汽,改走副线。

② 停减顶低压瓦斯去加热炉。确保罐顶放空和冷却器放空全部处于关闭状态。

③ 关闭二级抽空器蒸汽,后关三级抽空器蒸汽。

④ 停抽真空冷凝器上水。

六、减压塔常见的问题

1. 减压侧线过重

减压塔的最下一个侧线油很容易出现残炭高、颜色深、干点高及重金属含量高。

在干式减压塔中,塔内气速非常高,气相夹带液相相对严重,如果没有洗涤油流程或洗涤效果不佳都可引起进料油品中重组分进入馏分油中,使残炭升高,颜色变深,重金属含量高。馏分油本身拔得过重、减压炉出口温度升高,中段回流量较小,填料上部气相温度高,真空度太高,塔底液位过高等也都可以导致馏分油产品质量变坏。

湿式减压塔中,塔底吹汽量过大或减压塔气相负荷过大时也会导致馏分油产品质量变坏。

如不是设备原因导致馏分油产品变坏,可以通过调节洗涤油的流量来获得合格的产品,例如提高洗涤油流量即馏分油本身也就是热回流,作用十分明显,但会降低馏分油本身收率。还可以提高中段回流的流量降低填料上部气相温度,使产品变轻。对于没有洗涤油流程的减压塔,可以采取降低减压炉出口温度的方法,改善馏分油的质量。

2. 真空度下降

可能出现的现象:

① 真空度指示下降。

② 减压侧线、回流量降低,严重时侧线泵抽空,无量。

③ 塔底液面上升,渣油量增加。

④ 渣油 500℃馏出量增加(不能当时反映出来,需进行分析化验)。

⑤ 封油罐液位下降。

可能原因:

① 真空度不高且波动的原因：

减顶温度控制过高；汽提蒸汽量或炉管注入蒸汽量过大；减压炉出口温度波动；塔底液面波动或系统轻微泄漏等。

② 真空度缓慢较大幅度下降的原因：

抽真空蒸汽压力不足、减顶冷却器冷却负荷不足、减压炉出口超温、减底液面过高或抽真空蒸汽带水等。

③ 真空度直线大幅度下降原因：

抽真空蒸汽中断、减顶冷却水中断、减顶瓦斯线堵塞、水封破坏、某级抽空器堵或设备严重泄漏(倒吸空气)等。

处理原则：

① 真空度不稳或轻微波动时，减压塔操作基本维持，需作适当调整。

检查减顶回流的流量和温度；

将塔底吹汽、炉管注汽适当调小；

控制减压炉出口温度在指标之内；

减小塔底液面波动幅度；

查找泄漏点并处理。

② 真空度缓慢较大幅度下降。这时已严重影响减压操作，应迅速处理。

原油适当降量，以外甩渣油不超温，保持塔底液面正常为条件。

侧线适当降量，以保住侧线液面、泵不抽空为基准，同时，回流正常控制。迅速查找原因，若抽空蒸汽压力低，及时联系调度提蒸汽压力。

开大冷却水，检查冷却器汽化情况，若汽化，放空处理。

减压炉超温，立即调稳出口温度，若炉出口温度指示假象，立即校表。

塔底液面过高，调正常，若液面指示假象(手托浮球即知，最低侧线放空查油颜色)，校表。

抽空蒸汽带水，影响抽空器操作，汽包放空切水，联系锅炉操作工提高蒸汽温度。

封油切至常三线。

③ 真空度直线大幅度下降，严重影响减压塔操作，这时应立即采取果断措施，严禁空气倒吸入塔。

迅速关闭末级抽空器不凝气去减顶气脱硫(或去放空)阀，严防空气倒吸。

原油降量，开大减底泵抽出，控制好液面，外甩渣油不超温，侧线外甩视情况关闭，保侧线液面、保回流量，然后查找原因进行处理。

迅速查找原因，若蒸汽中断，联系调度恢复蒸汽。

若水封破坏，迅速关闭冷却器入口大阀，查找破坏水封的因素。

若减顶罐去加热炉线不通，迅速处理畅通或改放空至大气。

若末级抽空器不凝气排出线堵，用蒸汽反顶处理通或通过连通线改放大气。

若末级抽空器堵，切除末级抽空器处理。

若设备泄漏严重，关闭不凝气排出阀，速停抽空器，关闭冷却器入口大阀，塔内给汽恢复正压。

封油切至常三线。

3. 渣油500℃馏出高

可能原因:

① 减压炉出口温度低。

② 真空度低。

③ 侧线拔出量少，最下方侧线往下溢流。

④ 换热器漏，含有较多轻组分的原油或拔头油漏入渣油侧。

⑤ 封油量过大。500℃馏出高的最多原因就在于此。

处理原则:

① 稍提炉温。

② 努力提高真空度。

③ 甩漏换热器。

④ 减少最下方中段回流流量，提高该侧线抽出量。

⑤ 减少封油量。

第三节 流程模拟

一、流程模拟技术概述

流程模拟可分为稳态模拟和动态模拟两类。通常所说的流程模拟多指稳态模拟，稳态模拟又称为静态模拟，本节介绍的流程模拟就是指稳态模拟。

流程模拟是根据化工单元过程基本原理和热力学的基本方程，应用现代数学方法，将理论公式编制成计算机软件，使之能够模拟实际的化工生产过程，即在计算机上准确“再现”实际生产过程，得到详细、完整的物料平衡和热量平衡数据。与此同时，全部物料的相关性质，如相对分子质量、组成、密度、比热容、热导率、石油馏分的蒸馏数据、特性因数、黏度、表面张力、焓值、熵值等参数也可同时获得。

流程模拟的一个特点是模拟输出结果不随时间而变化，即所模拟工艺过程的所有参数，包括物料的压力、温度、流量及组成等数据均与时间无关，这也符合绝大多数炼油化工生产过程的实际情况。在实际生产操作过程中，生产和工艺参数一般在相对长的一段时间内维持相对稳定，直至进料、公用工程或设备运行情况等发生较大的变化，此时应对相关参数进行调整，以达到新的稳定状态。

流程模拟在计算机上可以“再现”实际的生产过程。由于此“再现”过程并不涉及实际装置的任何管线、设备以及能量源的变动，仅仅是在计算机上对工艺流程、操作参数、公用工程条件、原料性质和部分设备条件(如蒸馏塔板数、进料位置)等参数进行设定，便可对工艺过程进行模拟计算以得到与实际工况基本相符的结果，因而给了流程模拟工作人员很大的自由度，可以在计算机上进行不同加工方案和工艺操作条件的计算、对比和分析。同时，流程模拟所需成本低，完成一定任务所需的时间也短，具有实验研究所无法比拟的优势，因而流程模拟已成为新工艺和新流程的开发研究、新装置设计、旧装置改造、节能增效、生产优化指导乃至企业管理等工作不可或缺的工具，并且在科研、设计和实际生产中发挥着越来越重要的作用。

当前流程模拟已广泛应用于炼油和石油化工领域，随着科学技术和计算机硬件设施的进步，目前对于石油化工、炼油、天然气和烃类分离装置等的计算已经相当准确、可靠，达到了无须进行小试、中试，模拟结果就可直接应用于工业装置设计的程度。

区别于稳态模拟，动态模拟技术将时间变量引入系统，将稳态系统、控制理论、动态化工及热力学模型、动态数据处理等有机地结合起来，通过求解巨型常微分方程组来进行模拟，发展至今也有近30年历史。它是计算装置的某个或某几个参数发生变化时，其他所有参数如何随时间而变化。与稳态模拟不同，动态模拟需补充一些特殊条件，比如塔径及塔板间距、塔釜尺寸及液位、罐尺寸及液位、换热器参数、控制回路的设置等，这些参数的选择与现场实际是否一致都将对动态模拟的准确性造成影响。动态模拟主要用于工艺过程动态特性的分析、控制方案的制定、开停车方案的优化及操作工培训软件的开发等方面。当前受其应用领域限制、输入数据量巨大及计算速度等因素的影响，使用范围还比不上稳态模拟广泛，但随着计算机和模拟技术的发展，动态模拟的应用也会越来越多。

二、主要流程模拟软件及选择

流程模拟与优化目前多采用AspenTech公司的AspenPlus软件和AspenHysys软件，以及Invensys公司的Pro/Ⅱ软件。

1. AspenPlus软件

AspenPlus是生产装置设计、稳态模拟和优化的大型通用流程模拟软件，可用于石油化工、医药、冶金等多种工程领域，目前已在全世界范围内广泛使用。该软件由美国麻省理工学院组织并于20世纪80年代初完成，经过30多年的不断改进和完善，成为国际公认的标准大型流程模拟软件。当前，AspenPlus软件已推出V11版本。

主要特点是：

① 具有完备的物性数据库。AspenPlus除包含近6000种纯组分的物性数据库之外，还包含较完善的固体数据库和电解质数据库。

② 集成能力强。AspenPlus是AspenONE工程与创新解决方案的一部分，也是Aspen工程套件的一部分。以AspenPlus的严格机理数据模型为基础，形成了针对不同用途、不同层次的AspenTech家族产品，并提供一致的物性支持。

③ 结构完整。除组分、物性和状态方程之外，包含了较为完备的单元操作模型数据库。

④ 强大的流程分析功能。在实际应用中，可进行灵敏度分析、数据拟合及装置优化等。

产品功能主要有：

① 回归试验数据；

② 用简单的设备模型，初步设计工艺流程；

③ 用详细的设备模型，严格计算物料和能量平衡；

④ 计算主要设备大小；

⑤ 在线优化工艺装置。

2. Pro/Ⅱ软件

PRO/Ⅱ是一款历史悠久、通用性强的化工稳态流程模拟软件，最早起源于1967年SimSci公司(已被Invensys公司收购)开发的世界上第一个蒸馏模拟器SP05。PRO/Ⅱ可广泛应用于各种化学化工过程的严格质量和能量平衡计算，从油气分离到反应精馏，提供了全面、有效、易于使用的解决方案。

PRO/Ⅱ拥有完善的物性数据库、强大的热力学物性计算系统以及 40 多种单元操作模块。它可以用于流程的稳态模拟、物性计算、设备设计、费用估算/经济评价、环保评测以及其他计算等。现已可以模拟整个工厂从包括管道、阀门到复杂的反应与分离过程在内的几乎所有装置和流程，广泛用于油气加工、炼油、化学、化工、聚合物、精细化工、制药等行业。因为其数据库有不少经验数据，PRO/Ⅱ在炼油行业应用更为广泛，国内各大设计院的常减压蒸馏装置工艺计算模拟多使用该软件。当前，PRO/Ⅱ软件已推出 PRO/Ⅱ100 版本。

主要特点是：

① 灵活易用的用户界面。

② 强大的组分及其物性。PRO/Ⅱ拥有强大的纯组分库，其组分数超过 2000 种，大多数组分都有内置的传递性质关联式。PRO/Ⅱ用工业标准的方法处理石油组分，通过相对分子质量、中平均沸点和密度中的至少两个量预估其他重要的组分性质数据。

③ 完整的热力学模型。PRO/Ⅱ提供了一系列工业标准的方法计算物系的热力学性质，如 K 值、焓值、熵值、密度、气相和固相在液相中的溶解度以及气体逸度等。

④ 全面的单元操作。

⑤ 强大的流程控制与优化。

⑥ 开放的架构。

3. Hysys 软件

AspenHysys 是面向油气生产、气体处理和炼油工业的模拟、设计和性能监测的流程模拟软件。Hysys 已有 25 年以上的历史，原为加拿大 Hyprotech 公司产品，后被 AspenTech 公司合并。它为工作人员进行工厂设计、性能监测、故障诊断、操作优化等提供了建立模型的方便平台。Hysys 在油气工程领域有着很好的精度，应用广泛。当前，Hysys 软件已推出 V11 版本。

主要特点是：

① 具有先进的集成工程环境。

② 强大的动态模拟功能。

③ 干板开车。任何容器都可以在没有物料的条件下开车启动，特别是分馏塔的干板开车。

④ 内置人工智能模板。

⑤ 提供强有力的回归工具。

⑥ 严格物性计算包。

⑦ 功能强大的物性预测系统。

⑧ 事件驱动。

⑨ 各种塔板的水力学核算。

⑩ 任意塔的计算。

4. 软件选择

各种流程模拟软件所包括的内容各不相同，但都包括基本物性数据库、热力学计算模型和方法、单元模块库。各种流程模拟系统计算结果的精度，既取决于流程模拟系统本身，更取决于使用者自身。流程模拟系统有多种热力学方法、多种单元模块可供选择，使用者进行的选择是否合适，直接影响计算结果的精确性；要进行模拟计算，使用者需要向模拟系统提供所需要的全部数据，数据是否完整、准确也严重影响计算结果的精度；流程模拟计算的结果是否符合实际情况需要使用者进行判断，因此模拟准确性又取决于使用者的经验和理论水平。对于一般的模拟问题，各种流程模拟软件的区别不大，是否能够得到较好的结果，主要取决于使用者的经验和技巧。总的来讲，AspenPlus 软件在有机和无机物、极性分子和非极性分子等的物理性质、热力学性质等方面具有强大的数据库。PRO/Ⅱ软件在原油加工过程中所涉及的物料性质、热力学和流体力学等参数数据库更为强大，而 AspenHysys 软件对气体处理、油田气和裂解气体等的性质数据、热力学数据和流体力学数据更具特色。

三、流程模拟应用

1. 模拟计算的一般步骤

一般来说，具备了必要的输入条件，可以按任何顺序进行建模——当必须输入的数据缺失或不完整时，软件会提示警告信息。为了快速、准确地进行流程模拟工作，推荐采用下述 7 个步骤来建立模拟流程：

① 设置单位制；

② 定义组分；

③ 选择热力学方法；

④ 绘制模拟流程；

⑤ 输入原始物流数据；

⑥ 输入工艺数据及规定；

⑦ 运行模拟并查看结果。

2. 某常压蒸馏装置流程模拟

采用 PRO/Ⅱ流程模拟软件对某石化企业的常压蒸馏装置进行模拟。该常压蒸馏装置主要包括电脱盐部分、闪蒸部分、常压部分以及硫化氢汽提部分。

（1）设置单位制

PRO/Ⅱ软件中设置了三种单位制，即英制（English，缺省设置）、米制（Metric）和国际单位制（SI），一般采用缺省值。当然，用户可以改变缺省设置，也可以根据需要对其中某些量的单位进行修改。

（2）定义组分

目前 PRO/Ⅱ组分库中共有超过 2000 种组分，可以直接在组分表中根据组分名或分子式选择所需要的组分，还可以修改组分的某些性质。

对于石油虚拟组分，应至少输入沸点、密度、相对分子质量三个性质中的两种，PRO/Ⅱ可以根据上述性质来估算石油组分的其他物性。

（3）选择热力学方法

PRO/Ⅱ内装有多种热力学模型，对于大多数模拟问题，可以从最常用的模型表（Most Commonly Used）中选择。对于所选择的模型，还可以改变其中某些性质的计算方法以及计算公式中的参数值。在同一个流程模拟问题中，可以选择多个热力学模型，不同的单元操作可采用不同的模型。表 5-2 中列出了常减压蒸馏装置模拟时常用的热力学方法和模型举例。

表 5-2　常减压蒸馏装置常用热力学方法和模型

形　式	模型举例	应用范围
普遍化关联式	BK-10，GS，IGS	低压原油系统
状态方程	SRK，PR	轻烃类，含氢体系
活度系数法	NRTL，UNIQUAC	非理想化学系统

（4）绘制模拟流程

一般在主窗口中调用 PFD 模板建立模拟工艺流程的流程图。该装置的模拟流程图见图 5-3。

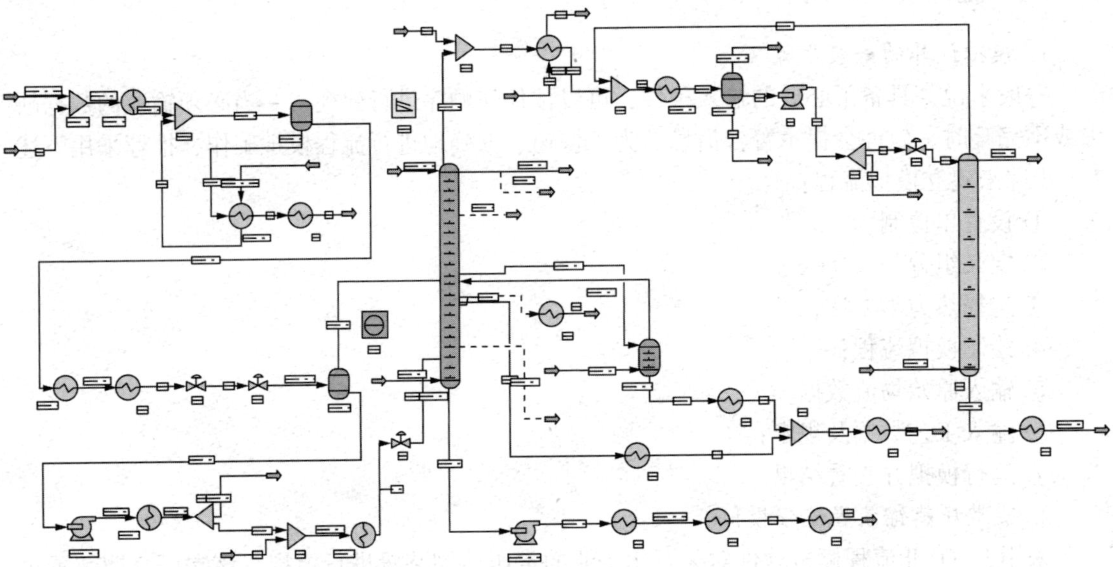

图 5-3　某常压蒸馏装置的模拟流程图

（5）输入原始物流数据

在常减压蒸馏装置中，最主要的外部进料就是原油。原油是一种复杂的混合物，不能简单地用组分定义，一般通过输入蒸馏曲线及一些必要的特性来进行表征。对于原油物流，必须输入：

① 蒸馏曲线：可选择 TBP、ASTMD86、ASTMD1160 等，一般采用 TBP 曲线；蒸馏的依据可以选择质量或体积，下述密度和相对分子质量曲线必须与蒸馏曲线使用的依据一致；

② 密度曲线：可选择 API°、相对密度或 K 值。

③ 其他可选填的特性。包括：相对分子质量、轻烃数据以及评价产品质量需要的特性（闪点、凝点、残炭等）。

（6）输入工艺数据及规定

在各个单元的数据输入窗口可以输入单元操作的工艺条件及规定。不同的单元操作可以选用不同的热力学和传递性质计算方法。表 5-3 列出了 PRO/Ⅱ中主要的单元操作模块，在常减压蒸馏装置的模拟过程中会用到绝大多数单元操作模块。其中，塔的模拟计算是整个流程的重点和难点，需输入的参数包括物流进塔和出塔位置、塔温度、压力、中段回流取热规则、侧线汽提设置等。

表 5-3　PRO/Ⅱ中的主要单元操作模块

模块类型	名　称	功　能
混合器和分流器	Mixer, Splitter	物流混合 物流分流
闪蒸器	Flash	物流的闪蒸
精馏计算	Distillation Side Column Shortcut	精馏的近似和精确计算，吸收、解吸
热交换	Simple HX Rigorous HX Fired Heater Air Cooled Heater LNGHX	热量交换
反应器	Conversion Reactor Equilibrium Reactor Plug Flow Reactor CST Reactor Gibbs Reactor Polymer Reactor	反应器的设计、核算
泵、压缩机和透平	Pump Compressor Expander	物流压力的改变
管线、阀门	Pipe Valve	物流压力的改变
分离装置	Wiped Film Evaporator Solid Separator Gas/Solid Cyclone Crystallizer Dissolver	气液、气固、液固的分离
计算器	Calculator	物流变量的获取、传递
控制器	Controller	目标控制
优化器	Optimizer	目标优化

（7）运行模拟并查看结果

当全部流程搭建及数据的输入工作完成，就可以运行模拟，模型收敛后得到运算结果。当结果不理想时，可以对各相关参数进行调节，重新运行模拟，直到模拟结果与工厂实际结果相吻合，模拟结束。PRO/Ⅱ计算结果能够以输出报告、物流数据表、电子表格、图形、流程图等几种方式输出，并可对结果进行分析。其中，物流数据表一般格式见表 5-4，物流数量及性质可根据用户需要进行定制。

表 5-4　物流数据表一般格式

Stream Name		NAPHTHA	CY1-25	CY2-27
Stream Phase		Liquid	Liquid	Liquid
Temperature	℃	50	220	293
Pressure	kg/cm^2	2.6	2.5	2.7

续表

Stream Name		NAPHTHA	CY1-25	CY2-27
Dry Liquid Mass Rate	kg/h	16737	13650	18795
Dry Liquid Actual Rate	m^3/h	23. 2	20. 9	30. 3
Dry Liquid Std. Density	kg/m^3	748. 4	801. 3	817. 6
Dry Liquid Act. Density	kg/m^3	721. 5	653. 8	620. 0
Dry Liquid CP	kcal/kg-C	0. 5183	0. 6894	0. 7646
Dry Liquid Viscosity	cP	0. 3893	0. 1486	0. 1453
Dry Liquid Molecular Weight		109	190	243
Dry Liquid UOP Kfactor		11. 90	12. 12	12. 31
Sulfur Content				
ASTMD 86 at 760MMHG(LV)	℃			
IBP		53	184	178
5%		71	197	215
10%		84	205	237
30%		107	218	275
50%		126	232	295
70%		145	250	314
90%		165	282	353
95%		176	297	379
EBP		184	307	389

第六章　加热炉操作

第一节　概　　述

管式加热炉是炼油厂和石油化工厂的重要设备之一，它是利用燃料在炉膛内燃烧产生高温火焰与炽热的烟气作为热源，来加热炉管中流动的油品，使其达到工艺操作规定的温度，以供给原油或油品进行分馏、裂解或反应等加工过程中所需要的热量，保证生产的正常进行。例如：在常减压蒸馏装置中常压炉就是将原油加热到一定温度，使之汽化从而达到分馏的目的。

近年来，随着石油化学工业的迅速发展，管式加热炉的技术越来越引起人们的重视，管式加热炉作为炼油史的一项重要的发明，它使炼油工艺从间歇式蒸馏发展到连续蒸馏方式。管式加热炉消耗着大量的能量，是油品进行蒸馏、裂解、转化的核心设备。加热炉操作的好坏直接关系着装置乃至整个工厂的产品质量、收率和平稳运行。

因此，学习并掌握加热炉的基本原理和知识，正确操作，并对加热炉加强研究、管理和总结操作经验，对于装置的长周期、高效运行有着十分重要的意义。

一、管式加热炉的形式

箱式炉和斜顶炉是我国20世纪50年代石油化工厂常用的炉型，由于这两种炉型占地面积大，构造复杂、金属用量大、造价高等缺点，现在已被逐步淘汰。在20世纪70年代以后，我国各石油化工厂广泛使用的炉型为立式炉、圆筒炉和大型方炉。

目前我国石油化工厂中小型加热炉用得最多的是圆筒炉(见图6-1)，立式炉常用于焦化装置，大型方炉一般应用于超大型加热炉。

圆筒炉结构如图6-1所示，在辐射室内辐射炉管沿炉墙周围排成一圈，由于燃烧器位于加热炉的底部，火焰竖直向上喷射，火焰是和炉管平行且等距离的，所以在同一水平截面上各炉管的热强度是均匀分布的，但是每根炉管沿炉长的热强度分布是不均匀的。为此在小型圆筒炉上通常在辐射室顶部悬挂高铬镍合金钢的辐射锥，用它的再辐射作用使炉管的轴向热强度趋于均匀。但是由于辐射锥的材质为高铬镍合金钢，费用较高，一般圆筒炉的热负荷大于 0.4×10^4 kW 时，就不再采用辐射锥。

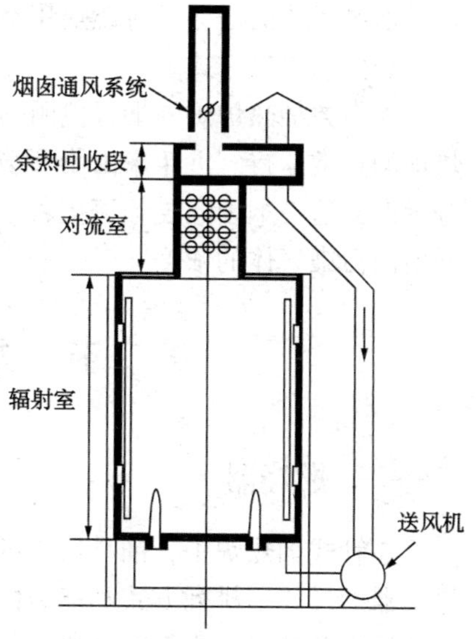

图6-1　圆筒炉

圆筒炉具有占地面积小、结构简单、紧凑，设计、制造及施工安装比较方便的特点；炉子的热负荷越小，采用圆筒炉炉型的优越性越突出。所以对于油品纯加热的中小型炉子大多采用圆筒炉。

二、管式加热炉的一般结构

管式加热炉一般由辐射室、对流室、余热回收系统、燃烧器以及通风系统组成。

1. 辐射室

辐射室是加热炉的主要热交换场所，作为加热炉的最重要部位，承担着全炉70%~80%的热负荷。而且这部分直接受到高温烟气的冲刷且温度最高，因此辐射室的运行状况好坏直接关系到整个加热炉能否长周期高效运行。

2. 对流室

对流室是利用从辐射室出来的烟气进行对流换热的部分。对流室内密布多排炉管，烟气以较大速度冲刷这些管子，进行有效的对流换热。对流室一般担负着全炉20%~30%的热负荷。对流室一般布置在辐射室上方，与辐射室分开。为了提高对流传热效果，大多数加热炉在对流室的炉管采用钉头管和翅片管。

3. 余热回收系统

余热回收系统是指从离开对流室的烟气中进一步回收余热的部分，目前常减压装置加热炉的余热回收系统多采用燃烧用空气预热的方式。目前在常减压装置加热炉上应用最普遍的空气预热器为热管式空气预热器，安装方式有倾斜式和垂直式两种，前者一般位于对流室的上部，后者置于地面，需要有引烟。

4. 燃烧器

燃烧器是加热炉产生热量的重要组成部分，包括喷嘴、配风器和燃烧道三部分。

燃烧器按燃料的不同可分为燃料油燃烧器、燃料气燃烧器和油-气联合燃烧器三大类：按供风方式的不同，可分为自然通风燃烧器和强制通风燃烧器等。目前常减压装置加热炉常用的燃烧器为强制通风、燃料气燃烧器。

5. 通风系统

通风系统的任务是将燃烧用空气导入燃烧器，并将废烟气引出加热炉，它分为自然通风方式和强制通风方式。

大多数加热炉炉内烟气侧阻力不大，依靠自然通风的方式安装在炉顶的烟囱足以保证加热炉的正常运行。近年来由于环境保护问题，石油化工厂已开始安设独立于炉群的超高型集合烟囱，这一烟囱通过烟道把若干台炉子的烟气收集起来，从100m左右的高处排放，以降低地面污染气体的浓度。

第二节　加热炉的燃烧器及其他部件

一、燃烧器

在管式加热炉中，油品所需的热量都是通过燃料在燃烧器中燃烧所产生热量来得到的。燃烧器的形式、排列方式和能力的大小对炉子的热负荷、热效率、炉管表面热强度、加热的均匀性以及环境污染都起着决定性的作用。

各种形式的燃烧器按照所用燃料种类的不同，燃烧器可分为燃料气燃烧器、燃料油燃烧器和油-气联合燃烧器。按通风方式的不同可分为自然通风燃烧器和强制送风燃烧器。常减压装置加热炉燃烧器几乎都采用油-气联合燃烧器。如图 6-2 所示。这种燃烧器既能单独烧油又能烧气，同时也可以油气混烧，因此它在常减压装置加热炉上被广泛应用。

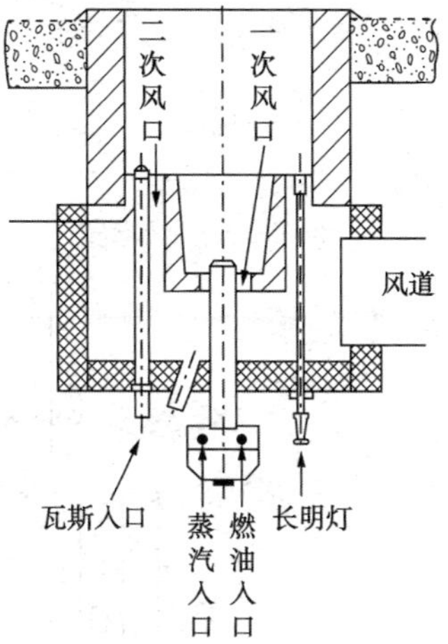

图 6-2 Ⅵ型油-气联合燃烧器

目前油-气联合燃烧器已从Ⅰ型发展到Ⅶ型。Ⅲ型油-气联合燃烧器适用于自然通风的加热炉。由于现在大多数加热炉都采用空气预热系统，因此适合于强制送风的Ⅵ型和Ⅶ型油-气联合燃烧器被广泛应用。随着目前对环保指标的要求新型的低氮燃烧器开始逐步替代现有的油-气联合燃烧器。其余几种形式已逐步被淘汰。图 6-2 所示燃烧器为Ⅵ型油-气联合燃烧器。

1. 油-气联合燃烧器的结构

油-气联合燃烧器包括燃料油喷嘴、燃料气喷嘴和燃烧道。

① 燃料油喷嘴的作用使保证燃料油和雾化蒸汽在喷嘴内混合，由喷嘴喷出形成圆锥形的油雾层，从而与空气混合燃烧。

② 燃料气喷嘴的作用是将燃料气分散成小细流，并以恰当的角度导入燃烧道，以便与空气良好混合，充分燃烧。

③ 燃烧道也称火道，其作用为约束空气流型并与燃料良好混合，稳定燃烧；其次燃烧道内的耐火材料蓄积热量为火焰根部提供热源，加速燃料油蒸发，促进燃料完全燃烧。

2. 油-气联合燃烧器的特点

油-气联合燃烧器由于其设置有燃料油喷嘴和燃料气喷嘴，既可以单独烧油或烧气，又可以油气混烧。对于常减压装置来说，通常情况下用炼油厂的自产瓦斯作为燃料，在热量不足时可用本装置的减压渣油作为补充燃料。

在燃烧器油气混烧时应维持一种燃料的恒定负荷，用另一种燃料控制油品的炉出口温度。

3. 低氮燃烧器的结构

低氮燃烧器包括燃料气主喷嘴、燃料气外喷嘴和燃烧道。图 6-3 所示燃烧器为低氮燃烧器。

① 燃烧器应适应强制通风和自然通风操作条件，为低氮氧化物排放的高效燃烧器。燃烧器的设计、选用、间距、位置、安装和操作均应保证燃烧器在设计调节比范围内和相应的过剩空气系数条件下均应具有稳定的火焰，火焰刚劲有力，不舔炉管和管架、不发飘，且不能从加热炉的辐射段窜出，并保证其燃烧安全。

② 燃烧器的瓦斯枪及整个燃烧器组件应设计成可拆卸结构。

③ 燃烧器箱体与进风道内部应设置内隔热及吸声材料，在环境温度 27℃无风条件下，燃烧器箱体外壁温度≤60℃，燃烧器与炉底连接部位≤75℃。隔热及吸声材料应采用 06Cr19Ni10 金属网孔板进行固定。

4. 低氮燃烧器的技术特点

低 NO_x 燃烧器结合了燃料分级和烟气再循环两方面技术优势来降低燃烧过程中所产生的氮氧化物。通过其特别的技术设计来降低燃烧器的火焰峰值温度实现低氮燃烧。

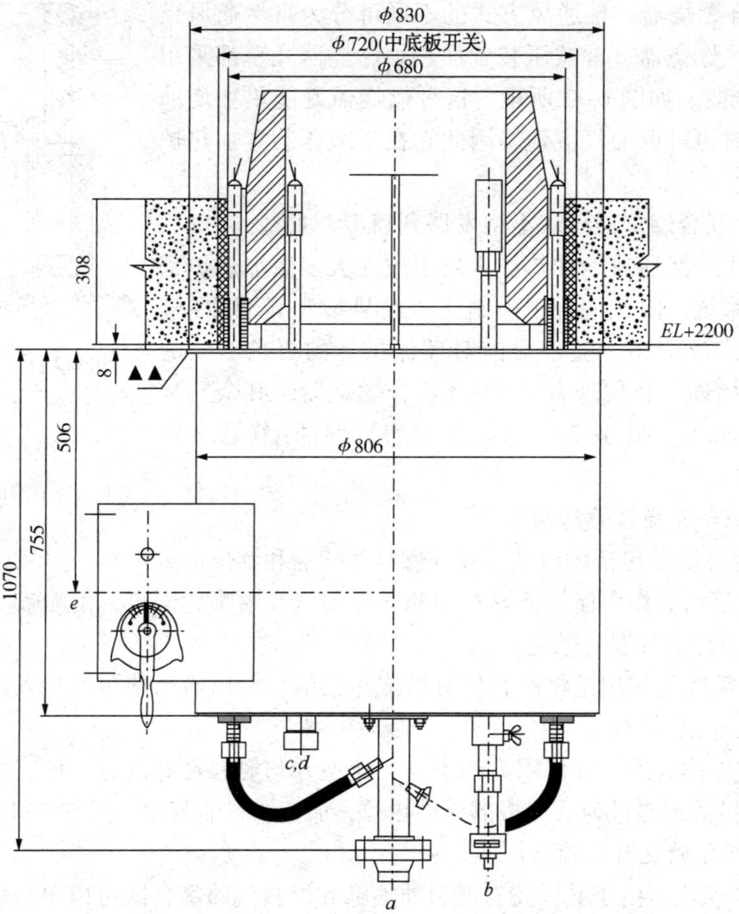

图 6-3　低氮燃烧器

燃料分级燃烧技术将燃料气喷嘴布置成阶梯状，所有燃烧空气注入燃烧器中心，依次通过阶梯状的燃料气喷嘴，形成多个燃烧区。位置最低的喷头上方为一级燃烧区(此处可称为燃料稀薄区或浓淡燃烧的淡燃烧区)，一级燃料气在大量过剩空气条件下完全燃烧，温度不容易升高，生成的氮氧化物自然不会多。二级燃料气喷嘴布置在火道砖外侧，将二级燃料注入来自上游的混合烟气中(此处可称之为浓淡燃烧的浓燃烧区)。由于氧气浓度已大大降低，该区域的燃烧速度受到限制，温度同样受到控制，并且由于此区域完全位于炉膛，火焰热辐射可迅速地进行，所以此区域的火焰温度不会达到常规燃烧器的火焰温度。

二级燃料气高速喷射可产生低压区，将炉内遇冷下沉的贫氧烟气吸入燃烧区参与燃烧，这样不但降低了火焰温度，也可以降低燃烧区域的氧浓度，从而降低 NO_x 的生成。

二、炉管

炉管是加热炉形成传热表面的最重要的组成部分，另外炉管系统还包括炉管之间连接用的回弯头和支持炉管的管架。

由于炉管长期处于高温、高压和腐蚀性介质中运行，因此炉管选用时必须要考虑管材金属的使用温度、耐温性能和耐腐蚀能力几点因素。耐热性是指材料耐高温氧化和高温脆化性能。炉管的耐腐蚀性能主要受原油性质和脱盐深度影响。

常减压装置炉管材质主要依据原油的含硫量进行选择。当加热介质含硫量<0.5%时，常压炉一般选用碳钢炉管。当含硫量≥0.5%时，对流段选用碳钢炉管，辐射段选用 Cr5Mo 炉管，或全部选用 Cr5Mo 炉管。

减压炉一般全部选用 Cr5Mo 炉管。当加热介质含环烷酸、且酸值≥0.5mgKOH/g 油时，炉出口汽化段炉管材质选用 316L。

常减压装置加热炉炉管及炉管配件规格现在已形成专用系列，选用较为方便。

三、炉墙

加热炉炉墙(也称炉衬)主要起耐火和隔热的作用。因为炉墙的外表面温度直接关系到加热炉的散热损失和劳动保护问题，外表面温度越低，散热损失越小，相应的要求炉墙壁厚度增加，一次性投资增加。一般综合考虑加热炉在无风、环境温度为 27℃条件下，辐射段、对流段和热烟风管道的外壁温度应不超过 82℃，辐射段底部外表面温度应不超过 90℃。

1. 炉衬材料的种类

(1) 砖结构

砖结构是加热炉应用最早，同时又是使用寿命最长的炉衬材料。砖结构一般分为耐火层和隔热层两层组成。由于其结构复杂，施工难度大且施工周期长等缺点，目前就常减压装置来说仅在圆筒炉的侧墙使用。

圆筒炉侧墙的砖结构通常采用分段承重的砌砖结构，总厚度为 200mm。耐火层为黏土质隔热耐火砖，厚度为 114mm，保温层一般为微孔的硅酸钙板或轻质材料，厚度为 70~80mm；其余为施工间隙。其受热膨胀为直径的胀大，因保温层是可压缩的，因此只在分段处留出 20~30mm 的环形膨胀缝，在立面上是不留膨胀缝的。

由于圆筒炉的自身稳定性较好，又不用拉杆拉钩等附件、结构简单且造价较其他炉衬材料低。所以现在圆筒炉的侧墙炉衬材料仍广泛使用砖结构。

(2) 衬里结构

衬里是由黏结剂、骨料和掺和料组成的浇注料经搅拌→加水→再搅拌后，通过捣制或机械喷涂成的炉墙叫衬里。常用的黏结剂有高铝水泥、超微粉和各种化学胶。常用的骨料有页岩陶粒、黏土陶粒等。常用的掺和料有膨胀蛭石、膨胀珍珠岩和漂珠等，衬里结构适用于加热炉的所有部位，特别是形状越复杂的地方，衬里结构优越性越突出。

衬里一般为单层结构，用锚固钉固定在炉壁钢板上，锚固钉为交错排列，最大间距为衬里总厚度的 3 倍，且在竖墙上不超过 300mm，炉顶不超过 230mm，在烟囱、烟道等低温部位衬里厚度不能低于 50mm。

衬里较砖结构的最大优点是可塑性强，使用于各种结构形状复杂的场合且施工方便；而且衬里的抗冲刷性能比耐火纤维高，所以在耐火纤维普遍使用的情况下，在有吹灰装置的对流室和烟气流速较高的烟囱等部位，仍需使用衬里。

(3) 耐火陶瓷纤维炉衬

耐火陶瓷纤维是利用耐高温的耐火材料经电弧熔融后，用压缩空气喷吹而成的纤维状物质。

耐火陶瓷纤维起初主要应用于航空航天工业，我国于 20 世纪 50 年代开始在管式加热炉上使用，使用方式和衬里相似，也是靠锚固钉固定在炉壁钢板上。实践证明陶瓷纤维相对于其他炉衬材料具有隔热性能好、重量轻、便于施工、抗热冲击和隔音性能好的重要特性。但它也有不耐烟气冲刷和炉壁钢板易产生低温腐蚀等缺点。因此，耐火纤维结构只适用于辐射室立墙和炉顶，对流室、烟道和烟囱等烟气流速较高和设置有吹灰器的部位仍不适合使用。

另外，耐火陶瓷纤维施工完毕后不用烘炉，可随装置升温使用的特点。

2. 保证炉衬材料长周期运行中的条件

为保证加热炉炉衬材料的长周期运行，在一些特殊的部位还要求耐火材料的强度以及抗冲刷能力；当燃料品质较差时应采取防腐措施甚至不能采用某些耐火隔热材料。因此加热炉炉衬材料在使用中需注意以下几点：

① 炉底被脚踩的部位应使用耐压强度大于 3.45MPa 的衬里或 65mm 厚的耐火砖。

② 烟气流速≥12m/s 及设置有吹灰器的部位不得使用陶瓷纤维结构。

③ 当燃料中的重金属(包括钠)含量超过 250×10^{-6}时，暴露的热面层应选用含铁量低的衬里材料或重质浇注料。

④ 燃料中含硫量大于 10×10^{-6}时，陶瓷耐火陶瓷纤维结构的炉壁钢板内表面应涂防止低温露点腐蚀的涂料。燃料中含硫量超过 500×10^{-6}，炉壁钢板内表面应设置水汽保护隔层，或在内表面先捣制一层覆盖性能良好的浇注料。

⑤ 燃料中重金属含量超过 100×10^{-6}时，炉衬材料不宜选用耐火陶瓷纤维。

四、热管式空气预热器

空气预热器是利用烟气的余热来加热入炉空气，从而降低排烟温度，减小排烟热损失，提高加热炉热效率的重要设备。同时因为空气预热器需要强制供风，因此容易实现风量的自动控制，使加热炉在合适的空气过剩系数范围内运行，相应的减少排烟热损失。常用的空气预热器形式有热油预热空气式、管束式、热管式、铸铁板换式等。目前常减压装置应用最为广泛的是热管式空气预热器。

1. 热管式空气预热器的结构

热管式空气预热器是由热管管束、中间隔板和外壳三部分组成。三者组成空气和烟气通道。隔板将热管的蒸发段和冷凝段隔开，同时也将烟气通道和空气通道隔开。由于空气侧为正压，烟气侧为负压，所以隔板与热管之间的密封必须严密，防止空气大量漏入烟气导致加热炉热效率下降。常减压装置加热炉空气预热器使用的热管工质回流方式几乎都是依靠重力回流的重力式热管，因此烟气通道位于空气通道的下方，且一般采用纯逆流操作。

2. 热管的工作原理和分类

热管的种类繁多可按工作温度、热管形状、工质的回流原理等进行分类。目前石油化工加热炉上的热管常按工质来分类，例如钢水热管、萘管等。

常减压装置加热炉所用热管基本上是钢水热管，它是一根两段封闭真空管，并充入一定量的工质(水中加入添加剂)的钢管。在低端对其加热，管内的水汽化蒸发，这时在整个热管内部，下端是饱和水，上端是饱和汽，上下端具有相同的温度，上端向外散热，同时饱和汽冷凝为饱和水，将汽化潜热放出，冷凝水再流回热端循环加热。由于汽化潜热大且是真空管，所以在极小的温差下就能把大量的热量从热管的一端传到另一端。

为了强化管外传热，热管一般采用翅片管形式，在以烧油为主的加热炉上，热管的烟气侧通常采用片间距较大的开口翅片或钉头。

3. 热管预热器的优点

① 热管式空气预热器的特点是无论是空气和烟气均走管外，这样可以在管外方便地考虑强化传热措施，如管外缠上翅片。当缠上翅片时扩面率一般要大于4。这是其他类型的预热器不能达到的。

② 烟气与空气两端具有等温性。由于管内传热的介质是以沸腾状传热，在热端吸收的热量以极大的强度传到冷端，通常来说，一根热管的冷热端温差不大于1℃，在传热过程中，热管基本上是等温管。

③ 由于烟气和空气两侧通道是通过隔板完全分离的，因此当部分热管被腐蚀失效后，也不会造成冷空气漏入烟气中，不影响整体使用。

④ 加热炉负荷率低或者设计过大时，由于热管式预热器自适应性的作用，多余的热管被腐蚀破坏，使整个预热器达到自然平衡。

⑤ 对于失效的热管，理论上来说是可以更换损坏的热管，而不必全部热管管束更换，这对于降低维修费用是有利的。

4. 工业上应用的热管的缺点

① 由于热管是靠强化双侧来提高其换热能力的，所以目前热管外侧全部是以翅片形式来强化传热的。这对于以燃料油为主要燃料的加热炉来说，由于燃料油的不完全燃烧以及翅片管清灰困难极易造成翅片堵塞。

② 在使用热管式空气预热器的加热炉中如果排烟温度是160℃，而空气是常温。由于热管的等温性，冷热端的吸热和放热能力相近，那么末端热管的温度就是烟气和空气的平均温度。在低温露点腐蚀的作用下，末端热管是一定会发生腐蚀的。

③ 在空气预热器上的热管管内通常是水，由于长时间的蒸发和冷凝，会产生不凝气，这些不凝气来自水的少量分解和水与钢中的碳生成的 CO_2、CH_4。由于这些气体不能冷凝，使热管的传热能力下降，最终造成热管的温度趋向于烟气的温度，这时由于热管管内的压力急剧增高而爆管，大部分的热管失效均是由于这个原因造成的。

④ 由于热管的自适应性，在加热炉的负荷变化较大时，它也会产生不良的后果。例如在开工初期，由于装置的换热较完善，换热终温较高，同时装置的处理量一般均不大，这时，多余的热管会因为自适应性而自动地将末端的多余热管腐蚀掉，此时加热炉处在理想的最佳热效率区间，但是随着加热炉的负荷增加，需要更多的尾部换热面积，由于末端的管子已经失效，造成排烟温度上升。另外，当加热炉出现负荷较大幅度增加时，接受高温烟气的热管会失效，并且这种失效是立即和连续的，当第一排失效后，立即引起第二排的失效，之后将引起连锁失效，因此热管的使用寿命通常不高。

五、加热炉系统的安全、防爆措施

为保证加热炉的安全运行，加热炉系统主要的安全、防爆措施有：

① 根据加热炉炉膛容积的大小，设有数量不等的防爆门，防止在炉膛压力突然升高时泄掉一部分压力，减轻炉子的损失。

② 在炉膛设有炉膛灭火蒸汽线，主要作用是输入蒸汽排除炉膛内的爆炸气体，从而达到灭火、防爆的目的。当灭火蒸汽管喷入的蒸汽不够用时，可用雾化蒸汽从燃烧器喷入炉膛。

③ 在对流室管箱内设置消防灭火蒸汽线，一旦对流室炉管弯头发生泄漏着火时，提供掩护和灭火蒸汽。

④ 在加热炉瓦斯气管线上设置阻火器，防止回火起爆。在正常操作的情况下，只要瓦斯管道内不混入空气，而瓦斯又有一定压力喷出时，火焰是不会回到瓦斯管道内的，但在开停工或有空气漏入瓦斯管道时就有可能引起火焰回到管道内，并蔓延到整个管网内引起爆炸。

⑤ 在每个燃烧器上设置长明灯，防止因仪表或其他故障造成断气，再进气时引起爆炸。

第三节　加热炉操作、管理和维护

加热炉操作的好坏直接关系到整个常减压装置的产品质量、处理量和燃料消耗以及开工周期，因此加热炉在日常操作和管理中显得至关重要。在操作过程必须做到勤观察、勤分析、准确调节，确保开停工顺利进行和日常生产的平稳。

一、加热炉点火前的准备工作

① 对加热炉的零部件及附属设备、工艺管线仪表等进行全面检查，确保工艺流程无误，设备及零部件则应完好齐全。

② 对加热炉系统所属工艺管线、设备须以蒸汽贯通，确保工艺管线畅通，设备内不存在杂物。贯通前要关闭仪表引线，机泵进出口要加过滤网。贯通时，蒸汽量由小到大逐渐增加，冷凝水及时放出防止水击。

③ 设备和管道试压，目的是检查工程质量，检查设备是否存在缺陷和隐患。

按照加热炉和加热炉系统所属设备的规格标准和工艺管线的级别进行单体试压。试压的压力为操作压力的1.5~2倍。试压过程分3~4次逐步提高到工作压力。每次提高压力后，稳定5min，对炉管系统所有接口的地方，如回弯头、堵头、法兰、胀口、焊口等地方检查有无泄漏，当达到要求压力后，稳定10~15min，蒸汽压力不变为试压合格。北方冬天试压要注意防止管线、设备的冻结。

④ 试压合格后就可将原料、燃料和雾化蒸汽引入系统。引进瓦斯前，管线内空气含氧量要小于1%，否则点火时易发生回火，严重时会发生设备管线爆炸事故。蒸汽引入时要注意排放冷凝水，蒸汽与原料油则应按照开工要求的步骤改流程。

⑤ 对新建或修理过炉衬的旧炉子需先进行烘炉作业。

二、加热炉的点火和升温

1. 点火前的准备工作

① 检查燃烧器尤其是喷枪的安装位置(高度、角度)，保证正确无误。

② 所有烟、风道挡板的开、关和开启方向，保证与设计相符。并将炉子人孔、防爆门和看火孔关闭，同时将烟道挡板调到适当开度，准备好点火棒和柴油。

③ 用蒸汽吹扫炉膛，把残留在炉内的可燃气体赶走，直至烟囱冒白烟。15min后停止吹汽。

④ 对使用燃料油的加热炉应准备燃料油泵、压力调节系统、油温调节系统、蒸汽雾化

调节系统等。

2. 点火步骤

① 炉膛采样分析爆炸气合格30min内加热炉点火，点火应先点长明灯，长明灯点完后再点主火嘴。

② 用柴油浸透的点火棒点燃长明灯。稍开风门，再打开燃料气阀门点燃燃烧器；如点燃料油时，应先开雾化蒸汽，再开燃料油引燃。

③ 火嘴点着后，适当调节雾化油(气)门、风门和雾化蒸汽门开度，并调节烟道挡板，使火焰燃烧正常。火嘴数目应逐个增加，要求对角点火，使热量分布均匀。

④ 点火时不能面对火嘴，以免回火伤人。如未点燃而燃料喷入炉膛内，则应立即关闭阀门，用蒸汽吹扫炉膛方可再点火，否则易发生爆炸事故。

⑤ 在正常操作过程中，若燃料油和燃料气切换或者火嘴需要清理、检修时应先稍开大两旁火嘴，然后再切换或停用中间火嘴，以免炉出口温度发生较大波动。

⑥ 若加热炉采用平衡通风(同时采用送风机、引风机)方式时，加热炉操作时需注意以下几点：

a. 炉子点火前，要在冷态下启动引风机和送风机，风量达到额定值15%~30%以上，时间不少于10~15min，目的是清扫炉膛和试风机。

b. 操作的基本点是：保持炉膛负压，燃烧完全，炉子不向外喷火或冒黑烟。因此，炉子增加负荷时，应该先增引风量→再增送风量→最后增燃料量；炉子降低负荷时，应先减燃料量→再减送风量→最后减引风量。

3. 升温

升温速度视炉子结构和燃烧器种类而定，但一般控制在每小时40℃左右(指炉管内介质的出口温度)，控制烟气的升温速度≤100℃/h。

三、加热炉日常操作中的问题及解决方法

1. 加热炉的安全运行与点火

加热炉在运行过程中发生爆炸是由于空气不足，燃料燃烧不完全，当高温炉膛内瓦斯达到一定浓度时可能会发生爆炸事故；另外加热炉在开工阶段，点火前炉膛未进行蒸汽彻底吹扫或者刚点着又熄灭，未进行蒸汽吹扫又接着点火。

为防止加热炉发生爆炸事故需做到以下几点：

① 燃烧器在点火前要彻底对炉膛进行蒸汽吹扫，待烟囱见汽15min后方可进行点火作业。

② 燃烧器在点着又熄灭的情况下，应立即关闭燃料阀门，然后向炉膛内吹蒸汽待烟囱见汽15min后再重新点火。

③ 在加热炉正常运行中，如发现空气量不足，应立即查明原因及时处理，使燃料充分燃烧。

2. 燃料正常燃烧的现象和条件

燃料在炉膛内正常燃烧的现象是：燃烧完全，火焰刚直有力，炉膛明亮。燃料油燃烧时，火焰呈杏黄色，燃料气燃烧时，火焰呈蓝白色；烟囱排烟呈无色或淡蓝色。

为保证燃料的正常燃烧，燃料压力必须稳定且不带杂质，燃料气不得带入液相组分，燃

料油不得带水且温度保持在130℃以上；风压稳定、风量适中。

3. 影响加热炉出口温度波动的因素

影响加热炉出口温度波动的原因有：

① 炉膛温度发生变化；

② 入炉原料油温度、流量、性质发生变化；

③ 燃料系统压力或性质发生变化，燃料气带液或燃料油带水；

④ 燃料油雾化蒸汽压力发生变化，燃料油雾化效果不好；

⑤ 仪表自动控制失灵。

4. 保证炉出口温度平稳的主要措施

① 及时准确地调节加热炉的“三门一板”，做到燃料燃烧状况良好；

② 应该随时掌握入炉原料的温度、流量、压力的变化情况；

③ 保证燃料压力、性质平稳，做好燃料排凝、脱水工作；

④ 燃料系统、雾化蒸汽等发生问题后，及时联系有关单位处理解决；

⑤ 加强仪表自控的日常维护，出现问题及时处理；

⑥ 切换火嘴要做到间隔进行；

⑦ 加热炉提降进料量时，要缓慢进行以保证炉出口温度的平稳。

5. 回火

当空气与瓦斯的混合气体流出的速度低于火焰传播速度时，火焰回到燃烧器内燃烧，这种现象叫回火。回火有时会引起爆振或熄火，长时间也可能烧坏混合室或引起其他事故。

处理措施为：当瓦斯供应不充足时，开大瓦斯控制阀门或提高瓦斯压力；当瓦斯供应充足时，调节燃烧器的风门可以使空气与瓦斯混合物的流出速度大于火焰的传播速度，即可达到解决和预防回火的目的。

6. 脱火

当空气与瓦斯的混合物流出速度很高，燃料离开喷头一段距离才着火，这种现象叫脱火，脱火时火焰燃烧不稳定，以至熄火。

处理措施为视情况减小燃料和空气的送入量。

7. 熄火

造成燃烧器熄火的原因很多，如燃料压力波动、瓦斯中带入液相组分、一次风风量过大、燃烧器喷嘴堵塞等均可造成燃烧器熄火。当发生熄火时应立即关闭燃料阀门，防止大量燃料进入炉膛发生闪爆。

8. 燃油燃烧器滴油

在加热炉操作中，经常碰到油嘴漏油或淌油，其原因为：

① 燃料油温度较低；

② 燃料油内杂质或油泥较多堵塞喷头时均会发生滴油现象；

③ 蒸汽压力降低或燃油压力升高雾化不好；

④ 油枪连接处密封不好；

⑤ 开工时由于炉膛和火道砖温度较低，燃料油管线内存有不易雾化的冷油或雾化蒸汽带水均可造成漏油。

处理措施为按相应原因来处理，需要注意的是燃油压力一般要求比蒸汽压力小98kPa左右，而且燃料又不能采用太轻的油，雾化蒸汽一般采用过热蒸汽。

9. 烟囱冒黑烟

① 在日常操作中，由于各种原因造成加热炉烟囱冒黑烟，一般有以下几种原因：

a. 烟道挡板或燃烧器一、二次风门配比开度不合适，造成氧含量较低，燃料不能充分燃烧；

b. 燃料气中带入液相组分；

c. 燃油燃烧器的雾化蒸汽压力突然下降，造成燃料油雾化不好；

d. 燃料油控制阀门仪表失灵，控制阀全开或燃料油压力突然上升造成燃料油雾化不好；

e. 加热炉炉管烧穿造成介质外漏。

② 根据以原因采取的处理措施为：

a. 调节加热炉的"三门一板"开度，确保燃料充分燃烧，另外在加热炉提负荷时要缓慢进行，既防止因燃料量的突然增加造成不完全燃烧冒黑烟，又可以平稳炉出口温度。

b. 瓦斯罐及时排凝，并联系相关部门检查、处理。

c. 在雾化蒸汽的压力下降后，应及时调整燃料油压力，使油压比蒸汽压力小98kPa，并调节好油汽比，使燃料油达到良好的雾化。

d. 在燃料油控制阀失灵时，立即改自动为手动操作；手动平稳好燃料油压力，检查燃料油压力上升的原因并处理。

e. 观察加热炉炉管烧穿的程度，并立即熄火。不严重时，按正常停工处理，若炉管破裂严重，介质大量外漏，则按紧急停工处理。

四、事故及处理

1. 炉管破裂着火

(1) 可能原因

① 炉管内物料中断，干烧。

② 炉膛偏火，造成局部过热。

③ 长时间受到腐蚀、冲蚀。

④ 炉管质量不好，堵头、弯头有砂眼。

(2) 事故现象

炉管破裂不严重时，炉膛温度、烟气温度均匀上升，烟囱冒黑烟，炉管外着火，破裂严重时炉管内油品从破裂处大量喷出，在炉膛内外燃烧，烟囱大量冒黑烟，炉膛温度、炉出口温度、烟气温度急剧升高。破裂点经常发生在回转弯头处。

(3) 处理原则

① 炉管轻度破裂：

a. 及时报告班长、车间。

b. 联系厂调度、消防队等有关单位。

c. 降温降量，停工处理。

② 炉管严重破裂：

a. 通知厂调度及有关单位，按紧急停工处理。

b. 立即将火嘴全部熄灭，停止进料泵。

c. 向炉膛内大量吹入蒸汽，停运加热炉引风机、通风机，打开加热炉烟囱密封挡板。

d. 从炉入口给汽扫线，把油扫入塔内(关键点：必须等炉膛温度降低至油品的自燃点以下才可以扫线)。

e. 过热蒸汽改放空。

f. 如若减压炉炉管严重破裂，要及时向减压塔内吹入蒸汽，停掉真空泵，以免空气大量漏入减压塔内，发生更大的事故。

2. 加热炉进料中断

(1) 事故现象

① 加热炉出口、分支温度直线上升，而炉膛温度下降。

② 相关的前塔底液面急剧上升，后塔底液面急剧下降。

(2) 可能原因

① 加热炉进料泵抽空或停转。

② 进料泵入口堵塞。

③ 原油中断。

(3) 处理原则

① 首先启动备用泵，恢复加热炉进料。

② 如果泵启动不起来，加热炉迅速熄火，只保留几个长明灯，炉管给汽防止结焦。

③ 原油大幅降量，各塔回流、侧线降温，维持好进料泵前的物料平衡及压力，防止冲塔。进料泵后部降量，保持塔底液位及各罐、汽提塔液位，防止泵抽空。

④ 若进料泵稍长时间不能上量，而物料平衡又无法维持时，按紧急停工处理。

⑤ 若是由原油中断造成，按原油中断处理。

3. 燃料气(瓦斯)带油事故预想及处理

(1) 事故现象

① 高压瓦斯排凝罐液面迅速上升，直至满罐。

② 高压瓦斯压力波动。

③ 烟囱、看火窗冒黑烟，炉膛变正压，炉底火焰炉外燃烧，炉膛乌黑，全是浓烟。

④ 炉膛温度、分支温度、出口温度上升，之后降低。

⑤ 带油严重时，炉膛内发生闪爆，防爆门开，甚至损坏加热炉。

(2) 可能原因

① 高压瓦斯带油。

② 外补液化气未完全汽化，带入瓦斯管网。

③ 瓦斯排凝罐加热盘管未投用。

④ 瓦斯排凝罐液面上升，未及时排出，造成满罐。

(3) 处理原则

① 瓦斯排凝罐未满或轻微带油时：

a. 调整加热炉瓦斯火嘴或熄灭一部分，保证加热炉不超温。

b. 迅速打开瓦斯罐的排凝线向外撤油。

c. 迅速打开瓦斯罐加热盘管加热，或加强瓦斯加热器的热源流量，汽化凝油。

d. 待油消除后，恢复正常操作。

② 瓦斯严重带油：

a. 加热炉迅速灭火（关火嘴阀门，因为管线中都是油），炉膛给事故蒸汽防止闪爆。燃料油循环。

b. 迅速打开瓦斯罐的排凝线向外撤油。

c. 迅速打开瓦斯罐加热盘管加热，或加强瓦斯加热器的热源流量，汽化凝油。

d. 原油降量，降量速度以炉出口温度不超温为准。常压塔、减压塔进行相应地调整。

e. 情况好转后，检查瓦斯罐带油情况及加热炉损伤情况。

f. 待油消除后，恢复正常操作。

4. 炉膛爆炸事故预想及处理

(1) 可能原因

导致炉膛爆炸的根本原因是炉膛内进入的瓦斯达到了爆炸极限，在遇到明火、火星或高温（>420℃）时产生爆炸。

这可能的原因是：

① 瓦斯管网压力低，控制阀开度较大，然后瓦斯压力突然上升，控制阀来不及动作，大量瓦斯已进入炉膛，造成闪爆。

② 开工点火。

(2) 处理原则

① 轻微闪爆，继续生产。

② 紧急停炉，切断进料，按紧急停工处理。视现场情况，向炉膛内吹入大量蒸汽。

五、加热炉的烘炉

1. 烘炉目的

加热炉在新建或大修后，而且炉墙采用耐火砖或者是轻质耐火混凝土衬里的，都要进行烘炉（若加热炉炉墙材料为陶纤毡则不必进行烘炉）。烘炉的目的是为了缓慢脱除炉墙内耐火材料的内部水分，并使耐火泥充分烧结，防止在开工时炉膛温度急剧上升，水分大量汽化膨胀，造成衬里膨胀变形、产生裂纹甚至倒塌。

另外对加热炉各部件、配套设施及管线负荷试运，并考核其使用效果。

2. 烘炉前的准备工作

① 加热炉主体及配套仪表电器工程全部完毕，并经检查验收合格。

② 安全设施、卫生条件达到要求。

3. 烘炉步骤

① 烘炉前应先打开全部人孔、防爆门、开启烟道挡板，自然通风 5 天以上，然后才可进行烘炉操作。

② 开始烘炉时，烟道挡板开启 1/3 左右，待炉膛温度升高，再稍开烟道挡板。

③ 炉管内通入蒸汽开始暖炉，当炉膛温度达到 130℃时，即可点燃火嘴继续烘炉。

④ 烘炉时应采用气体燃料，且尽量做到对角点火，使炉膛温度趋于均匀。

⑤ 在烘炉过程中，温度均匀上升，升温和降温速度应按烘炉曲线（图 6-4）进行，并经常观察炉墙情况。

⑥ 在烘炉过程中应做好记录，烘炉后应画出实际烘炉曲线。

⑦ 炉膛以 20℃/h 速度降温，当炉膛温度降到 250℃时，熄火焖炉，降到 100℃时进行自然通风。

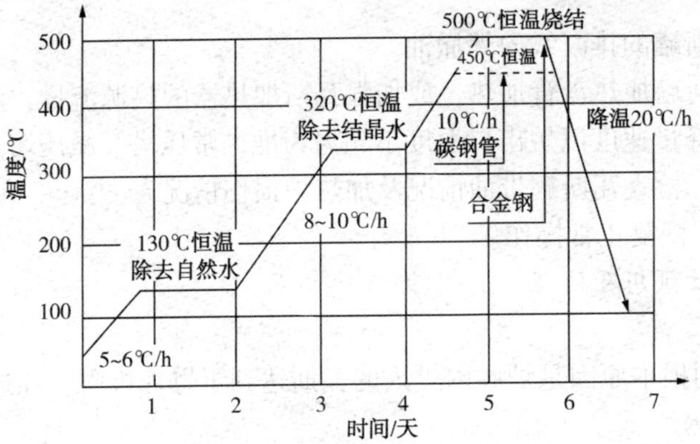

图 6-4　加热炉烘炉曲线

4. 烘炉后的检查

① 检查炉内各部砌砖有无裂缝，耐火衬里有无脱落。

② 钢架、吊挂有无弯曲、炉管有无变形。

③ 火盆有无裂缝，基础是否下沉。

如发现缺陷应进行修补，衬里的裂纹宽度大于 3mm、深度超过 5mm 应进行修补，有空洞和钢板分离应彻底修补。

5. 烘炉注意事项

① 烘炉前要按照从对流管到辐射管的流程通入蒸汽，并从辐射管放空处排出，目的是保护炉管，防止炉管干烧。

② 升温速度要严格按照升温曲线(见图 6-4)进行，防止突升、突降。

六、炉管结焦和烧焦

结焦是炉管内油品温度超过一定的界限后发生裂解，变成游离炭堆积在管内壁上的现象，常减压装置一般发生在减压炉上。结焦使管壁温度急剧上升，加剧炉管的腐蚀和高温氧化，引起炉管鼓包、破裂，同时增加管内压降，使加热炉操作性能恶化，严重时可使装置提前停运。因此一定要重视加热炉日常平稳操作，确保加热炉的长周期运行。

1. 炉管结焦的原因

① 火焰不均匀，或火焰扑炉管造成炉管受热不均匀，局部过热。

② 进料量波动，或流量太低，油品停留时间过长。

③ 原料易分解或含有杂质。

④ 检修时清焦不彻底，开工后炉管内原有焦子引起了诱导作用。

2. 炉管结焦的现象

① 明亮的炉膛中看到炉管有灰暗的斑点，说明该处炉管已结焦。

② 处理量未变，而炉膛温度及原料油入炉压力均升高。

③ 炉出口温度反应缓慢，表明热电偶套管处已结焦。

3. 炉管烧焦步骤

① 首先在进料阀处给汽，烧焦罐见汽后，炉内才允许点火，给汽后，烧焦罐可给冷却水。

② 加热炉炉膛点火，升温速度控制在50℃/h，升到450℃（碳钢炉管）恒温烧焦，在升温过程中要不断加大烧焦罐的冷却水量。如果烧焦罐口排灰量过大和有很多存油，升温速度应减慢，炉出口温度不大于400℃。

③ 烧焦完成后，关闭空气改通蒸汽降温，降温速度在400℃以前为30℃/h，降到400℃以后为40℃/h，炉温降到350℃时熄火，降到250℃时，打开烟道挡板、人孔和看火门，进行自然通风冷却。

4. 炉管烧焦过程概述

蒸汽-空气烧焦是利用不断切换通入炉管系统内的空气量和蒸汽量来清扫炉管内部焦层的过程。过程分为两个阶段，即“烧焦”阶段和“剥离”阶段。

在“烧焦”阶段，将空气和蒸汽同时送入炉管中，然后停蒸汽单独给空气1~2min，管内的焦炭由直接的氧化作用而“烧”去。

在“剥离”阶段停空气，并加大蒸汽量，让蒸汽以相当高的速率通入炉管，此时热的炉管由于蒸汽的冷却作用，造成焦炭的收缩和破裂，然后由于高速蒸汽的冲扫作用和化学作用（$C+H_2O \longrightarrow CO+H_2$），焦炭就从炉管中清除出来了。

蒸汽-空气清焦法是一个反复进行上述两个阶段的过程，烧焦间隔应每次10~15min左右。为安全可靠并保护炉管，应把“剥离”阶段作为清焦作业的重点，在适当的操作情况下，“剥离”阶段可以清除90%~95%的焦炭。

5. 炉管烧焦的参数控制

① 炉膛温度：

对于碳钢炉管，炉膛温度≤485℃；

对于Cr-Mo钢炉管，炉膛温度≤590℃。

② 水蒸气压力0.98MPa。

③ 通入空气（非净化风）压力0.39MPa。

④ 除焦水（新鲜水）压力0.34MPa。

6. 炉管烧焦的操作要点

① 烧焦中，应有专人调节燃烧器，监视炉管颜色，通常暗红色为正常，桃红色为温度过高。

② 由于焦子下来的过多、过快有堵塞管线的危险，有时还会引起炉管振动甚至变形。因此在时间控制上应坚持以下原则：只要焦块能不断去除，在每一循环中，应缩短给风的时间，加长通蒸汽时间。

③ 烧焦中应注意观察除焦水的颜色、水的黑度和有无焦粒。

7. 判断烧焦是否干净的标准

① 炉膛温度达到烧焦中允许的上限。

② 炉管只给风时，除焦水呈珠红铁锈色。

③ 如炉管系统配有带堵头的回弯头，应打开堵头查看。

七、加热炉日常检查项目

加热炉在正常操作时，必须按时检查以下项目：

① 介质总出口温度、各路出口温度、各路流量、温差及炉膛温度是否在工艺范围内。

② 辐射室出口处的负压是否在-40~-20Pa内。

③ 辐射室的过剩空气系数是否符合要求。

④ 各个燃烧器的燃烧情况，火焰的形状及颜色是否符合要求，火焰有无舔炉管现象。

⑤ 各根炉管是否有弯曲、脱皮、鼓包、发红、发暗等现象，注意检查出入口阀门、法兰等处有无滴油。

⑥ 检查火盆砖、吊钩、拉钩、炉墙、衬里等变化情况。

⑦ 燃料油和瓦斯压力、雾化蒸汽压力是否符合要求。

⑧ 高低压瓦斯罐要定时脱液，放空阀在脱完液后应立即关死。

⑨ 要经常检查炉膛内各点的温度变化情况，做到心中有数。

⑩ 炉子的防爆门、通风门、烟道挡板、蝶阀、调风门等不能随便打开，看火门在看完火，应立即关闭。

第四节　加热炉的节能和提高热效率

加热炉是炼油厂的耗能大户，一般装置里，加热炉的能耗占装置能耗的70%以上，所以降低加热炉的能耗是装置节能的重要手段之一。

加热炉热效率是指炉管内物料所吸收的热量占燃料燃烧所发出的热量及其他供热之和的百分数，它表明向炉子提供的能量被有效利用的程度。通常以符号“η”表示，见下式。因此热效率是衡量管式加热炉先进性的一个重要指标。

$$加热炉热效率\ \eta=有效吸热量/总放热量\times100\%$$

有效吸热量即为炉子的热负荷，总放热量一般为燃料的发热量。由上式可以看出当炉子热负荷不变时热效率越高，加热炉燃料用量就越少。提高加热炉热效率就意味着节省燃料，它关系着整个装置能耗的高低。以下就加热炉节能提高热效率的途径和方法做简要概述。

1. 结合装置优化换热，降低加热炉热负荷

常减压装置所加热的工艺介质在经过后续设备完成蒸馏之后，产品需要冷却到一定温度后才能送出装置。冷的原料和热的产品之间往往要进行复杂的热交换。另外加热炉和其他设备之间的热能也可以综合考虑加以利用，把加热炉和整个装置联系起来，全面考虑和优化换热流程，提高换热终温，使加热炉热负荷降低，是减少燃料消耗，降低装置能耗最直接、最有效的措施。

2. 降低排烟温度以减少排烟热损失

加热炉排烟热损失在管式加热炉的热损失中占极大的比例，当加热炉热效率较高(例如90%)时，排烟损失占总损失的70%~80%；当炉子热效率较低(例如70%)时，排烟损失占总损失的比例高达90%以上。因此利用好余热回收系统降低排烟温度以减少散热损失。

另外由于燃料不完全燃烧产生的炭粒和燃料中的灰分等烟尘均会污染对流室炉管外表面，增加热阻，降低传热效果。随着积灰的增加，排烟温度迅速上升，热效率显著下降。为

了保证管式加热炉长期在较高的热效率下运转，必须坚持用吹灰器定期清除积灰。这一点对烧渣油的管式炉来说，尤为重要。

3. 降低过剩空气系数以减少排烟损失

管式加热炉是靠燃料燃烧供给热量的。燃料不可能在理论空气量下完全燃烧，总是要在有一定的过剩空气量下才能完全燃烧。燃烧所用的空气量与理论空气量之比叫作过剩空气系数 α。一般管式加热炉正常的过剩空气系数在烧气时为 $\alpha=1.05\sim1.15$，烧油时为 $\alpha=1.15\sim1.25$。在实际操作中，如果过剩空气量增加，排烟时大量的过剩空气将热量带走排入大气，使排烟损失增加，热效率降低。

降低过剩空气系数的方法很多。首先是要选用性能良好的燃烧器，保证在较低的过剩空气系数下完全燃烧；其次是在操作过程中控制好三门一板(风门、气门、油门和烟道挡板)，确保管式炉在合理的过剩空气系数下运转，既不让过剩空气量太大，也不因过剩空气不够而出现不完全燃烧；再者就是做好管式炉的堵漏，因为常减压的加热炉都是负压操作，如果看火门、人孔门、弯头箱门等关闭不严或炉墙有泄漏之处，从这些地方漏入炉内的空气一般都不参与燃烧而白白地带走热量。

另外过剩空气系数太大不仅使热效率降低，还有其他许多有害之处，例如加速炉管和炉内构件的氧化、增加对流室吸热量、提高 SO_2 向 SO_3 的转化率从而加剧低温露点腐蚀等。

4. 减少不完全燃烧损失

在排烟损失中，除了上面所述的物理热损失之外，还有由于不完全燃烧而造成的化学热损失。不完全燃烧除造成热损失，降低热效率外，还造成大气污染，机械不完全燃烧的炭粒还会造成对流室炉管表面积灰，影响传热效果。

因此在实际操作中不但要控制烟气中的过剩空气量(一般检测氧含量)，还要控制烟气中的 CO 含量，要经常检测烟气中的 CO 含量，正常的 CO 含量为 $50\sim150mg/m^3$。无论烟气中的氧含量(过剩空气量)有多低，只要是没有检测到 CO，就可以继续降低供风量，但是如果 CO 超过了预定值，即使是氧含量超标，也要继续增加供风，否则就相当于燃料在放空，不但能耗增加，而且造成新的污染。有一些燃烧器在低供风时不能完全燃烧，这可以通过改造和更换性能良好的燃烧器来解决。对于大部分烧气的燃烧器，通常可以通过增加旋流来解决；但是如果炉膛的温度不高，并且炉膛也不太高的情况，自然通风的燃烧器这样改造受到限制，同时自然通风的燃烧器不能适应早晚的空气温度变化和湿度变化带来的实际通风量的差别，再加上由于动力不足，燃烧的强度较低，所以其过剩空气要比强制通风的燃烧器高一些。

对于燃油燃烧器，由于经过雾化的油滴以极高的速度(当地音速，或亚音速)喷出混合喷口，长时间的工作必然要造成磨损，混合喷孔磨损后，不但雾化质量下降，而且雾化剂的耗量增加，造成过剩空气增加、露点温度增加等一系列问题。所以要适时地更换燃烧器的喷头，并要加强定期清洗、维护，使燃烧器长期保持在良好的状态下运行。

5. 减少散热损失

加热炉炉墙的外表面温度直接关系到劳动保护和散热损失。外壁温度越高，散热损失越大，加热炉热效率越低。因此，选用新型耐火材料和炉衬结构形式是减少炉体表面散热损失的有效途径。对于已使用多年的加热炉，炉墙的及时修补对于减少散热损失是很有必要的。

第五节　加热炉的露点腐蚀与防护

随着节能工作的不断发展，要求加热炉的排烟温度越来越低。但是烟气中的硫在低温条件下会对余热回收设备的换热面上产生强烈的低温露点腐蚀。可以说，低温露点腐蚀已成为降低加热炉排烟温度、提高热效率的主要障碍。

1. 低温露点腐蚀的机理

① 烟气露点腐蚀是由于燃料含硫元素，在燃烧中经氧化变成 SO_2。由于燃烧室内有过量的氧存在，所以又有少量 SO_2 进一步再与氧化合形成 SO_3。在通常的过剩空气系数下，全部的 SO_2 中约有 1%～3%转化成 SO_3。在高温烟气中 SO_3 气体不腐蚀金属，但当温度降到400℃以下时，SO_3 将与水蒸气化合生成硫酸蒸气。当硫酸蒸气凝结到炉子尾部受热面上时就会发生低温硫酸腐蚀。与此同时，这些凝结在低温受热面上的硫酸液体，还会黏附烟气中的灰尘形成不易清除的黏灰，使烟气通道不畅甚至堵塞。

与此相反，SO_2 与水蒸气化合生成亚硫酸气，它的露点温度低，一般不可能在炉子内凝结，对炉子无害。由 SO_2 转为 SO_3 的量，与过剩空气系数及燃料含硫量有很大关系。含硫量越多，过剩空气系数越大，SO_3 的生成量就越多。

② 影响烟气露点温度的因素：烟气露点温度除与烟气中影响 SO_3 量的过剩空气系数和燃料中硫含量有关外，还随烟气中水蒸气的含量增多而升高。在以燃料油为主的加热炉中，烟气中水蒸气的体积含量一般约为 10%～12%。在这种条件下，露点温度就主要随 SO_3 量的增加而升高。另外，由于烟气中水蒸气和 SO_3 体积含量有变化，在冷壁面上冷凝硫酸的浓度亦不同。其关系见图 6-5 和图 6-6。

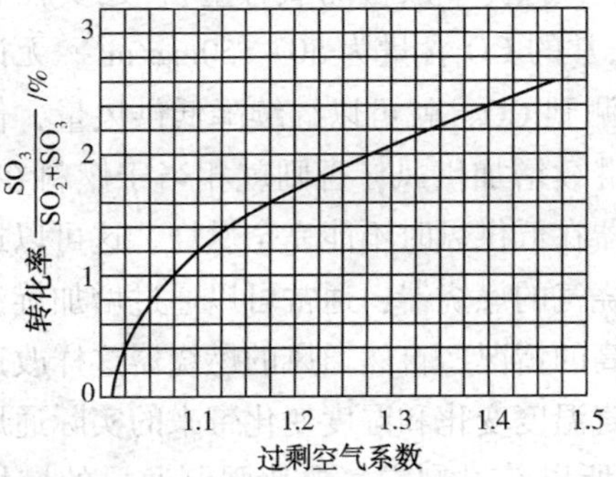

图 6-5　过剩空气系数与 SO_3 转化率

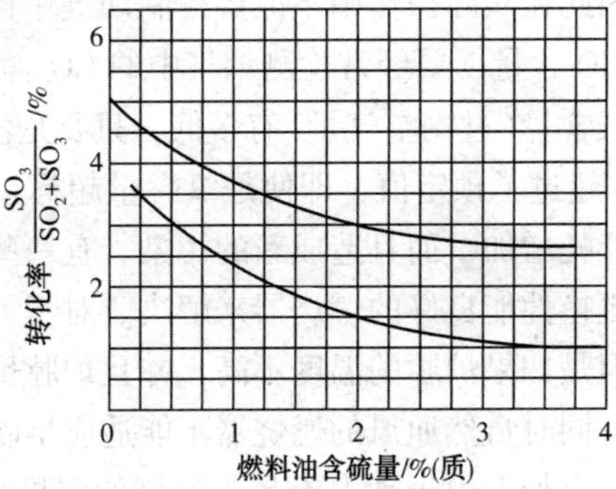

图 6-6　燃料油含硫量与 SO_3 转化率

2. 低温露点腐蚀的防止和减低措施

由于低温露点腐蚀已成为进一步降低管式炉排烟温度和提高热效率的主要障碍，所以各个炼油厂千方百计从改进设计、精心操作和采用新材料等方面采取各种措施，来防止和减轻低温露点腐蚀的危害。

① 提高空气预热器入口的空气温度。提高空气预热器入口的空气温度可以提高预热器冷端换热面的壁温，防止结露腐蚀。最常用的方法是采用空气再循环的方法，把已预热的空气从再循环管道引入风机入口和冷空气混合来提高温度。在开工或低负荷运行时，可增大热风的再循环量。这种方法的缺点是风机消耗的电能较多；并且由于缩小了空气与烟气之间的

温差，对提高加热炉热效率造成不利影响。

② 采用耐腐蚀材料可有效减轻低温露点腐蚀影响。通过挂片实验发现高铬镍不锈钢材料的抗低温露点腐蚀性能并不优于碳钢。目前空气预热器热管广泛应用耐低温露点腐蚀的 ND 钢，另外在烟气侧热管外表面上增加防腐涂层也可以起到较好的防护。

③ 采用低氧燃烧，控制燃烧过剩空气量，能有效地减少 SO_3 的生成量，降低露点温度。在常减压装置加热炉中，由于是负压操作，实现低氧燃烧必须保证炉墙的严密性，并且严格控制每个燃烧器的进风量，否则极易引起机械和化学不完全燃烧，增加排烟损失。

④ 使用低硫燃料。烟气露点温度随燃料中含硫量的增多而升高。因为燃料油脱硫成本较高，一般都不采用，如对炼油厂气体燃料进行脱硫处理，则可显著降低烟气露点温度，减少低温腐蚀。令人困扰的是富含 H_2S 的减顶瓦斯怎样处理。如果引入加热炉燃烧，会促进腐蚀(现在各厂的一般做法都是经脱硫后引入加热炉烧掉)；如果直接放空，会造成严重的大气污染；如果进入火炬系统，由于火炬系统内有压力且经常波动，影响了真空度。

第七章　机　　泵

第一节　常减压装置用泵

一、按用途分类

1. 供料泵

常减压装置不但要将原料输送到分馏塔，而且还要经过常压炉及减压炉等加热装置。由于石油化工厂生产是连续的，目前在各家炼油厂都在追求长周期要效益的趋势下，要求装置三年大修一次，甚至更长，因此对这类泵的要求是高可靠性。美国 API 610 中规定，对炼油厂泵要连续运行 2.5 万小时不大修。供料泵流量一般要有少许余量，以适应原料量的变动。但同时扬程波动也要尽可能地小。多数情况下，要求净正吸入压头为负值，即灌注式进泵，原料罐液位的标高要高于泵的吸入口，尤其高温供料泵。

2. 回流泵

这种泵是控制炼油蒸馏塔热平衡所采用的泵，如塔顶回流泵、中段回流泵。作用是取走塔内热量，使整个塔内上下气液相分布更加均匀。对这类泵的要求是特性曲线必须平坦，尤其不要出现有驼峰的性能曲线。

3. 塔底泵

此类泵液体多是大流量并处于高温、饱和状态。主要要求是：①高温条件下泵的密封、轴承、机体热对中都应优良；②高温条件下保证正常吸入，不发生汽蚀。在选泵时要求泵所需的净正吸入压头尽量小。吸入管路上尽可能减少损失，并留有足够余量。

4. 成品泵

多数是将塔顶或侧线抽出液直接送到产品罐。部分成品和回流共用一台机泵输送。

5. 计量泵

多用来注入化学溶剂、防腐药品等，要求输入量较精确。一般采用往复式计量泵或齿轮泵或螺杆泵。同时配有流量调节装置。

二、按作用原理分类

1. 离心泵

常减压装置大多数泵皆为离心泵。

离心泵的作用原理：离心泵依靠旋转叶轮对液体的作用，将原动机的机械能传递给液体，对液体做功。当泵内灌满液体时，由于叶轮高速旋转，液体在叶轮作用下产生离心力，驱使液体从叶轮进口流向叶轮出口的过程中，其速度能和压力能都得到增加。被叶轮排出的液体经过压出室大部分速度能转换成压力能，然后沿排出管路输送出去。

(1) 性能

① 流量大而均匀，且随扬程变化；

② 扬程大小决定于叶轮外径和转速；

③ 扬程和轴功率与流量存在对应关系，扬程随流量增加而降低，轴功率随流量增加而增加；

④ 吸入高度较小，易产生汽蚀现象；

⑤ 在低流量下效率较低，但在设计点效率较高，大型泵效率比小型泵效率高；

⑥ 转速高。离心泵的额定转速一般是2950r/min。

(2) 操作与调节

启动前必须灌泵，关死出口阀，用出口阀或改变转速调节流量，但不宜在低流量下工作。

(3) 结构特点

结构简单、紧凑，易于安装和检修，占地面积小，基础小，可与电机直接相连。

(4) 适用范围

适用于流量大、扬程低、液体黏度小的环境，并适于输送悬浮液和不干净液体。

2. 旋涡泵

常减压装置注缓蚀剂、注氨、注破乳剂等注剂泵，在很多炼油厂都选用旋涡泵。

作用原理：叶轮旋转时产生离心力，使液体形成径向旋涡，同时叶片间又形成纵向旋涡，使液体在泵内多次反复增能，液体产生的动能转化为势能，压力不断升高，直至排出。

(1) 性能

① 流量小而均匀，且随扬程变化；

② 扬程大小决定于叶轮外径和转速；

③ 扬程和轴功率与流量存在对应的关系，扬程随流量增加而降低，轴功率也随流量增加而降低；

④ 吸入高度较小；

⑤ 在低流量下效率较离心泵高，但比容积式泵效率低；

⑥ 转速较高。

(2) 操作与调节

启动时必须打开出口阀，不用出口阀调节流量，采用旁路调节。

(3) 结构特点

与离心泵相同，结构简单、紧凑易于安装和检修，占地面积小、基础小，可与电机直接相连。

(4) 适用范围

适用于流量小、扬程低、液体黏度小的环境，不宜用于输送不干净液体。

3. 往复泵

常减压装置注缓蚀剂、注氨、注破乳剂等注剂泵，各炼油厂中也有选用计量泵的。通常所说的计量泵就是在往复泵的基础上配有注入量调节装置。

作用原理：活(柱)塞作往复运动，使泵缸内的工作容积发生多次间歇变化，泵阀控制液体单向吸入和排出，形成工作循环，使液体能量增加，压力升高，排出泵体外。

(1) 性能

① 流量小而不均匀(脉动)，几乎不随扬程变化；

② 扬程大，且决定于泵本身动力、强度和密封；

③ 扬程和流量几乎无关，只是流量随扬程增加而漏损使流量降低，轴功率随扬程和流量而变化；

④ 吸入高度大，不易产生抽空现象，有自吸能力；

⑤ 效率较高，在不同扬程和流量下工作效率仍能保持较高值；

⑥ 转速低。

(2) 操作与调节

启动必须打开出口阀，不用出口阀调节流量，采用旁路阀调节，或改变转速、活(柱)塞行程调节。

(3) 结构特点

结构复杂，易损件多，易出故障，维修麻烦，占地面积大，基础大。

(4) 适用范围

适用于流量小、扬程高、液体黏度大的环境，不宜用于输送不干净液体。

4. 齿轮泵

常减压装置化学药剂吸入泵一般多为齿轮式输油泵。

工作原理为：依靠泵体内一个主动齿轮和一个从动齿轮的相互啮合，把泵内工作腔分为吸入腔和排出腔，泵运转时主动齿轮带动从动齿轮旋转，当齿轮从啮合到脱开时在吸入侧形成局部真空，液体被吸入。被吸入的液体充满齿轮的各个齿谷而带到排出侧，齿轮进入啮合时液体被挤出，形成高压液体并经泵的排出口排出泵外。

主要特点：自吸能力比较好，构造也很简单，出口流量也比较稳定，运行时可靠。这种泵在工作时只能用入口阀门调节流量，无论启动泵或停止泵时，出口阀门全开，否则会发生操作事故。

三、常减压装置用泵的特点

在常减压装置中，轻油挥发性强，重油温度高，有的油品还有腐蚀性，所有油品都是易燃易爆介质，因此对油泵有特殊的要求：

① 能长期连续运转，泵工作可靠，尤其是对密封要求较严格，严防油品漏到泵外。因此有时会采用双端面机械密封，在输送管路上装有单向止回阀，动力装置采用防爆或隔爆电机。

② 必须适应输送油品的性质和特点。有的油品挥发性较强，而且泵的排量比较大，因此要求泵的抗汽蚀性能要好。

③ 输送高温油品的机泵的过流部件必须采用耐高温材料，对于某些有腐蚀性油品，还应采用耐腐蚀材料。泵的转子和泵壳应采用热膨胀系数相近的材料。

由于常减压装置所用泵绝大多数都为离心油泵，故这里只介绍离心油泵。

按输送油品温度的不同，离心式油泵分为输送油品温度低于200℃的冷油泵和温度高于200℃的热油泵两类。在常减压装置中，热油泵居多，且在装置所属的泵中都属于关键泵，对装置生产起着举足轻重的作用，因此常减压的泵又突出表现在高温热油泵的特点上。

在泵体材质与结构方面，如果是无腐蚀性液体，则370℃以下的耐压部件材料都采用碳钢，370℃以上则选用含铬5%或含13%铬钢。对于强度不大的部件，在230℃以下都可采用铸铁。

热油泵的轴封以前采用压盖填料。目前已发展了高温用机械密封装置。由于密封端面的磨损随温度升高而急剧增大，“O”或“V”形垫圈的耐热性也成问题，因此多数机泵都对轴封装置采取降温措施。其冷却方法是利用在工作温度下并不蒸发的冷却液进行外部冲洗或自身冲洗，同时在冲洗管路中设置了冷却器，使冲洗液冷却至80~120℃再注入机械密封装置。采用自身冲洗的冷却方法容易造成在停泵期间冲洗液凝结在冷却器内，所以必须对冷却器装加热用的蒸汽管路。此外，在停泵进行暖机或自身冲洗但又不带冷却器时，都需要注意密封装置的温度不能太高。一旦超过机械密封的耐热温度，则即使泵已停止，仍须从排出管路止逆阀后引出冲洗液进行冲洗。

热油泵运转启动前必须充分预热，使各部分温度趋于均匀。预热方法通常从泵出口用高温油进行循环，但是，一味增大预热量虽然可以缩短预热时间，但泵壳上、下温差从一开始就出现很大差值，引起很大的变形量，这是不允许的。因此泵壳的升温应该控制在1~2℃/min，预热必须进行到泵壳和油温的温差达到30℃以内为止。

第二节 离 心 泵

一、离心泵的类型

泵是把原动机的机械性能转换给液体而变成液体的势能或动能的机械。与其他各类泵相比，离心泵具有结构简单、体积小，质量轻、流量稳定、易于制造和便于维护等一系列优点，这使得离心泵被广泛使用。但离心泵对高黏度液体以及流量小、压力高的情况适用性较差，并且在通常情况下启动之前需先灌泵，这些是它的不足之处。

(1) 按叶轮数目可分为单级泵和多级泵

单级离心泵是指安装一个叶轮的离心泵。单级离心泵的泵体一般为蜗壳形，因为液体向外流动时，流道的横断面逐渐扩大，流速减小，将部分动能转化为静压能，起到能量转换的作用。

多级离心泵是指在泵轴上装两个或两个以上叶轮的离心泵。多级离心泵总的扬程比较高，为每级叶轮的扬程之和。

(2) 按叶轮进液方式可分为单吸式和双吸式

单吸泵是指液体只从叶轮一侧进入泵体的泵。

双吸泵是指液体从叶轮两侧进入泵体的泵。液体加给双吸泵的轴向推力小，生产能力大的泵多为双吸泵。

(3) 按泵扬程的大小分

① 低压泵：工作压力在1MPa以下的离心泵；

② 中压泵：工作压力在1~6MPa之间的离心泵；

③ 高压泵：工作压力在6MPa以上的离心泵。

(4) 按泵轴的安装方式又分为立式离心泵和卧式离心泵

立式离心泵的泵轴是直立安装的。这种泵的结构紧凑、占地面积小、转速高、体积小。吸入口、排出口都是横向设置的。卧式离心泵的泵轴是水平安装的。它的支撑脚落在基础上，泵轴通过联轴节与电动机或减速机连接，这样维护、检修都在地面上工作，所以比较方便。

此外，按泵壳接缝剖分形式可分为水平剖分式和垂直于泵轴剖分的分段式泵；按泵壳的结构可分为蜗壳式泵和透平式泵；按输送介质不同又分为清水泵、油泵以及耐腐蚀泵等。

二、离心泵的基本结构

离心泵虽然种类繁多，但主要构造是基本相同的。主要零部件是：转子、泵壳、密封装置、轴向力平衡装置、支承装置、冷却装置等组成。其主要构件为：叶轮、转轴、吸液室、压液室、扩压室(在泵壳上)、密封、密封环(承磨环)以及轴承，此外有些离心泵还装有专门的转能装置(导轮)、平衡叶轮轴向推力的平衡盘或提高汽蚀性能的诱导轮等。

离心泵在启动之前，泵内应灌满液体，此过程称为灌泵。工作时，做功部件——叶轮中的液体跟着叶轮旋转，产生离心惯性力，在此离心惯性力作用下液体自叶轮甩出，提高了压力和速度，液体经过泵的导轮、压液室和扩压管，进一步提高压力后，从泵的排液口流到泵外管路中。与此同时，由于轮内液体被抛出，在叶轮中间的吸液口造成了低压，因而使吸液池中的液体经吸液管及泵的吸液室进入叶轮中。这样，液体就连续不断地通过离心泵。

如果启动时不灌泵的话，由于泵内空气密度远小于液体，在一般离心泵的运转条件下，气体通过离心泵所能得到的压升很小，也即叶轮入口的真空度很低，往往不足以吸进液池的液体。

三、离心泵的型号

泵的型号大体上由首、中、尾三部分组成。

型号的首部，用数字表示泵入口的尺寸(10mm 或 25mm 的倍数)。

型号的中部，用汉语拼音字母表示泵的结构或特征。单级悬臂式水泵用 BA 或 B 表示(B 型是 BA 型改进后的产品)；单级双吸泵用 SH 或 S 型表示(S 型是 SH 型改进后产品)；分段式多级水泵用 DA 或 D 表示(D 为改进后产品)；锅炉给水泵用 DG 表示；油泵用 Y 表示；DK 表示中开式水泵。

型号尾部，用数字表示泵的主要性能参数，有时在数字后面还有 A 或 B，它表示此时在泵中装的是切割过的叶轮。对于多级泵，尾部数字由两部分组成(中间有一个乘号)，前面数字表示单级的性能参数，后面的数字表示泵的级数，举例如下：

1. 100YⅡ-60A

100——泵吸入口公称直径，mm；

Y——单吸离心油泵；

Ⅱ——Ⅱ类材料，为不耐腐蚀的碳钢，泵的使用温度不大于 250℃；

60——额定扬程，m 液柱；

A——叶轮外径第一次切削(B 代表二次切削，C 代表三次切削)。

2. 250YSⅢ-150×2

250——泵吸入口公称直径，mm；

YS——双吸工离心油泵；

Ⅲ——Ⅲ材料，适用于-45~400℃，可耐硫酸腐蚀(未标注Ⅱ、Ⅲ类者为Ⅰ类材质，为不耐腐蚀的球墨铸铁，泵的使用温度不大于 250℃)；

150——泵额定单级扬程，m 液柱；

2——二级叶轮。

3. 旧式离心泵型号：5FDR-5×4

F——多级离心泵；

D——单吸式(S 为双吸式)；

R——热油泵(J 为冷油泵)；

5——比转数被 10 除的整数值；

4——叶轮级数。

4. 蒸汽往复泵型号：1QY-2.8/64；2QYR40-56/25

1、2——缸数；

Q——蒸汽驱动；

Y——输送介质为油；

R40——热油泵(如没有 R，介质温度≤200℃)，介质温度为 400℃；

2.8，56——设计流量，为 m^3/h；

64，25——设计压力，kgf/cm^2。

5. 齿轮泵型号：CH—4.5

CH——齿轮泵；

4.5——在 100r/min 下的流量，L/min。

型号：2CY—1.1/14.5—1

2——齿轮数；

C——外啮合齿轮；

Y——输送油；

1.1——流量，m^3/h；

14.5——排出压力(表)，kgf/cm^2

6. 旋涡泵型号：32W—30；65WX—140

32、65——吸入口直径，mm；

W——漩涡泵；

WX——离心漩涡泵；

30、140——泵在设计点扬程，m 液柱。

四、离心泵的主要性能参数

1. 离心泵的主要性能参数

(1) 转速

转速即离心泵叶轮的转速，以 r/min 表示。

(2) 流量

泵的流量大多采用容积流量 Q，单位为 m^3/s、m^3/min、m^3/h、或 L/s。有时也用质量流量 G 表示，单位为 kg/s、kg/min 和 t/h。

① 泵的有效流量 Q 是指单位时间内由泵的排液口排出的液量。

② 泵的理论流量 Q_T 是指单位时间内流入泵做功部件里的液量。除了有效流量，它还包括所有不经排液管而漏到泵体外的外部泄漏，也包括从叶轮出来后仍漏回叶轮入口的内部泄漏。

(3) 扬程

有泵的实际扬程及理论扬程之分。

① 实际扬程 H——单位质量液体流过泵后总能量的增值，或者做功元件对泵排出的单位质量液体所作的有效功。

② 理论扬程 H_T——做功元件对流经叶轮的单位质量液体所做的功。理论扬程为实际扬程与泵内的流体阻力损失(包括冲击损失)之和。

泵的扬程与泵的结构、转速和流量等有关；与泵的吸入口和排出口的距离有关；与吸入口真空度大小，排出口的压力高低有关；也和吸入口、排出口的速度有关。

(4) 功率

轴率分为有效功率、内功率和轴功率。有效功率 N_{eff} 是单位时间内泵排出口流出的液体从泵中取得的能量。其值可按下式计算：

$$N_{eff} = (\rho g h Q)/10^3$$

式中　ρ——液体密度，kg/m^3；

g——重力加速度；

h——泵的扬程，m 液柱；

Q——泵的流量，m^3/s。

内功率(或水力功率) N_i 为单位时间内做功元件所给出的能量，其值可按下式计算：

$$N_i = (\rho g H_T Q_T)/10^3$$

式中　N_i——泵的内功率，kW；

ρ——泵输送液体的密度，kg/m^3；

g——重力加速度；

H_T——泵的理论扬程，m 液柱；

Q_T——泵的理论流量，m^3/s。轴功率 N 是指单位时间内由原动机传递到泵主轴上的功。轴功率就等于内功率和克服机械损失所耗功率之和。

(5) 效率

有容积效率、水力效率及机械效率和总效率。容积效率 η_v 是衡量泵泄漏量大小也即密封好坏的指标，其定义式为：

$$\eta_v = Q/Q_T$$

水力效率 η_{hyd} 为衡量液体流经泵的阻力损失大小的指标，其定义式为：

$$\eta_{hyd} = H/H_T$$

机械效率 η_{mec} 为衡量泵运动部件机械摩擦损失及轮阻损失大小的指标，其定义式为：

$$\eta_{mec} = N_i/N$$

泵效率(总效率) η 为衡量泵工作是否经济的指标，定义为：

$$\eta = N_{eff}/N$$

不难推导出总效率为上述各种效率的乘积：

$$\eta = \eta_{hyd} \times \eta_v \times \eta_{mec}$$

除了以上所述，离心泵还有一个重要性能参数就是泵的允许吸上真空度[H_S]或允许汽蚀余量[$NPSH$]，单位均以 m 液柱表示。

2. 离心泵的比例定律

在转速一定的情况下，离心泵的流量 Q、扬程 H、功率 N 为一定值。一旦离心泵的转速发生变化，则泵的各参数也随之发生变化，这种规律叫泵的比例定律。

离心泵改变转数后，各参数的变化规律可用下式表示。

$$Q_1/Q_2 = n_1/n_2$$

$$H_1/H_2 = (n_1/n_2)^2$$

$$N_1/N_2 = (n_1/n_2)^3$$

式中 n_1、H_1、Q_1、N_1——改变转速前的转数、扬程、流量、轴功率；

n_2、H_2、Q_2、N_2——改变转速后的转数、扬程、流量、轴功率。

3. 离心泵的切割定律

泵叶轮外径车削后，其流量、扬程、功率与外径的关系，称为切割定律。

计算公式为：

$$Q/Q' = D/D'$$

$$H/H' = (D/D')^2$$

$$N/N' = (D/D')^3$$

式中 Q、H、N、D——未经车削时泵的流量、扬程、功率和叶轮外径；

Q'、H'、N'、D'——经车削时泵的流量、扬程、功率和叶轮外径。

采用改变转数的方法可以得到不同工况时泵的特性曲线。然而这种方法在实际中受到限制，因大多数泵是由交流电动机拖动的，这种电动机的转数不是可以随意改变的。因此，为了得到所要求的泵性能参数，就用车削叶轮外径的方法，来使特性曲线发生变化。但必须注意车削叶轮只能用在需要降低流量、扬程、功率的场合。

比例定律与切割定律的异同：比例定律是指离心泵的转数与流量、扬程、轴功率之间的关系。一旦泵的转数发生变化，则泵的流量、扬程、轴功率也随之发生变化。切割定律是指离心泵的叶轮直径与流量、扬程、轴功率的关系。一旦泵的叶轮直径发生变化，流量、扬程、轴功率也随之发生变化。共同点：当转数或叶轮直径变化不大时，其变化前、后的效率基本上不变。

五、离心泵的吸入特性

（1）离心泵的汽蚀现象

当泵内压力低于或等于该温度下的饱和蒸汽压时，液体发生汽化，产生汽泡，当随液体流到较高压力处，汽泡突然凝结周围液体快速集中，产生水力冲击，因此产生很高的局部压力，连续打在叶片表面，使叶片表面呈现麻点，蜂窝状，这种汽化产生的冲击、剥蚀、振动和性能下降的现象通常称汽蚀。

（2）离心泵的允许吸上真空度

离心泵的最大吸上真空度是指泵将液体从低于泵中心线处吸入泵内而不至于汽化所达到的最大真空度，由泵制造厂通过汽蚀试验测得，为了保证泵不发生汽蚀，将最大吸上真空度减去 0. 3m。即为允许吸上真空度。

(3) 离心泵的汽蚀余量

由汽蚀概念得知，要防止汽蚀的发生，其基本条件是叶轮入口处的最低液流压力大于该温度下液体的饱和蒸汽压，即泵入口处的液流具有的压头要高出液体汽化压头，有一定的富余压头，防止液体汽化，这个富余压头通常称为汽蚀余量。

(4) 防止汽蚀的措施

为防止汽蚀现象的发生，在选泵时应选取汽蚀余量值较小的泵，当泵选定之后，要设法提高有效汽蚀余量，办法是合理确定吸入容器液面与泵之间的高差，使之灌注操作时有较大的灌注头，吸上操作时吸上高度较小；合理地选用吸入管线的直径，而且尽量短而直，从而减少吸入管系的阻力。在泵的结构上应采取以下几种措施：

① 采用双吸叶轮；

② 增大叶轮入口面积；

③ 增大叶片进口边宽度；

④ 增大叶轮前后盖板转弯处曲率半径；

⑤ 叶片进口边向吸入侧延伸；

⑥ 叶轮首级采用抗汽蚀材料；

⑦ 设前置诱导轮。

对现有泵，防止汽蚀的措施有：

① 流通部分断面变化率力求小，壁面力求光滑；

② 吸入管阻力要小，入口阀应全开；

③ 正确选择吸上高度；

④ 汽蚀区域补环氧树脂涂料。

减压塔的裙座很高，目的就是克服减底泵的汽蚀现象，保证减底泵有足够的灌注压头。

六、离心泵的特性曲线

1. 离心泵的特性曲线

在离心泵的转速恒定不变的情况下，离心泵的扬程、轴功率、效率都与流量有一定的函数关系。把它们之间的关系绘成曲线就叫作离心泵的特性曲线，图 7-1 为 6BA-8 型离心泵的特性曲线。

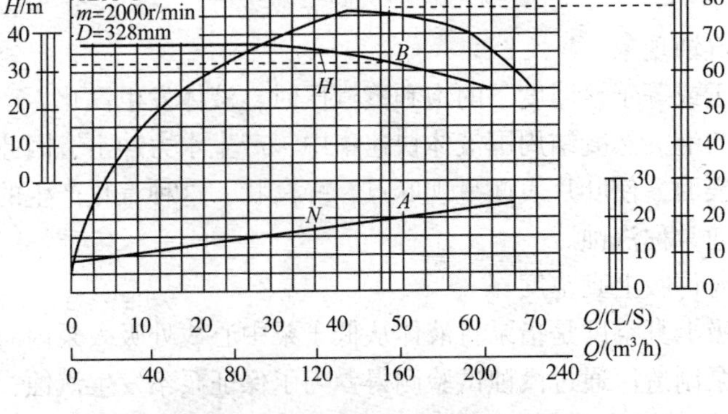

图 7-1 6BA-8 型离心泵特性曲线

（1）流量-扬程曲线

离心泵的流量和扬程之间关系的曲线用 $Q-H$ 表示。如果流量不大时，扬程近似直线，流量增加到一定程度时，扬程开始降低。扬程降低的快慢与该泵的比转数有关，比转数小的下降慢些，比轴数大的下降快些。

（2）流量-功率曲线

离心泵的流量和功率之间关系的曲线用 $Q-N$ 表示。流量增加时功率也增加，增加快、慢与比转数有关。比转数越小，流量增加后功率增加越快；比转数越大，流量增加后功率增加越慢。

流量-效率曲线：离心泵的流量和效率之间关系的曲线用 $Q-\eta$ 表示。

从离心泵的特性曲线我们不难看出，当流量为零时，效率也为零，随着流量的增加，效率也增加，但增加到一定数值后又下降了，开始出现下降时的最高点就叫作高效区。为了提高泵的使用效率，一般要求泵的使用范围在高效区附近工作。

离心泵的性能曲线可以用来确定该泵的工作点，由工作点便可查该泵的流量和扬程。并从离心泵的性能曲线可以分析出在什么工况下泵的效率最高。工程上将效率最高点称为泵的额定点。该点的流量、扬程、功率分别称为额定流量、额定扬程、额定功率。

例：6BA-8 型离心泵的流量 $Q=47.2\text{L/s}$，用图 7-1 查该泵的扬程、功率和效率为多少？

在横坐标找 $Q=47.2\text{L/s}$ 点，作垂线交于功率曲线、扬程曲线、效率曲线的 A、B、C 三点，过各点作平行线，便可得出功率 $N=20\text{kW}$，扬程 $H=33\text{m}$，效率 $\eta=78\%$。

另外，液体密度和黏度也都将对离心泵的性能产生影响。

液体密度对离心泵性能的影响：在正常温度下，若输送液体密度与水的密度不同时，若泵的流量、扬程、效率等参数不变，则轴功率随密度的变化而变化。可用下式计算：

$$N' = N\rho'/\rho$$

式中 N'、N——该泵输送介质和水的轴功率；

ρ'、ρ——该泵输送介质和水的密度。

液体黏度对离心泵性能的影响：若输送黏度很高的液体（如原油、渣油等）则泵的流量减少，扬程降低，功率增加，效率降低。

2. 离心泵的管路特性曲线

所谓离心泵的管路特性曲线是指管路情况一定时（即管路进出口压力、升液高度、管路长度和管径、管件个数及尺寸以及阀门开启度等都已确定），使液体从吸液池开始经过该管路到达管路出口需要由外界给以单位质量液体的能量 L 与经过该管路的流量 Q 间的关系的曲线。

受泵管路情况的影响，泵的性能也将发生改变。又由于管路特性曲线与我们在实际泵的操作中关系不是很大，故在此不多做介绍，只要知道泵的性能受其自身影响外还将受到管路情况的影响即可。

管路特性曲线与泵的特性曲线的交点称为泵的工况点，泵的最高效率点即额定点为最佳工况点。

第三节 离心泵的运行、维护、故障及处理

1. 离心泵启动前的准备工作

① 清扫现场，擦洗泵体及附件，搞好卫生规格化。

② 检查泵体、端面、大盖、泵出口、入口管线、法兰、压力班接头等处有无漏油，油箱部件是否齐全，地脚螺栓有无松动，电机接地线是否良好，防护罩是否把紧，压力表是否完好，联系电气检查变频调整器完好情况，所有问题处理完好并确认。

③ 检查冷却水、排水地沟是否畅通。

④ 轴承部位按三级过滤要求加入32#或46#润滑油，油位控制在油标的1/2~2/3左右。

⑤ 盘车几圈，转动联轴器应轻松且轻重均匀，注意对轮是否有异常现象，泵内有无摩擦声或异常响声，按要求安装好联轴器安全罩。

⑥ 冷油泵或水泵等打开泵入口阀，使液体充满泵，并打开排空阀排出泵内存水和空气。

⑦ 打开压力表阀，多级泵如有平衡管，则应打开平衡管阀门。

⑧ 打开泵体、泵座、油箱、端面的冷却水阀门，给上封油，调节冷却水流量和封油压力适当，注意封油不要给得过大以免抽空，封油要提前脱净水分。

⑨ 热油泵在启动前要缓慢全开入口阀，稍开出口阀，或打开预热阀进行预热，预热速度不超过50℃/h，控制泵体与介质的温差在30℃以下，预热时至少每30min盘车180°。当温度高于150℃以后，应每隔5min盘转一次以防泵轴产生变形。

⑩ 预热时开阀要缓慢，防止预热泵倒转，或者运转泵抽空。

⑪ 高扬程的多级泵稍微打开出口阀门，保证启动流量不低于泵所允许的最小流量，最小流量一般为泵额定流量的30%。

⑫ 带变频调速的泵，应将泵的出口阀门全开，操作室仪表盘流量控制仪表给定信号退至最小位置，“电机”与“仪表阀”控制选择开关置于“电机”位置。

⑬ 联系操作工改好流程。

⑭ 联系电工检查电机并送上电。

⑮ 对于检修电机的机泵，点试电机，检查电机旋转方向是否与泵旋转方向一致。

⑯ 切记关闭出口阀门，目的在于减小电机负荷，不使电机过载。

2. 启动

① 改好流程后关闭出口阀，热油泵还要关闭出口预热线阀，全面检查一次，严禁带负荷启动。

② 按动电钮接通电源启动电机，检查电流大小，声音和振动是否正常，泵有无严重泄漏，如果出现上述情况则应立即停泵，检查外泄。

③ 当泵出口压力达到操作压力后，打开泵出口阀，在出口阀门关闭的情况下，泵运转一般不超过2min，否则液体在泵体内不断被搅拌和摩擦，产生大量热量，导致泵体超温、过热使零件损坏，严重时会造成设备事故。

④ 变频调整泵手动调节流量调节器的给定信号，调整流量至所要求的值。

⑤ 密切注意电机电流和泵出口压力，流量的变化情况，防止泵过负荷或抽空，注意密封的泄漏情况。

⑥ 当泵运行正常后，适当调节泵的各部冷却水和封油量，保证冷却水的排出温度为40℃左右，封油压力比泵的密封腔高0.05~0.15MPa。

3. 正常停泵

① 接到机泵停运通知以后，逐渐关闭出口阀，变频调速泵将流量调节器的给定值调至最小。

② 泵出口阀全关后，按停车按钮停泵。

③ 如泵需检修时，可按以下步骤继续操作。

a. 关闭泵的入口阀。

b. 关闭封油阀门。

c. 热油泵停运后，每隔20~30min盘车180°，进行扫线；冷油泵压油放空；液态烃泵泄压时，应与调度联系；水泵和其他形式的泵放空。

d. 联系电工停电。当泵体温度降至室温时，关闭冷却水。

e. 经检查符合检修安全规定后，联系检修单位检修。

④ 如泵需正常备用时，停运后按以下步骤。

a. 热油泵或其他需要预热的泵适当打开泵的出阀或预热阀保持泵体温度在正常运转温度。

b. 封油视停用时密封腔内的压力适当关小。

c. 冷油泵夏天关闭所有冷却水；冬天保持冷却水低流量，注意防冻；热油泵冷却水根据各部温度适当关小。

d. 热态工作的备用泵，尤其是多级泵，每班要盘车一次，每次至少2~3圈，盘车红点前后位置相差180°，以免泵轴因自重而产生变形。

e. 备用泵满足备用的条件：润滑良好，冷却水畅通，无泄漏，盘车良好，安全附件齐全好用，热油泵处于预热状态，离心泵入口阀开、出口阀关，泵内充满介质。

4. 紧急停泵

① 具备下列情况之一，必须紧急停泵。

a. 泵或电机发生很大的振动或轴向窜动，联轴器损坏。

b. 电机冒烟、有臭味或着火。

c. 电机转速慢，并发出不正常声音。

d. 轴承或电机发热到安全允许极限值。

e. 热油泵或输送易汽化的介质(如液态烃)的泵端面呲开，严重泄漏。

f. 危及人身安全(如电机电气系统漏电)。

g. 其他危急安全生产的情况。

② 马上按停机按钮紧急停机。

③ 迅速关严泵的出口阀、入口阀。

④ 若热油泵泄漏着火，要及时灭火，切断封油阀。

⑤ 停运泵后再按需要做停泵步骤操作。

5. 正常维护

① 经常检查泵出入口压力、流量及电机电流的变化情况，维持其正常的操作指标，严禁泵长时间抽空和在允许最低流量情况以下运转，发现异常及时处理，必要时停泵检查，出

口流量不能用入口阀调节，避免产生汽蚀，抽空、振动。

② 经常检查泵和电机的运转情况和各部位的振动、噪音。

③ 经常检查各部温度变化情况，泵滚动轴承温度不超过70℃(对于滑动轴承温度则不超过65℃)，电机轴承温度不超过70℃。

④ 检查轴封的泄漏情况，有封油的要经常检查封油系统，控制好封油压力使之处于要求值。轴封采用填料密封允许有滴状泄漏，不能将填料压得太紧，以致增加摩擦功耗和轴过早地磨损。检查机械密封时，眼睛不要对准密封面的切线方向，防止介质甩入眼内。

⑤ 对于热油泵的端面泄漏，调节封油操作要缓慢，防止泵抽空。

⑥ 检查润滑：

a. 离心泵的润滑部位是轴承箱内的轴承，润滑油可起润滑、冷却、冲洗、密封、保护、减震、卸荷等作用，保证良好润滑油对泵的运行至关重要。

b. 经常检查润滑油的油质、液面、油温。液面低于油标的一半要加油，发现油品乳化、变质、带水、带杂质应立即更换。油中含水会使油变质或乳化，轴承不能形成润滑油膜失去润滑作用，从而增大轴承摩擦，导致轴承发热并造成损坏。

c. 为了减少机动设备的摩擦阻力、减少零件的磨损、降低动力消耗、延长设备使用寿命，添加或更换润滑油时必须做到："五定"及"三级过滤"。

五定：

定质：依据机泵设备型号、性能、输送介质、负荷大小、转速高低及润滑油(脂)性能不同，根据季节不同选用适宜的润滑油(脂)的牌号。

定量：依据设备型号、负荷大小、转速高低、工作条件和计算结果、实际用量，确定设备所需润滑油量。

定点：保证机泵的每个活动部分及摩擦点达到充分润滑。

定时：根据润滑油(脂)性能与设备工作条件、负荷大小及使用要求，定时对设备输入一定润滑剂。

定人：油库、加油站及每台设备由专人负责定时、定量加油。

"三级过滤"：油桶放油过滤、小油罐或小油桶放油过滤、注油器加油过滤。

⑦ 检查冷却：

a. 泵的冷却流程：轴承箱水套冷却水带走轴承摩擦产生的热量，降低轴承温度；密封压盖冷却水用以带走机械密封摩擦及软填料与轴套摩擦产生的热量，并带走从轴封渗漏出来的少量液体；冷却泵的支座，以防止因热膨胀而引起与电动机同心度偏离；填料水套冷却水用以降低填料函温度，改善机械密封工作条件，延长其使用寿命。

b. 在机泵的运行中要经常检查冷却水系统的流量和温度，保证水流畅通，冷却效果良好，无过热现象，热油泵严禁在冷却水中断的情况下运行。

⑧ 检查电流表、电压表、压力表等仪表是否正常。

⑨ 检查地脚螺栓和各零部件是否坚固。

⑩ 当发现运行参数超标等异常情况时，应及时查明原因，并联系处理。

⑪ 检查阀门的开关情况和开度。

⑫ 检查吸入侧和排出侧的液面变化和管路是否漏气、漏液等。

⑬ 备用泵必须保持完好备用状态，按规定盘车，确保机泵能随时启动。

盘车的意义：

a. 在开泵前盘车是为了检查机泵运转系统是否正常，有无卡死，刮磨现象，对重质油泵检查内部有无冻凝现象。

b. 对停用泵盘车是为了防止泵轴发生弯曲、变形和零部件锈蚀，按时盘车可以使机泵处于随时可以启动状态。

盘车的规定：对机泵盘车应做到每班 1 次，每次为 3~5 圈，但轴最后静止时的位置与盘车前相差 180°。开泵前一般盘车 3~5 圈，

⑭ 一般备用泵应每月底定期启动试运转一次。

⑮ 特殊及重要的机泵要注意定期检查并更换不合格的零部件、清洗管路及各阀门、过滤器。

⑯ 搞好环境卫生规格化，保证机泵各部处于完好状态，并及时处理好机泵各部的泄漏点。

⑰ 在冬季，尤其是在室外的泵，应注意做好防冻防凝工作，在停车后要放出泵内液体（如工艺允许时），并采取必要的保暖措施防冻。

⑱ 长期停用的泵，应将泵拆开来，擦去水渍、铁锈，在加工面和螺栓上涂上保护油，再装起来，做好妥善的保管工作。

⑲ 对于检修好的泵，应及时联系送电，加油试运，对于准备检修的泵要及时停电。

⑳ 按要求认真填写机泵运行和操作记录。

6. 机泵切换

① 将泵出口流量控制由自动改为手动。

② 按正常启动程序启动备用泵。

③ 当备用泵运行正常后，逐渐打开备用泵的出口阀，同时关闭原运行泵的出口阀。直至备用泵出口阀全开，原运行泵出口阀全关（高扬程多级泵关至最小流量限制值偏上）。

④ 在开、关出口阀的过程中要密切注意两泵的电机电流、压力、流量的变化，防止大幅度波动、抢量、抽空。出现异常情况要及时处理完后才可按以上步骤继续切换泵。

⑤ 按停车按钮，按正常步骤停运原运行泵。（注意：原运行泵不可长时间关出口阀运行。）

⑥ 高扬程多级泵关死泵的出口阀。

⑦ 停泵后做好停运泵的善后工作。

⑧ 确认运行正常后，将出口流量改由“自动控制”。

7. 重点注意事项

① 一般离心泵启动前必须关闭出口阀，高压离心泵（工作压力>6MPa）的排出阀在启动前可稍开一些。

② 热油泵在启动前要使泵预热到工作状态，预热时要严格控制预热流量，防止泵倒转和运行泵抽空。

③ 热油泵以及输送温度高于 120℃ 液体的泵，运行时必须保证有冷却水供应，注意轴承部位的冷却。

④ 热油泵停运检修，刚停运时严禁用冷水浇泵，防止热胀冷缩，必须保持冷却水不中断，保证 15~30min 盘车一次。

⑤ 打封油的泵，封油压力至少高出泵密封腔压力 0.05~0.15MPa。

⑥ 启动前要使泵内灌满液体，必须绝对避免空运转。

⑦ 泵在冬天必须做好防冻防凝工作。

⑧ 检查吸入侧和排除侧的液面变化和管路是否漏气、漏液。

⑨ 检查阀门的开关情况和开度。

8. 热油泵的预热和降温

① 凡备用热油泵，平时均需处于热备用状态。即将运行泵出口的高压垫油通过备用泵出的预热管，逆向通过泵入口线，使备泵泵中物料始终处于流动状态，以保证备用泵随时可以启动。入口管进入运行泵，以利切换泵时随时可以启动。

② 预热时将泵的填料箱(大盖)、轴承箱、泵座冷水套通入冷却水，必要时应打上少量封油。

③ 无预热线的热油泵应将热油从泵出口线直接进入泵内，通过入口管路进行预热。但阀的开启大小要适当，绝对不允许泵倒转。

④ 预热过程中，每隔 15~20min 盘车 180°，以避免主轴弯曲。并保持升温速度在 50℃/h 左右，如发生紧急情况可用蒸汽在泵外部进行辅助预热，以提高和加快预热速度。

⑤ 在预热时若运转泵发生抽空现象，则立即停止预热，待抽空处理正常方可继续进行预热。

⑥ 热油泵预热或抽空时严禁打开放空阀放空。

⑦ 热油泵停运后关闭泵的出口阀、预热阀、入口阀，保持机泵各部冷却水，待各部温度下降至正常温度后关闭密封油。

⑧ 降温时不允许用冷水浇淋泵体，防止热胀冷缩不均匀。

⑨ 降温时每隔 15~30min 应盘车 1 次 180°，直至泵体温度降至 100℃以下。

9. 机械密封的使用与维护

① 启动前的准备工作：全面检查机械密封，包括安装是否正确，反冲洗设施是否齐全，事先应灌泵，进行静压试验，若有泄漏，应重新修理。对泵应进行盘车，检查是否轻快均匀，有无摩擦现象，否则应进行处理。

② 运转中的操作：操作压力波动应不大于±0.1MPa 应避免发生抽空现象，以免造成密封面干摩擦，导致密封失效。密封情况要经常检查，当超过泄漏标准时应停泵检修。机械密封的泄漏标准：重质油≤5 滴/min，轻质油≤10 滴/min。

③ 启动与停运：启动时应注意密封的泄漏情况，如泄漏较轻，可注意观察一段时间，如无好转应停泵检修，检查冲洗设施是否好用。

④ 高温泵的机械密封要用水冷却：由于高温泵的介质温度很高且机械密封运转时会产生大量的摩擦热，这样机械密封处在一个温度很高的环境中，如不将这些热量带走，就会造成密封件受热变形、松脱，密封面介质汽化导致干摩擦，弹性元件失弹，介质结焦而泄漏，因此泵盖及密封压盖需通冷却水。

10. 故障处理

(1) 抽空(不上量)

① 现象：

a. 出口压力较低或波动较大；

b. 泵振动较大；

c. 噪音大；

d. 泄漏量大；

e. 电流波动。

② 危害泵抽空就是不上量，当泵抽空时，将产生振动影响操作，严重时可造成动静摩擦、断轴或机械密封失效引起泄漏。尤其是：

a. 吸入管、轴封漏气、封油过大或带水；

b. 泵体内有气体或水；

c. 未灌泵或泵未灌满；由于泵体内和吸入管内气体未排尽，入口阀失灵或损坏，吸入系统严重漏损；

d. 汽蚀：由于吸入液面过低，液体温度高压力低，黏度过大，吸入管路(过滤网、吸入阀、吸入管)堵塞或失灵，吸入管太细或太长使吸入管路阻力增大，叶轮入口堵塞等原因发生汽蚀而抽空；

e. 机械原因：泵叶轮脱落或反转、腐蚀或损坏。

③ 处理：

a. 更换轴套或盘根；

b. 适时、适量的打入封油，加强脱水；

c. 重新灌泵打开低点放空排除空气；

d. 检查入口阀及吸入系统，清除异物，消除漏点；

e. 降低介质温度，提高介质压力；

f. 检查测定，减小液体黏度、重度；

g. 更换叶轮或改变叶轮转向，更换或检修泵轴；

h. 检查电压是否太低，使其达到额定转速；

i. 切换至另一台泵。

(2) 泵出口压力低及流量低

① 现象：扬程和流量降低。

② 原因：

叶轮：装反或反转，部分堵塞，腐蚀或损坏；

转子：轴向位移增大，口环、平衡盘、衬套、轴套等磨损造成密封间隙增大；

吸入管路系统：未灌泵、漏气、泵内空气积存，吸入管未浸深或液面上有漩涡潜入空气；

液体：黏度大或液体中含气量多；

其他：转速不够，泵体内级间坚固件不合适或损坏。

③ 处理：

a. 停泵调整叶轮或电机转向，清洗或检修叶轮；

b. 停泵调整间隙；

c. 停泵检修吸入管路，重新灌泵或排气或联系提高吸入容器液位；

d. 联系分析工采液体样化验分析，保证液体黏度在规定范围内；

e. 联系钳工、电工检查泵转速，检修泵内坚固件。

(3) 流量低

① 原因：

a. 排出阀未全打开；

b. 泵后出口系统堵塞，单向阀失灵；
c. 系统排出系统扬程增大；
d. 液体黏度大于规定值；
e. 转速太低；
f. 漏液；
g. 叶轮堵塞、磨损、腐蚀。
② 处理：
a. 全开排出阀；
b. 检修单向阀，清洗出口系统；
c. 调整扬程；
d. 联系分析工采液体样化验分析，保证液体黏度在规定范围；
e. 联系检查机泵转速；
f. 检查处理泄漏点；
g. 清洗、检查、更换叶轮。
(4) 泵出口压力增大(见表7-1)

表7-1　泵出口压力增大的原因及处理

原因	处理
出口管线堵	蒸汽吹扫
出口阀芯掉	检修更换
出口阀未打开	打开出口阀
油内含水量多	加强脱水
压力表失灵	更换压力表
单向阀失灵	停泵检修更换

(5) 泵出口压力指示不准(见表7-2)

表7-2　泵出口压力指示不准的原因及处理

原因	处理
压力表失灵	更换
引压管内油品凝结	蒸汽吹扫
压力表超压损坏	更换
阀开度不合适	检查阀位
量程不合适	更换
流量不稳	查明原因，调稳流量

(6) 气蚀
① 现象：泵有振动、噪声，流量减小，扬程下降，效率降低。

② 原因：

a. 吸入液面下降或灌注高度不够；

b. 吸入液体温度升高或吸入压力使泵入口压力降低，使泵入口压力达到液体在输送温度下的饱和蒸气压；

c. 吸入管路(底阀、滤网、吸入阀、吸入管)堵塞或失灵，吸入管太细太长；

d. 叶轮入口堵塞；

e. 吸入侧(塔、容器、大气)压力降低；

f. 液体黏度大于设计值。

③ 处理：

a. 泵的吸入高度或灌注头应按规定的数值选择，生产过程中必须保证这一数值；

b. 联系调整液体温度、压力、黏度，使之符合规定；

c. 清洗、检修吸入管路和叶轮入口；

d. 泵叶轮材料采用防腐蚀材料，零件制造时表面应具有足够的光洁度。

(7) 离心泵轴承温度高

标准：对于滚动轴承，温度不得超过 70℃；对于滑动轴承，温度不得超过 65℃。

危害：轴承温度高一是会造成滚动轴承游隙变小或消失，不利于轴承的润滑，温度会变得更高，严重时导致轴承烧死，而对于滑动轴承则会造成乌金熔化；二是造成润滑油变质。离心泵轴承温度高的原因及处理方法见表 7-3。

表 7-3 离心泵轴承温度高的原因及处理

原因	处理
泵轴与电机不同心，振动太大	同心度找正，检修
润滑油过多或过少，油变质、油带水	更换润滑油，调整油量
冷却水量小或中断	加大冷却水

(8) 离心泵振动

标准：当泵转速 1500r/min 时，允许振动值为 0.09mm。当泵转速在 1500~3000r/min 时，允许振动值为 0.06mm。

原因：流量较小、介质温度高、产生汽蚀、轴弯曲、动静平衡不好，轴承损坏，同心度差，地脚螺丝松动，转动与静止部分产生摩擦等都造成泵的振动。

处理：如是操作原因应及时调整，如流量过小要适当打开回流阀，如发生汽蚀应采取相应措施，如是泵本身故障要停泵检修。

(9) 机械密封漏损

① 原因：

a. 窜轴；

b. 动静环密封面变形；

c. 动静环装偏，密封面有杂物进入；

d. 密封老化、损伤，方向装错，过盈不够，装偏；

e. 弹簧偏心、折断、卡涩等。

② 处理：

a. 停泵联系钳工检修；

b. 平稳操作，避免抽空；

c. 适当调整密封油压力并保证畅通。

(10) 填料密封漏

① 原因：

a. 中心未对正、轴弯曲或轴瓦磨损；

b. 转子不平衡；

c. 填料与轴套磨损；

d. 底环间隙大，填料被挤入缝隙而磨坏，或填料压盖不合适；

e. 填料规格不合适或少装填料等；

f. 泵振动大、径向跳动太大、填料箱冷却水或封油停止都可能使填料损坏；

g. 泵抽空。

② 处理：

a. 联系钳工找正中心，检修转子、轴承、底环压盖等；

b. 按要求更换填料；

c. 保持冷却水、封油正常供应；

d. 处理泵抽空。

(11) 泵运转杂音增大(见表 7-4)

表 7-4　泵运转杂音增大原因及处理

原因	处理
轴承失效	更换
叶轮松动	检修
抽空	查明原因，调整操作或检修
叶轮磨损或转子弯曲变形	检修
流量太小	调整操作
联轴器不同心	找正
有杂物进入	消除干净

(12) 泵盘不动车(见表 7-5)

表 7-5　泵盘不动车的原因及处理

原因	处理
油品凝固	吹扫预热
长期不盘车、锈死	加强盘车或检修
动静摩擦或卡住	检修
轴严重弯曲	检修更换
轴承烧死	检修更换

(13) 泵体发热(见表 7-6)

表 7-6 泵体发热的原因及处理

原因	处理
出口不通或出口阀关严时间太长	应保证流程畅通
单向阀失灵、关闭	检修
介质温度高	降低介质温度
动、静部分摩擦	检修
冷却水中断	开大冷却水

(14) 泵轴承箱内有水存在(见表 7-7)

表 7-7 泵轴承箱内有水存在的原因及处理

原因	处理
冷却水套泄漏，水进入轴承箱内	检修
轴承箱上呼吸孔进水(如用水冲泵、下大雨等)	更换防水呼吸阀
压盖冷却水沿轴串至轴承箱内	及时换油、检修

(15) 轴位移过大(见表 7-8)

表 7-8 轴位移过大的原因及处理

原因	处理
安装不合适	重新安装调整
平衡装置失灵或损坏	检修
轴承失效	检修更换

(16) 电机超载

① 启动超载：

a. 出口阀未关；

b. 盘车检查不仔细；

c. 抱轴：填料过紧，润滑不良，封油中断引起填料烧坏，平衡盘与平衡板黏合，泵内零件锈蚀，配管对泵体作用力过大，泵体变形，中心未找正，轴弯曲，窜动。

d. 液体黏度、密度大于规定值，总扬程太高，流量过大；

e. 转向相反或转速过高；

f. 泵预热不均匀；

g. 空运时间太长；

h. 电网电压低。

② 运转时超载：

a. 润滑油太多或太少，含水量大、变质，不符合规格等引起轴承烧坏；

b. 系统压力升高，流量大；

c. 填料补压过紧，流量大；

d. 液体密度大于规定值或凝固；

e. 系统电网电压下降。

③ 处理：

a. 停泵检查，调整间隙和盘根压差，中心找正；

b. 检查入口和出口压力变化情况，调整流量，按操作规程操作；

c. 分析液体密度、黏度和润滑油性质，使之符合要求；

d. 联系相关岗位调整系统压力、温度；

e. 联系电工检查处理。

(17) 电动机不能启动

① 原因：

a. 电源未接通；

b. 短路保护动作；

c. 电机跑单相；

d. 定子线圈开路；

e. 转子开裂或鼠笼环断条太多。

② 处理：

a. 联系电工合上主刀闸，检查启动按钮；

b. 联系电工查明引起短路的原因并重新复位；

c. 全面检查机组系统，检查处理机组的动静配合及启动负荷，尽量避免启动负荷过大；

d. 联系电工停电检修电机。

(18) 电机发热

① 原因：

a. 电机超负荷；

b. 电压超低，电流过大；

c. 定子内线绕阻短路；

d. 电机轴承润滑脂不够；

e. 轴承磨损，转子与定子磨损。

② 处理：

a. 降低流量或更换大电机；

b. 降低泵负荷；

c. 联系电工处理；

d. 联系加润滑脂；.

e. 联系更换轴承，处理转子。

(19) 电机跳闸

① 原因：

a. 电网电压低造成电机电流高；

b. 机组超负荷；

c. 定子线路短路。

② 处理：

a. 降低负荷；

b. 联系电工检查处理。

(20) 电机振动

① 原因：

a. 对轮松动，联轴器损坏，地脚螺栓松动，泵与电机不同心或轴弯曲；

b. 轴承间隙大或损坏，转子不平衡；

c. 叶轮抖动或叶轮内有杂物；

d. 泵抽空；

e. 轴承箱内油太多、太脏或有水分。

② 处理：

a. 停泵联系钳工或电工处理；

b. 处理泵抽空。

(21) 轴承过热

① 现象：轴承箱发热，轴承箱内有杂音、振动。

② 原因：

a. 轴承本身故障损坏；

b. 轴承工作条件不良，转子不平衡，中心未找正，轴弯曲、窜轴、松动；

c. 冷却水中断、堵塞、供水不足、结垢和淤塞都会影响冷却效果，使轴承发热导致损坏(过冷也会使轴承损坏)；

d. 润滑油油质不好，油路不通，油压不足或油太多；

e. 甩油环脱落或断裂。

② 处理：

a. 联系钳工更换轴承，检查处理轴承工作条件；

b. 检修冷却水系统，适当加大冷却水量；

c. 适当放掉、补充或更换润滑油，检修润滑油路；

d. 联系钳工修理调整甩油环。

(22) 窜轴：

① 现象：轴承箱发热、密封溪流、振动、噪音大。

② 原因：

a. 因泵抽空或半抽空造成流量不稳定；

b. 止推轴承间隙过大或固定不好；

c. 平衡管堵塞。

② 处理：

a. 适当调节入口阀，使流量稳定，稳定电机电流。

b. 联系钳工检查调整轴承间隙或更换平衡管。

(23) 润滑油(脂)变质

① 原因：

a. 外购润滑油(脂)质量不合格；

b. 润滑管理制度不落实，导致杂质和水随油(脂)带入油系统。

c. 轴承箱润滑油(脂)与其他介质窜漏；

d. 轴承温度过高，使之氧化变质；

e. 轴瓦磨损、磨屑进入润滑油(脂)中；

f. 轴承箱或油系统未清除干净。

② 处理：

a. 联系供应单位控制好润滑油(脂)入厂质量；

b. 严格按润滑管理制度更换合格油品；

c. 停泵联系处理产品更新换代漏点；

d. 停泵联系检修轴承、清洗轴承箱和油杯；

e. 消除轴承温度升高因素。

11. 记录

① 对运行泵应按规格要求，定时准确记录各运行参数和操作变更及事故处理情况。

② 备用泵应按规定和要求检查油位是否符合要求，定时盘车，使泵处于备用状态，并做好记录。

③ 记录保存完好、整洁，以备查找。

第四节　其他类泵操作法

一、旋涡泵的操作

1. 启动前的准备工作

① 清扫现场，擦洗泵体及附件，搞好卫生规格化。

② 检查泵体、端面、泵出入口管线、法兰、压力表等处有无泄漏，是否处于完好状态。

③ 检查地脚螺栓是否松动。

④ 检查冷却水系统是否畅通。

⑤ 检查泵轴承内是否有黄油，每次开车前将黄油杯拧进3~4圈。

⑥ 盘车几圈，用手转动联轴器应轻松且轻重均匀，注意对轮是否有异常现象，泵内有无摩擦声，按要求安装好联轴器安全护罩。

⑦ 打开吸入口阀门，关闭出口压力表阀，打开放空阀，排除入口管线及泵内气体，然后关闭放空阀(冬季有保温蒸汽的要开蒸汽阀)。

⑧ 全开出口管阀门(如设有旁路，打开旁路阀门，对旋涡泵而言，调节流量一般采用旁路调节方式)。

⑨ 点试电机，检查旋转方向是否正确。

⑩ 联系岗位操作员改好流程。

2. 启动

① 联系电工送电；

② 按下电钮；

③ 开启压力表阀；

④ 用旁路调节流量适量（如未设旁路，则在启动电机的同时，打开出口管路闸阀，调整出口管路闸阀到需要位置）。

3. 正常停泵

① 接到停泵通知后，打开旁路阀，关闭压力表阀；

② 按停泵按钮停泵（如未设旁路，则停电机迅速关闭出口闸阀）；

③ 关闭吸入口阀；

④ 关闭旁路阀；

⑤ 有保温蒸汽的要关闭蒸汽阀；

⑥ 短时间停车，如环境温度低于液体凝点，要放尽液体。长期停车，应将泵拆卸，清洗重装后妥善保管。

4. 正常维护

① 经常检查出入口压力、流量及电机电流的变化情况，发现异常及时处理，出口流量采用旁路调节；

② 经常检查电机和机泵的运转情况：发热、振动、密封、噪音等；

③ 经常检查润滑情况：油温、油质、油面等；

④ 发现异常，及时查明原因，并联系相关人员处理。

5. 故障处理

（1）泵打不上液体

① 原因：

a. 端面密封间隙大；

b. 管路阻力大。

② 处理：

a. 联系钳工调整端面间隙；

b. 清理管路。

（2）流量低于额定值

① 原因：

a. 端面间隙大；

b. 吸入管路堵塞或不严，吸入了空气。

② 处理：

a. 联系钳工调整端面间隙；

b. 检查清理管路，消除密封不严点。

（3）泵体发热

① 原因：

a. 使用不当，泵的额定值流量大，而实际流量小；

b. 泵的中心偏斜或泵内发生摩擦；

c. 发生汽蚀或抽空现象；

d. 轴承磨损。

② 处理：

a. 检查泵的排量情况，保证排量不低于额定流量的2/3；

b. 联系钳工检查对中情况，排除泵内摩擦现象；

c. 排除气蚀和抽空(参见离心泵气蚀和抽空处理)；

d. 联系钳工检查、更换轴承。

(4) 轴承发热

① 原因：

a. 泵轴与电机轴不同心；

b. 润滑油少或油脏。

② 处理：

a. 联系钳工校正同心度；

b. 加油或换油。

(5) 电机发热

① 原因：

a. 使用功率大，扬程高；

b. 管路阻力大，泵内有杂物使流道堵塞；

c. 机械密封损坏或填料压得太紧。

② 处理：

a. 调整扬程；

b. 清理管路；

c. 联系相关人员检查密封，进行修理或调整。

二、计量泵的操作

1. 启动前的准备工作

① 搞好卫生规格化，新泵开车前洗净泵上防腐油脂或污垢，洗时应用煤油擦洗不可用力刮。

② 检查机座传动箱内油液位情况，油液位不能低于最低液位刻度值，油一般采用VG46，安全补油阀组和泵缸腔内隔膜腔内注入变压器油。

③ 盘支联轴器，使柱塞前后移动数次，不得有任何卡住现象，对于中间无联轴器的计量泵，卸下电动机顶部护罩，用手转动电机风扇叶片，使柱塞往复两次以上，检查运动部件是否运转灵活，按要求安装后顶部护罩。

④ 打开排出管阀门、吸入管阀门、旁路线，将调解行程调至“0”位。

⑤ 关闭压力表阀门。

⑥ 点试电机，观察电机旋转方向是否与规定相符。

2. 启动

① 启动电机，泵投入运行；

② 开启压力表阀；

③ 根据工艺要求，调节泵柱塞行程来调节流量。

3. 柱塞行程调节方法

① 采用手动调节行程，旋转手轮，可调节柱塞往复行程范围 0~100%。

② 行程调节可在停车或运行中进行，泵的流量需在行程调节后 1~3min 才能稳定，且随行程长度变化，行程长度变化越大，流量稳定所需时间越长。

③ 行程调节量大小可由旋转手轮内的调量表值反映。

④ 逆时针方向旋转调节转盘时，泵的往复行程长度增大；顺时针方向旋转调节转盘时，泵的往复行程长度减小。必须注意在调节过程中，应按逆时针方向旋转调节转盘为有效方向。若需要顺时针方向调节时，则必须先顺时针方向超过所需指针刻度值，然后再逆时针按有效方法旋转调节转盘到所需指针刻度值。

⑤ 旋转调量时，应注意不得过快和过猛。

4. 隔膜式计量泵的膜腔注油操作

① 开车前，先打开安全补油阀盖，用手压紧补油阀杆往膜腔里充油，同时排出膜腔内的气体，直到气泡不再往上冒为止。

② 开车后，在泵的柱塞作吸入运动时(此时，排出管道内无压力)，用上述方法将补油阀杆压开，运作数次，使安全阀跳开，让安全阀处的空气排出，直到气泡排尽为止。此时泵应运转平稳，若有冲击声或振动现象，说明油量过多，则应在柱塞作排出运动时，用手轻压补油阀杆作多做短时的排油，使多余的油排出，直至振动或冲击声消除后泵运转平稳为止。

5. 停泵

① 按停泵按钮，电机停止运行；

② 关闭进出口阀门。

6. 切换

① 按正常程序启动备用泵；

② 当备用泵运行正常后，调节好行程和流量；

③ 按停泵按钮，停运原运行泵；

④ 关闭原运行泵的进出口管道阀门。

7. 故障处理

(1) 完全不排液

① 原因：

a. 吸入高度太高；

b. 吸入管道堵塞；

c. 吸入管道漏气。

② 处理：

a. 降低安装高度；

b. 清洗疏通吸入管道；

c. 压紧或更换法兰垫片。

(2) 排液量少

① 原因：

a. 吸入管道局部堵塞；

b. 吸入或排出阀内有杂物卡阻；

c. 充油腔内流量不足或过多；

d. 充油腔内有气体；

e. 补偿阀或安全阀漏油；

f. 泵阀磨损关闭不严；
g. 转送不足。
② 处理：
a. 疏通吸入管道；
b. 清洗吸入阀和排出阀；
c. 人工补油使安全阀跳开排气；
d. 经补偿作人工补油或排油；
e. 对安全阀和补偿阀(杆、套)研磨；
f. 修理或更换阀件；
g. 检查电机电流和电压。
(3) 出口压力波动
① 原因：
a. 吸入阀、出口阀内有杂物卡住；
b. 出口管线连接处漏液；
c. 安全阀或补偿阀动作失灵、漏油。
② 处理：
a. 清洗入口阀、出口阀；
b. 检查连接处漏液情况，进行拧紧或更换热片等处理；
c. 按安全补油阀组的调试方法进行调整。
(4) 计量精度不够
① 原因：
a. 充油腔内有残余气体；
b. 安全阀或补偿阀动作失灵；
c. 柱塞密封填料漏液；
d. 隔膜片永久变形；
e. 入口阀或出口阀磨损；
f. 电机转速不稳定。
② 处理：
a. 人工补油使安全阀跳开排气；
b. 按安全补油阀组的调试方法进行调整；
c. 调整或更换密封圈；
d. 更换隔膜片；
e. 检修或更换入口、出口阀；
f. 检查电流、电压情况。
(5) 运转中有冲击声
① 原因：
a. 传动零件严重磨损或松动；
b. 吸入高度过高；
c. 吸入管道漏气；

d. 隔膜腔内油量太多；
e. 介质中有空气；
f. 吸入管径太小。
② 处理：
a. 联系钳工检修更换零件或拧紧松动螺钉；
b. 降低安装高度；
c. 压紧吸入法兰；
d. 轻压补偿阀作人工瞬时排油；
e. 排出介质中空气；
f. 增大吸入管径。

三、齿轮泵操作

1. 泵启动前的检查
① 泵的各紧固件是否牢固；
② 主动轴是否运转灵活；
③ 进出管道的阀门是否打开；
④ 泵的旋转方向是否符合要求(从泵端向电机看，旋转方向逆时针)。
2. 启动和维护
① 联系电工停电，启动电机。
② 注意泵的压力及真空表的读数应符合该泵所规定的技术参数。
③ 检查填料函的工作情况，若发生泄漏，视其程度将压盖拧紧，但不允许拧得过紧，以免填料函剧烈发热和密封圈迅速磨损。
④ 当泵的运转中不正常的噪音或温升过高时，应立即停止泵的工作，进行拆修。
⑤ 安全阀一般不得任意调整，确需调整时，必须用仪器校正，封油压力为 0.46MPa。
3. 停泵
① 切断电源；
② 关闭进出口管道的阀门。
4. 故障处理
(1) 不排液或排液量少
① 原因：
a. 吸入高度超过额定值；
b. 吸入管道漏气；
c. 旋转方向不对；
d. 吸入管道堵塞或阀门关闭；
e. 安全阀卡死或研伤；
f. 液体温度低而黏度大。
② 处理：
a. 提高吸入液面；
b. 检查各接合处，最好加石棉等密封材料加以密封；

c. 调整泵的旋转方向；

d. 清理管道，全开阀门；

e. 拆开安全阀，清洗并用细研磨砂研磨阀孔，使其吻合；

f. 预热液体，如不可能则降低排出压力或减少排出流量。

(2) 密封漏油

① 原因：

a. 轴封处未调整好；

b. 密封圈磨损而间隙增大；

c. 机械密封动静环的摩擦而损坏或有毛刺、划痕等缺陷；

d. 弹簧松弛。

② 处理：

a. 重新调整；

b. 适量拧紧调节螺母或更换密封圈；

c. 更换动静环或重新研磨；

d. 更换弹簧。

(3) 噪音或振动大

① 原因：

a. 吸入管或过滤网堵塞；

b. 吸入管伸入液面较浅；

c. 管道内进入空气；

d. 排除管道阻力太大；

e. 齿轮轴承或侧板严重磨损；

f. 吸入液体黏度太大；

g. 吸入高度超过额定值。

② 处理：

a. 清除过滤网上污物；

b. 吸入管应伸入液池深处；

c. 检查各连接处使其密封；

d. 检查排出管路和阀门；

e. 更换轴承或侧板。

第五节　电　　机

1. 常减压装置常用电机

常减压装置按爆炸危险场所划分为 2 区，即在正常操作时，预计不会出现爆炸性气体环境，即使发生也仅可能是不频繁并短时出现。因此，泵的电机必须选用防爆电机，防爆电机的形式有：隔爆型、增安型、正压型、无火花型。目前增安型、正压型、无火花型均不能成系列生产供货，只有少量的试制产品，因此在装置上大量使用隔爆型电机。

2. 常用电机型号含义

(1) JBO-315S-2W(KB)

J——交流异步电动机；

B——隔爆；

O——封闭式；

315——电动机中心高315mm；

S——机座长度(S—短，M—中，L—长)；

2——电动机级数为2级；

W——户外型，TH表示湿热型，没有标注为普通型；

KB——矿用防爆。

(2) $YB160M_2-4$

Y——异步电动机；

B——防爆型；

160——机座中心高(mm)；

M——中机座；

2——第二种铁心长度；

4——级数。

3. 电动机运行中应注意的问题

为保证电动机的安全运行，日常的监视、维护工作很重要。电动机的运行状况会通过电流表指示，温度高低、声响变化等方面表现出来。因此只要注意监视，异常情况是可以及时发现的。除了规程所规定的监视、维护项目外，这里要强调注意以下几点：

(1) 电流、电压

正常运行时，电流不应超过允许值。一般电动机只在一相装电流表，对低压电动机，如有必要，可用钳形电流表分别测三相电流。电流最大不对称度允许为10%。检查电压，一般借用电动机所接的母线电压监测。电压可以在额定电压的10%～-5%的范围内变动，电压的最大不对称度允许为5%。

感应电动机启动时电流大的原因：

当合闸瞬间转子因惯性还未能转起来，旋转磁场以最大切割速度——同步转速切割转子绕组，使转子绕组感应起可能达到的最高电势，因而，在转子导体中流过很大的电流。这个电流产生抵消定子磁场的磁通，就像变压器二次磁通要抵消一次磁通的作用一样。定子为了维持与该时电源电压相适应的原有磁通，遂自动增加电流。因此时转子的电流很大，故定子电流也增加得很大，甚至高达额定电流的4～7倍，这就是启动电流大的缘由。

启动后为什么电流会小下来呢？随着电动机转速增高，定子磁场切割转子导体的强度减少，转子导体中感应电势减小，转子导体中的电流也减小，于是，定子电流中用来抵消转子电流所产生的磁通影响的那部分电流也减小，所以定子电流就从大到小，直至正常。

(2) 温度

除了电动机本身有毛病如绕组短路、铁芯片间短路等可能引在局部高温之外，由于负载过大、通风不良、环境温度过高等原因，也会引起电动机各部分温度升高。绕组的温度可以用电阻测温或用电动机制造时预先埋入的热电偶来测定。铁芯、轴承和滑环等部分的温度可以用酒精温度计测量。运行中有必要时，可在电动机外壳贴酒精温度计监视温度，但控制温度应低于电动机的最高允许温度值。关于温升的允许值，应参照有关规程规定或厂规定。

(3) 音响、振动、气味

电动机正常运转时，声音应该是均匀的，无杂音。振动应根据电动机转速控制在规程规定的允许值之内。凡用手触摸轴承部位觉得发麻，说明振动已很厉害，应进一步用振动表测量。如电动机附近有焦臭味或冒烟，则应立即查明原因采取措施。

(4) 轴承工作情况

主要是注意轴承的润滑油情况，温度是否过高，有无杂音。大型电动机要特别注意润滑油系统和冷却水系统的正常运行。

4. 引起感应电动机的振动和噪音的原因

电动机正常运转时也是有响声的，这声音由两个方面引起：一是铁芯硅钢片通过交变磁通后因电磁力的作用发生振动，二是转子的鼓风作用。但是这些声音应该是均匀的。如果发生异常的噪音或振动，就说明存在问题。

(1) 电磁方面原因

① 接线错误。如一相绕组反接，各并联电路的绕组匝数不等的情形等。

② 绕组短路。

③ 多路绕组中个别正路断路。

④ 转子断条。

⑤ 铁芯硅钢片松弛。

⑥ 电源电压不对称。

(2) 机械方面原因

① 基础固定不牢。

② 电动机和被带机械轴心不在一条直线上(中心找得不正或靠背轮垫圈松等)。

③ 转子偏心或定子槽楔凸出使定子、转子相擦(扫膛)。

④ 轴承缺油，滚动轴承钢铁损坏，轴承和轴承套摩擦、轴瓦座位移。

⑤ 转子上风扇叶损坏或平衡破坏。

⑥ 泵的不正常振动引起电动机振动。

5. 电机的自启动

所谓自启动，就是当正常运转中的电动机，其电源瞬时断电或低电压发生后电机还能自发地正常启动，就称自启动。

电机启动电流是额定电流的 4~7 倍，如果一个装置的所有电机都装自启动，当失电后恢复电源的瞬间所有电机在同一时间内启动，强大的启动电流对变压器和整个网络造成很大冲击，引起整个供电网络波动，会造成非常严重的后果，所以在装电机自启动保护时，要经过严格的计算，只是对少数的关键设备才考虑自启动保护。

6. 电机线圈烧坏原因

通常电机都有短路保护和过负荷保护，均属于过电流保护。前者一般采用熔断器保护，后者采用热继电器或过电流继电器保护。虽然装设了这些保护设备，但烧毁电动机的现象还是不能避免。

① 电动机保护设备是在电机已经产生电流后才开始动作，如电机内部产生短路，强大的短路电流使熔断器熔断，但电机已被大电流烧毁。

② 电机的保护设备既要躲开过大额定电流 4~7 倍的启动电流，又要满足电流超过额定值能使保护设备动作，故电机的保护设备具有反时限特性——电流越大，动作时间越短，电流越小，动作时间越长。

当电机电流已超过额定值，但动作时间还没有到，保护设备还没有动作，这时电机绕组已过热绝缘已烧毁，如轴承咬死，电机二相运转等都可能使电机烧毁。

③ 保护设备选择不当，整定值计算误差或保护设备失灵都会引起电机烧毁。

第八章　冷换设备

第一节　概　　述

对于燃料型炼油企业，原油蒸馏装置能耗占炼油综合能耗的比例很高，通常在15%以上，是全厂能耗大户。做好换热网络的优化和强化换热设备的换热效果，是降低工艺过程用能的有效手段，对于提高全厂热量利用率和经济效益具有重要意义。

一、冷换设备应满足的基本要求

根据工艺过程或热量回收用途的不同，冷换设备应满足以下各项基本要求：

(1) 能够合理地实现所规定的工艺条件

传热量、流体的热力学参数(温度、压力、流量等)与物理化学性质(密度、黏度、腐蚀性等)是工艺过程所规定的条件。

(2) 安全可靠

冷换设备的强度、刚度、温差应力以及疲劳寿命，应该满足相关的规定及标准，这对保证设备的安全可靠起着决定性的作用。材料的选择也是一个重要的环节，不仅它的机械性能和物理性能要满足安全要求，其在特殊环境中的耐腐蚀性能也是关键指标。

(3) 便于安装、操作与维修

设备与部件应便于安装、运输及维修方便。根据需要可设置气、液排放口、检查孔，敷设保温层。

(4) 经济合理

评定冷换设备最终的指标是：在一定时间内(通常为1年)固定费用(设备的购买费、安装费等)与操作费(动力费、清洗、维修费等)的总和为最小。

二、新型高效热交换器的特点

多年来，原油蒸馏装置中的热交换器由于多采用传统的管壳式热交换器，因而限制了换热网络热回收率，增加了加热炉、空冷器的热负荷。因此，提高原油蒸馏装置热回收效率、降低装置能量消耗的有效措施之一就是结合装置实际情况，合理采用新型高效热交换器。新型高效热交换器具有以下特点：

① 传热温差小，能以相对较小的传热温差，回收更多的热能；

② 压降较低，减小操作费用(动力消耗)；

③ 传热效率高，可减小换热面积；

④ 重量轻，节约钢材；

⑤ 结构紧凑，节约占地空间。

所以，结合系统过程的特点，利用高效热交换器一个或多个优点实现节能，可多回收过程热量减少冷热公用工程、节约钢材、节约占地、减少操作费用等多方面节约能源。

三、冷换设备的分类

冷换设备可以从用途、传热方式和结构等不同角度进行分类。按用途分类，可分为加热器、冷却器、冷凝器、重沸器、蒸汽发生器等；按传热方式分类，可分为直接接触式热交换器和非直接接触式热交换器；按结构分类，可分为管壳式热交换器、紧凑式热交换器、空冷式热交换器。

1. 管壳式换热器

管壳式换热器是目前在炼油化工生产中应用最广泛的传热设备，与其他换热器相比，具有结构简单，操作弹性大，适应性强，耐高温、高压及高温差、高压差的优点。管壳式换热器属于间壁式换热器，它是利用固体壁面将进行热交换的两种流体隔开，使它们通过共同的壁面(换热管)进行热交换。管壳式换热器只能满足流体介质间的热交换，加热介质和被加热介质分别流经管内和管间，并在流动过程中通过间壁进行热交换，被加热介质温度升高，加热介质温度降低流过管间的介质一般要通过折流板几经折流后流出换热器，这主要是为提高管间介质的传热系数。

为防止壳程入口液体直接冲刷管束，避免冲蚀管束和造成震动，在入口处常常设置防冲板，缓冲壳程入口液流，其开孔数量与安装位置可按设计规定执行。其入口面积在任何情况下都不应小于接管的流通面积。

管壳式换热器包括固定管板式换热器、U 形管式换热器、浮头式换热器。

(1) 固定管板式换热器

固定管板式换热器结构如图 8-1 所示，换热器的管端以焊接或胀接的方法固定在两块管板上，而管板则以焊接的方法与壳体相连。

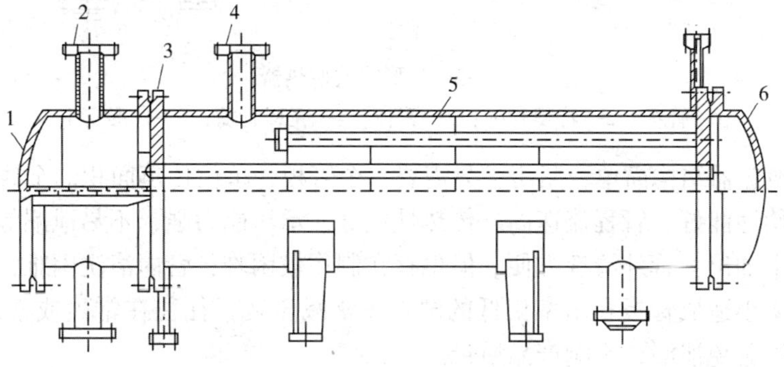

图 8-1　固定管板式换热器

1—封头管箱；2—管程管嘴；3—管板；4—壳程管嘴；5—管束；6—后端封头管箱

这种换热器的优点是结构简单、重量轻、造价低，在相同的壳程情况下，可较其他形式的管壳式换热器多排些管子。由于不存在弯管，管内不易积聚污垢，即使产生污垢也便于清洗。如果管子发生泄漏或损坏，便于进行堵管。但无法清洗管子的外表面，且难以检查，不适宜处理脏的或有腐蚀性的介质。最主要的缺点是冷热两流体之间的温差不能太大，因温差太大时，会产生较大的热应力，使管子与管板结合处松脱而产生泄漏。

为了减少温差应力，可在壳体上设置膨胀节，利用膨胀节在外力作用下产生较大变形的能力来降低管束与壳体中的温差应力。膨胀节的形式较多常见的有 U 形、平板形与 Ω 形，如图 8-2 所示，其中 U 形膨胀节用得最为普遍，挠性与强度都比较好。卧式设备的膨胀节，最低点要有排液孔。

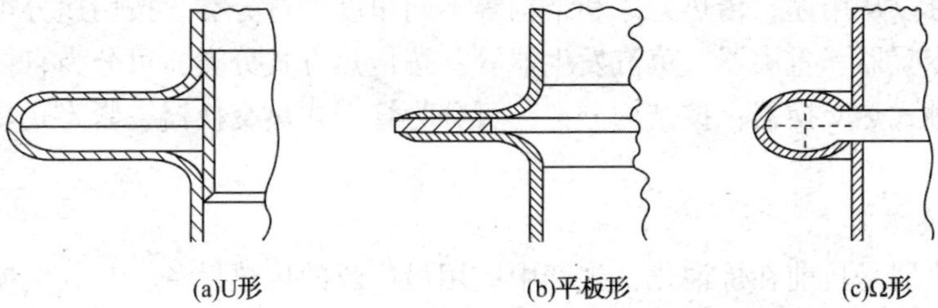

图 8-2　膨胀节

(2) U 形管式换热器

U 形管式换热器结构如图 8-3 所示，其壳体内的管束是弯成 U 字形的，类似发夹，所以又称为发夹式换热器。U 形管式换热器管束两端均固定在同一个管板上，而 U 形端不加固定，每根 U 形管均可自由伸缩而不受其他管子及壳体的约束。

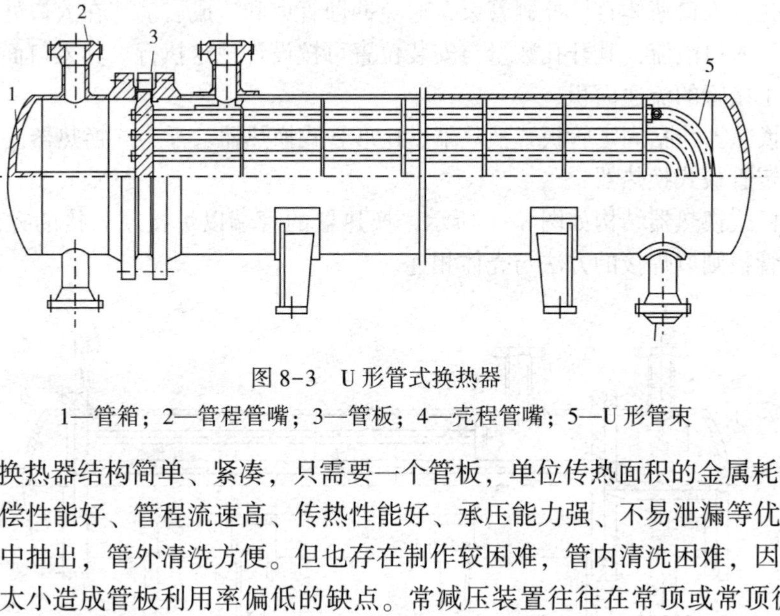

图 8-3　U 形管式换热器

1—管箱；2—管程管嘴；3—管板；4—壳程管嘴；5—U 形管束

U 形管式换热器结构简单、紧凑，只需要一个管板，单位传热面积的金属耗量少。具有弹性大、热补偿性能好、管程流速高、传热性能好、承压能力强、不易泄漏等优点，而且管束可以从壳体中抽出，管外清洗方便。但也存在制作较困难，管内清洗困难，因最内层管子弯曲半径不能太小造成管板利用率偏低的缺点。常减压装置往往在常顶或常顶循使用 U 形管式换热器，以避免泄漏，影响产品质量。

(3) 浮头式换热器

浮头式换热器结构如图 8-4 所示，在常减压装置最为常用。换热器中一块管板与壳体固定，另一侧管板可相对壳体滑动，能承受较大的管壳间温差热应力。浮头部分由浮头管板、钩圈与浮头端盖组成，是可拆连接，管束可以从壳体中取出，便于检修、清洗。其缺点是结构相对复杂，制造成本高，若浮头的垫片密封不严，会造成管内外流体互相混合泄漏量不大时不易察觉。

浮头式换热器适合于管壳壁温差较大，介质易于结垢需经常清洗的场合。

浮头式换热器国际通用 TEMA 标准，其型号及含义如下：

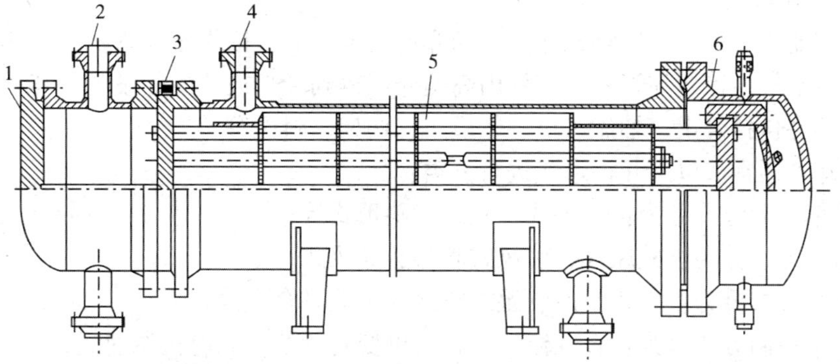

图 8-4　浮头式换热器

1—管箱；2—管程管嘴；3—管板；4—壳程管嘴；5—管束；6—浮头

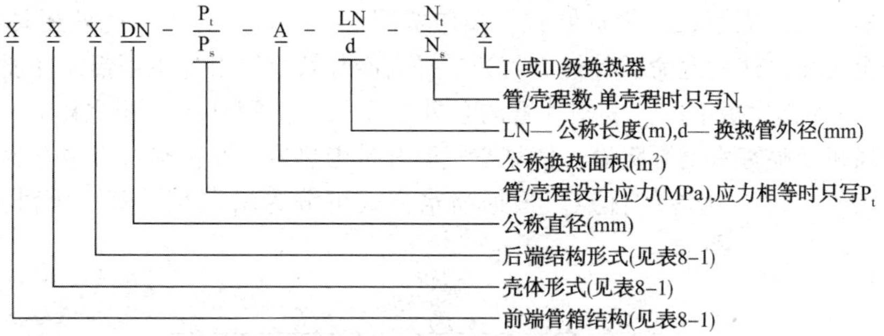

表 8-1　浮头式换热器常见结构形式

前端管箱形式			壳体形式			后端结构形式		
符号	意义	简图	符号	意义	简图	符号	意义	简图
A	平盖管箱	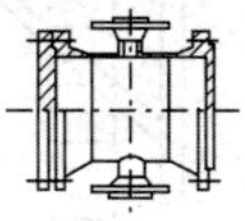	E	单程壳体	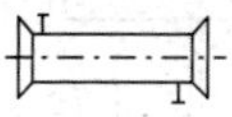	M	封头固定管板结构	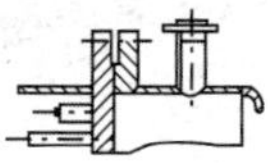
B	封头管箱	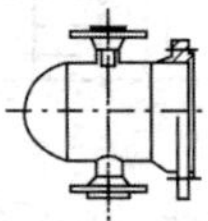	F	双程壳体	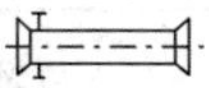	S	钩圈式封头结构	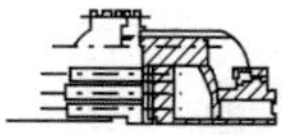
			I	U 形壳体	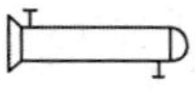	L	平盖固定管板结构	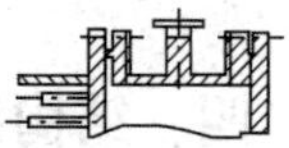
			J	冷凝壳体	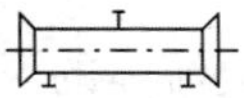	U	U 形管束	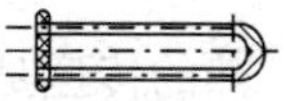
			O	外倒流壳体	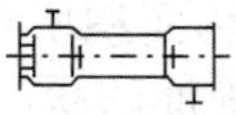	P	填料函式浮头	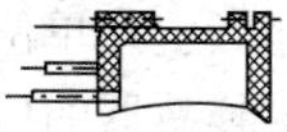

示例：BES500-1.6/1.0-100-4/25-21 表示封头管箱、单程壳体、钩圈式封头换热器公称直径 500mm 管程设计压力 1.6MPa，壳程设计压力 1.0MPa，换热面积 $100m^2$，公称长度 4m，换热管外径 25mm，两管程，一壳程，Ⅰ级换热管。

2. 空气冷却器

空气冷却器是一种以环境空气作为冷却介质的换热器，依靠翅片管扩展传热面积强化管外传热，环境空气横掠翅片管外，使管内高温介质得到冷却或冷凝的设备，其结构如图 8-5 所示，基本部件包括管束、轴流风机、管道泵、构架、附件等。

空气冷却器通常按以下几种形式进行分类：

① 按管束布置方式分为：水平式、立式、斜顶式等；

② 按通风方式分为：鼓风式、引风式和自然通风式；

③ 按冷却方式分为：干式空冷、湿式空冷和干湿联合空冷；

④ 按风量控制方式分为：百叶窗调节式、可变角调节式和电机调速式；

⑤ 按防寒防冻方式分为：热风内循环式、热风外循环式、蒸汽拌热式及不同温位热流体的联合等形式。

采用空气冷却器代替水冷却器，不仅可以节约用水，还可以减少水污染，空气冷却器相对于水冷却器，操作周期长，投资便宜，操作费用低，设备潜力大。此外还具有维护费用低、运转安全可靠、使用寿命长等优点。为了提高冷却效果管束外采用铝翅片加大管外面积提高翅化比。(翅化比指单位长度翅片管的总外表面积与基管外表面积之比)。湿式空冷依靠翅片管和风机及喷雾水增湿降温，依靠空气温升带走热量，在传热过程中有少量的蒸发传热，它综合了干空冷和水冷的优点。根据喷水方式可分为增湿型、蒸发喷淋型和湿面型三种。

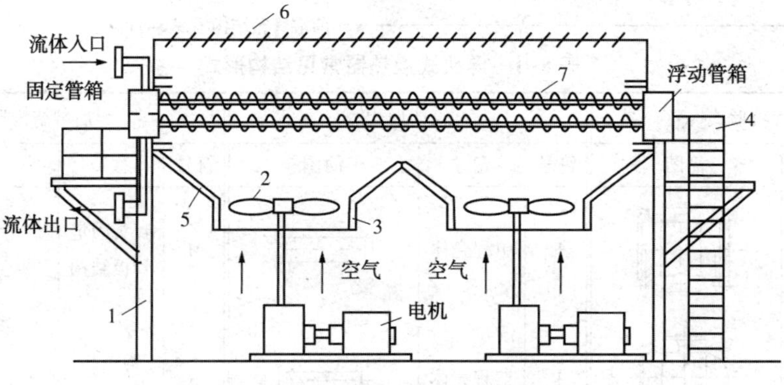

图 8-5 空气冷却器的基本结构

1—构架；2—风机；3—风筒；4—平台；5—风箱；6—百叶窗；7—管束

四、结构设计

热的传递是由于换热器管壁两侧流体的温度不同而引起的。温度差是传热的推动力，温差越大，在单位时间内通过单位传热面积所传递的热量越多，即换热器的热负荷越大。另外，换热器的传热还受两侧流体的物理性质(如导热系数、黏度、密度、比热容、体积膨胀系数等)、流动速度和流动状态以及传热表面的污垢层厚度、传热表面本身的物理性质和几何形状等因素的影响。换热公式如下：

$$Q = KA\Delta t_m$$

式中 Q——换热器的换热量或热负，W；

A——传热面积，m^2；

Δt_m——对数平均温差,℃；

K——总传热系数(以管外表面积为基准)是各项热阻之和的倒数，W/(m^2·℃)。

从上式可以看出，传热面积越大，温度差 Δt_m 越大，热阻越小，单位面积传递的热量 Q/A 就越大。故强化换热的手段不外乎加大传热面积、提高传热温差和增强传热系数。

1. 强化传热技术措施

① 加大传热面积的方法简单有效，已被广泛应用。如采用小直径管子，对壳径为 ϕ500~900mm 的浮头式换热器 ϕ25mm 改为 ϕ19mm 的管子，可增加传热面积 42%。因此，在换热器设计中趋向于采用小管径。有些设计的管径已小到 5~10mm，小管径有利于金属强度及其带来的小间距，还可以增加流速或雷诺准数 Re，从而提高传热系数，但采用小管径会加大流动阻力且易堵塞及制造困难，需全面综合考虑。

② 增强传热系数，主要是强化流动状态，提高膜传热系数，减少结垢。强化流动状态，加大流速，破坏层流边界层，达到湍流工况可以提高传热系数，但流体压力降按平方关系增加，因此流体流速不得任意提高。常用的措施有以下几种：

a. 改进传热面结构。螺纹管换热器具有与翅片管相类似的传热性能，由光管冷压成形，总传热系数可提高 50%，比光管节省 25%~40%的传热面积，并有较强的抗垢和抗腐蚀能力，已得到广泛应用。

内插物管是管内侧强化传热的一种方式，将金属丝、麻花铁、螺旋线等形状的物体插入换热管内提高传热系数，可用于大黏度物流的管内强化换热或气-气换热的强化。

折流杆换热器是利用折流杆代替折流板的固定换热器，既减少壳程压降和防止换热器震动，又提高壳程的传热系数适用于总传热系数受壳程制约时高黏度物流的传热，与弓形折流板相比可节省 50%~70%的面积。

波纹管是一种双面强化传热的管型，内外壁被轧成环状波纹凸肋，其内壁能改变流体流动状态，外壁能增大传热面积和扰动，达到双面强化传热的目的，与光管换热器相比，总传热强化倍数在 1.8~2.2 之间。

b. 选择导热性强、耐腐蚀、价格低廉的材料也是强化传热的一种方式。

c. 减少结垢。换热器的管壁在操作中不断地被污垢所覆盖，直接影响传热效果和压力降。介质情况、操作调节和设备情况等因素，决定了结垢的快慢、厚度和牢度。当介质中含有悬浮物、溶解物及化学安定性较差的物质时较易结垢。当流体的流速较低、温度升高较快、或管壁温度高于流体温度时，也比较容易结垢，在管壁比较粗糙，或设备结构不合理有死角时也促使结垢。针对产生结垢的不同原因采取相应的处理措施，如改变操作条件，在换热器入口加阻垢剂换热器内镀层等等，或采用在线化学清理、射流清洗垢物的方法。

2. 换热方式

常见的换热方式既不是纯逆流，也不是纯顺流，而是折流或交错流，提高管程数使流体在管束内多次流过，可增大传热系数，有利于强化换热。但是管程数太多会造成流动阻力增大，平均温差降低，还因隔板占去部分排管面积，减少了传热面积，影响传热效果，故管程数不宜太多。常见的有 2、4、6 管程，常减压装置一般为 2、4 管程和单壳程的形式，图 8-6 为管程布置图，除管程采用多管程外，壳程采用折流挡板来改变流动状态以提高传热系数。

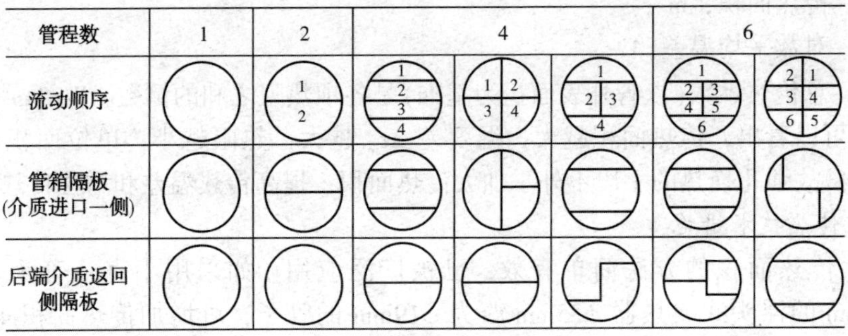

图 8-6　管程布置图

换热介质走管程还是走壳程应按介质性质、温度或压力，允许压力降、结垢及提高传热系数等条件综合考虑。

① 适合管程的流体

a. 有腐蚀、有毒性、温度或压力很高的介质，还有很易结垢的介质均应走管程，主要是由于：有腐蚀性介质走壳程，管壳程材质均会遭受腐蚀。因此，一般腐蚀的介质走管程，可以降低对壳程材质的要求；有毒介质走管程，泄漏机会较少；温度、压力高的介质走管程，可以降低对壳程材质和密封的要求；易结垢的介质走管程，积垢在管程容易清扫。

② 适合壳程的流体

a. 当两流体温度相差较大时，膜传热系数大的流体走壳程，可以减少管壁与壳壁间的温度差，并降低温差应力；

b. 饱和蒸汽宜走壳程，易于排除冷凝液。冷凝传热系数受流速影响很小，而且介质清洁，无须机械清洗；

c. 有利于提高总传热系数和最充分的利用压降，流体在壳程流道截面和方向都在不断变化且可设置折流板，容易达到湍流。在有折流挡板的列管换热器壳程雷诺数大于 100 即达湍流，而光管管程雷诺数大于 10000 才是湍流，因而把黏度高或流量小的流体选在壳程。反之，如果在管程能达到湍流条件，则安排他走管程就比较合理，从压力降角度来选择，也是雷诺数小的走壳程有利。

d. 易析出结晶、沉渣、淤泥，以及其他沉淀物的流体，最好进入容易机械清洗的空间。在管壳式热交换器中，一般管内容易清洗；但在 U 形管、沉浸式和喷淋式热交换器中，管外空间更容易清洗。

第二节　冷换设备操作法

一、换热器的操作

1. 换热器的投用

① 换热器打压试验合格后方可投用，启用前排净换热器内存水。

② 检查各倒淋、放空阀是否灵活好用及开关位置，压力表、温度计是否全部装好。

③ 检查基础、支座是否牢固，各部螺栓是否满扣、紧固。

④ 投用时，先投冷流，后投热流，这是因为先进热流会造成各部件热胀，后进冷流会使各部件急剧收缩。这种温差应力可促使静密封点产生泄漏。

⑤ 在投用冷介质或热介质时，首先要保证副线畅通，再缓慢开出口阀，检查无问题后再开入口阀，一定要缓慢开防止憋压，投用过程要注意观察设备变化情况。

⑥ 换热器投用后，随着温度压力的变化，可能会出现泄漏现象，应及时进行检查。

⑦ 内操、外操检查确认无异常后，按工艺控制要求，逐步关小副线阀至全关。

2. 运行检查

换热器投用后，操作人员应定期对换热器进行巡回检查，判断换热器是否运行正常。

① 检查工艺参数，严禁超温、超压运行。

② 检查管箱、大盖、接口法兰有无泄漏。

③ 检查基础支座的稳固情况。

④ 检查换热器及管线的振动情况。

⑤ 定时查看油品颜色及换热后的温度变化。

⑥ 检查保温层是否完好。

3. 换热器的停运

① 换热器停运时，按先停热流后停冷流的原则进行。

②在停热流时，应先开热源副线，逐步关入口阀门，后关出口阀门，降温后按停热流步骤停冷流。

③如果需要进行检修，确认出入口阀均已关严，按照扫线规程扫净管壳程内介质，待设备达到检修许可条件后方可交出。

二、冷却器的操作

冷却器的投用、停运方法可参照换热器操作方法进行，但应注意以下几点：

① 冷却器投用时，应打开冷却水线上放空阀排气，见水后关闭，防止气阻影响冷却效果。

② 冷却器停运扫线时，停冷却水，同时打开冷却水放空阀，避免憋压损坏设备。

③ 调节油品冷后温度时，应用冷却水出口阀控制，因为采用入口阀控制水量，虽然可以节省冷水，但是会引起冷却器内水流短路或流速减慢，造成上热下凉或污垢沉积，影响换热效果及设备运行，故不宜用入口控制。

④ 投用高凝点油品冷却器时，可暂先不可给冷却水(但水出口阀要打开)，待热油通过后，根据出口温度再调整冷却水。

⑤ 冷却水回水温度不许过高，防止产生水击或结垢；也不能过低，增加冷却水消耗。

⑥ 冬季不走水的冷却器，要打开放空，防止冻坏设备。

⑦ 须定时检查冷却器出口水含油情况。

三、空冷器的操作

(1) 空冷器的投用

① 启用空冷前，首先检查风机、电机是否按要求安装，各润滑部位是否加好润滑脂，转动风扇不应有卡、碰现象皮带是否齐全。

② 检查基础、支座、框架是否完好，各部螺栓是否满扣、紧固。

③ 改好流程后方可启动。

(2) 运行检查

在运转中应经常检查电机、风扇是否运行正常，空冷器有无泄漏，空冷器及管道有无异常振动，皮带是否脱落。对于湿式空冷及表面蒸发式空冷，还应注意检查喷淋水系统的运行情况，喷嘴有无堵塞，水槽是否泄漏及换热管外壁的结垢情况，发现问题及时处理。

要特别重视表面蒸发式空冷的腐蚀问题，对于未做管外防腐的管束，使用半年就会出现大面积泄漏，腐蚀机理一般是垢下腐蚀，应从三方面着手延长空冷器使用寿命：一是应加强水质管理，定期做好水质监测，根据水中的总磷及铁离子浓度控制好缓释剂的剂量；二是做好管束外壁防腐，使用防腐涂料等；三是管束材质升级。

(3) 空冷器停运后的保护

空冷器停运后，用蒸汽将存油扫净，扫净后蒸汽排空，防止憋压。

四、冷换设备的热紧

冷换设备投用后要及时进行热紧。这是因为冷换设备的主体与附件用法兰、螺栓连接，由于各部件材质不同。随着温度的上升，特别是超过200℃(热油区)时，各部分膨胀不均会造成法兰面松弛，密封面压比下降，高温时，会造成材料的弹性模数下降、变形，机械强度下降，引起法兰产生局部过高的应力，产生塑性变形弹力消失。此时，应力对渗透材料影响极大，或使垫片沿法兰面移动，造成泄漏，热紧的目的就在于消除法兰松弛，使密封面有足够的压比以保证静密封效果。

第三节　故障判断及处理

冷换设备使用过程中会出现以下几种常见故障：

(1) 泄漏

泄漏分为内漏和外漏两种。

① 内漏即两种介质发生互串现象，内漏发生时，压力高的介质向压力低的介质泄漏，此时可从压力低的一侧油品颜色判断，对于颜色相近的油品应采样分析判断。冷却器可从回水是否带油确定，内漏不易及时发觉，这就需要操作人员对介质温度、压力的变化引起重视，发现异常时及时判断。

发生内漏可能是换热管腐蚀穿孔、开裂，换热管与管板胀(焊)口开裂，浮头法兰密封泄漏等原因造成，可采取堵死漏管、重胀(补焊)管板、更换浮头垫片或紧固螺栓的处理方法。

② 外漏是指从外部可见的密封面或设备、管线本体泄漏，轻微时冒烟、滴油，严重时漏油成串，甚至着火，发生外漏时，要根据泄漏情况及时做出判断处理，轻微泄漏可做好监护运行，联系维修人员处理，严重泄漏必须迅速将换热器切除系统，同时检查泄漏油品是否对相邻的设备管线造成影响，避免油品流到高温部位发生着火。甩换热器时要注意先停热流，后停冷流，防止发生冷流侧憋压加剧泄漏。

绝大部分外漏都是密封面泄漏，可采取紧固螺栓或更换垫片的处理方法。高含硫原油的加工使设备的腐蚀问题变得日益突出，应做好材质升级及定期测厚工作，防止发生本体泄漏。

从工艺角度来说，换热器内漏时，对于原油与常压塔的侧线或中段回流的换热器，侧线产品颜色变深，干点升高对于原油与减压塔的侧线或中段回流的换热器，侧线流量增加(不明显)减压塔顶负荷升高，真空度下降，对于原油和减渣的换热器，原油压力高，会漏入减渣中，使减渣的初馏点下降，500℃馏出升高；对于初底油和减渣的换热器，减渣会漏入初底油中，泄漏量小时，不易察觉，当泄漏量很大时，使初底油流量发生变化。

当发生换热器泄漏时应遵循以下处理原则：

a. 侧线变黑，转污油外送，如果是两个侧线颜色变深，很可能是两侧线之间的中段换热器漏。如果是一条侧线颜色变深，说明是该侧线的换热器漏，可根据每台换热器的出入口的颜色是否变化来查明泄漏的换热器。如果是顶循环与原油的换热器漏，会造成整个塔的产品、中段的颜色变深，应立即找出泄漏换热器并切出。

b. 着火后用蒸汽或泡沫灭火器灭火，联系消防，流体改走换热器副线，换热器扫线处理，改线时要准确无误，避免憋压造成更大的泄漏，如现场不能靠近，应找换热器前后最近点切断油源或停泵。严重泄漏时，其他单元按紧急停工处理。

(2) 传热效果变差

随着装置运行时间的逐渐增加，会发现冷换设备的传热效果也在逐渐降低，其影响因素有以下三种：

① 换热管结垢。随着换热器运行时间的增加，换热管内外壁结垢也会逐渐严重，造成换热效果日益变差，介质及操作条件不同，结垢的原因也不尽相同，可采取相应的处理措施，如改变操作条件，在换热器入口加阻垢剂，换热器内镀层等等，或采用在线化学清理、射流清洗垢物的方法。

② 水质差。水中油污、微生物较多时，水冷器管束较易堵塞，应加强水质管理，进行必要的水质处理，如加强过滤、控制好药剂管理等等，水冷器应根据冷却效果在夏季之前进行计划检修清洗。

③ 隔板短路。隔板处垫片密封不好或隔板腐蚀、开裂都会造成介质错流，影响传热效，可在设备检修时更换垫片或处理隔板。

(3) 振动

① 冷换设备的振动是由于介质频率引起的共振或外部管道振动引发的共振，强烈的振动会造成以下危害：

a. 管子与相邻管子或折流板孔内壁撞击，使管子受到磨损、开裂或切断。

b. 管子疲劳破坏。

c. 管子与管板连接处发生泄漏。

d. 壳程空间发生强烈的噪声。

② 防振措施主要有以下几种：

a. 改变流速。可以用降低壳程流量或流速的办法来消除振动，当然这样做将以降低生产能力为代价，如果不允许的话，可用增大管间距的办法来降低流速，在流体冲蚀管子的地方设置防冲挡板，可以使流体离开防冲板的边缘时不会产生过高的流速，设置导流筒可防止流体冲刷管束起到降低壳程流体进入管束时流速的作用。

b. 改变管子的自振频率。最有效的办法是减小管子的跨距，跨距缩短 1 倍，自振频率约增大 3 倍，也可以选择适当的材料以增大管子的弹性模量，起到改变自振频率的作用。

c. 加固管道。管道的加固应请专业的设计人员出具方案，避免加固位置不当造成严重后果。

第九章　自动控制及仪表

随着炼油工业向连续化、大型化发展，自动化程度不断提高，各种灵敏度、精确度越来越高的新型仪表、计算机等不断应用于各炼油生产装置。这种发展趋势一方面提高了炼油工业的劳动生产率，优化了生产装置的操作条件，提高了炼油生产装置的综合经济效益；另一方面，对炼油生产装置操作人员的知识技能要求也越来越高，既要求操作人员熟练掌握各种新型仪表及计算机的基本性能和操作方法，又要求操作人员对本装置的工艺流程、设备单元操作之间的相互影响情况有一个全面深入的了解。这同前几年的岗位操作、设备单元操作比较起来上了一个台阶。

第一节　DCS 集散控制系统

现在基本上所有的常减压蒸馏装置都在使用 DCS 集散控制系统。DCS 是 Distributed Control System 的简称。它是以应用微处理器为基础，结合计算机技术、信号处理技术、测量控制技术、通信网络和人机接口技术，实现过程控制和工厂管理的控制系统。简单地说就是一个综合了计算机(Computer)、通信(Communication)、显示(CRT)和控制(Control)等 4C 技术的多级计算机系统。其基本的思想是分散控制、集中操作、分级管理、配置灵活、组态方便。这是继基地式气动仪表控制系统、电动单元组合式模拟仪表控制系统(DDZ-Ⅱ，DDZ-Ⅲ)、直接数字控制系统 DDZ 后的新一代的控制系统。图 9-1 为 DCS 系统组成图。

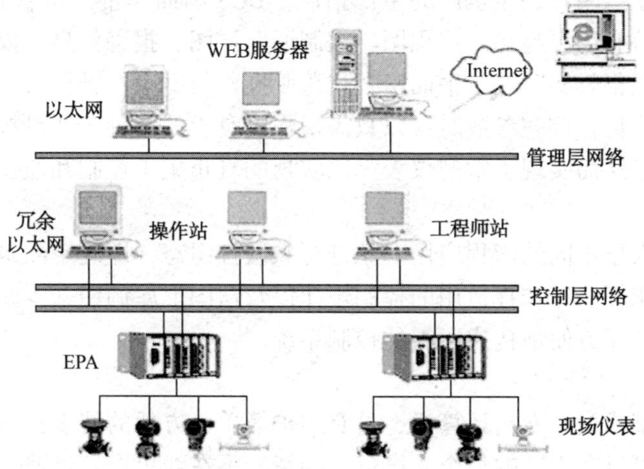

图 9-1　DCS 系统组成图

集散控制系统的问世标志着仪表计算机控制系统进入了一个新的历史时期。从 20 世纪 70 年代至今短短几十年，DCS 已经经历了 4 代升级，系统的功能不断完善，系统从简单的自动化信息发展成开放的、与外部系统相互连接的网络系统，可靠性、互操作性及其他性能皆得到不同程度的提高，被广泛应用于石化、化工、冶金、电力等行业。

DCS 的突出优点是系统的硬件和软件都具有灵活的组态和配置能力。它的硬件系统通过网络将不同数目的工程师站、操作站、控制站连接起来，完成数据采集、控制、显示、操作和管理功能。DCS 的集中操作和管理系统主要组成部分是操作站。通常操作站有 1~2 个监视器(显示器)、一台控制计算机以及一个操作员键盘组成。一套 DCS 系统常配置两个或两个以上的操作站且相互冗余。操作站的数量与装置的复杂程度、岗位种类的设定有关系。比如常减压操作站有 2 个或 3 个，而催化裂化装置的操作站多达 6 个或更多。有些种类的系统还专门配置了工程师站，用于系统的生成、组态等工作，为节省投资，很多系统的工程师站可以用一个操作站代替。控制站是将操作员输入到操作站的指令以电流形式发送到控制柜，控制柜再将这些指令以电流形式传送到现场的仪表变送器上，控制气动调节阀进行开关动作，实现控制目的。

1. DCS 具有的特点

(1) 高可靠性

由于 DCS 将系统控制功能分散在各台计算机上实现，系统结构采用容错设计，因此某一台计算机出现的故障不会导致系统其他功能的丧失。此外，由于系统中各台计算机所承担的任务比较单一，可以针对需要实现的功能采用具有特定结构和软件的专用计算机，从而使系统中每台计算机的可靠性也得到提高。DCS 采用开放式、标准化、模块化和系列化设计，系统中各台计算机采用局域网方式通信，实现信息传输，当需要改变或扩充系统功能时，可将新增计算机方便地连入系统通信网络或从网络中卸下，几乎不影响系统其他计算机的工作。

(2) 人机联系好

操作人员在控制室内通过 DCS 显示装置和操作键盘，观察屏幕上显示的工艺生产数据和图形，便可监视生产装置甚至全厂的生产情况。DCS 画面非常丰富，有总貌、控制面板、参数整定、实时趋势和历史趋势、流程图、控制回路详图、报警信息、操作报表和操作指导等画面，菜单功能也很具实时性。平面密封式薄膜操作员键盘、触摸式屏幕、鼠标或球标器等更便于操作。操作员在调整参数时可以只需操作键盘上的按键，便可按预定的控制方案调整回路的控制参数，从而实现了常规仪表无法实现的真正集中控制和监控管理。

(3) 灵活性

通过组态软件根据不同的流程应用对象进行软硬件组态，即确定测量与控制信号及相互间连接关系，从控制算法库选择适用的控制规律以及从图形库调用基本图形组成所需的各种监控和报警画面，从而方便地构成所需的控制系统。

(4) 易于维护

功能单一的小型或微型专用计算机，具有维护简单、方便的特点，当某一局部或某个计算机出现故障时，可以在不影响整个系统运行的情况下在线更换，迅速排除故障。

(5) 协调性

各工作站之间通过通信网络传送各种数据，整个系统信息共享，协调工作，以完成控制系统的总体功能和优化处理。

(6) 控制功能齐全

控制算法丰富，集连续控制、顺序控制和批处理控制于一体，可实现串级、前馈、解耦、自适应和预测控制等先进控制，并可方便地加入所需的特殊控制算法。DCS 的构成方式十分灵活，可由专用的管理计算机站、操作员站、工程师站、记录站、现场控制站和数据采集站等组成，也可由通用的服务器、工业控制计算机和可编程控制器构成。处于底层的过程控制级一般由分散的现场控制站、数据采集站等就地实现数据采集和控制，并通过数据通信网络传送到生产监控级计算机。生产监控级对来自过程控制级的数据进行集中操作管理，如各种优化计算、统计报表、故障诊断、显示报警等。随着计算机技术的发展，DCS 可以按照需要与更高性能的计算机设备通过网络连接来实现更高级的集中管理功能，如计划调度、仓储管理、能源管理等。

2. 操作站的显示内容和控制功能

① 系统总貌：这是系统中最高一层的显示。它主要用来显示系统的主要结构和整个被控对象。同时，总貌显示一般提供操作指导作用，操作员可以在总貌画面直接切换到任一组要观察的画面。

② 流程图画面：这是操作站最基本的显示功能。在流程图画面上可以通过显示的各个工艺参数的温度、压力、流量，从而了解到整个装置的运行状况。常减压装置所有的工艺参数不可能在一幅画面上显示出来，故流程图又分为原则流程图(全貌)、单元流程图(比如常压塔单元)、区域流程图(比如常压塔上部、蒸汽流程图)等。

③ 分组画面：单个的模拟量、控制回路，以类似电动仪表盘面的方式显示，通常 8 个仪表位号为一组同时在屏幕上显示。其目的是为操作员提供某组相关部分的详细信息，以便监视和控制。在分组显示下，操作员可进行下列操作：设置给定值、控制模式切换(手动、自动、串级)、手动模式下的调节输出、启停一个控制开关。

④ 整定显示画面：该画面显示一个控制回路的三个相关值(测量值、给定值、阀位值)的棒图、数值、趋势曲线以及该回路的报警高报、高高报、低报、低低报，还有仪表的 PID 参数。该画面主要用于控制回路的参数整定，也叫作细目图。

⑤ 报警画面：在 DCS 中，不但系统对报警作出反应，并且可以根据操作员要求进行即时打印或存盘记录。报警画面有两种：系统报警画面和参数报警画面。参数超过设定的允许值后不仅在报警画面中显示，还同时发出刺耳的声音以提醒操作员。

⑥ 操作记录和事件记录：操作员对每一个参数进行的调整，比如手动变自动、阀位从某一值调到另一值等，操作站都会进行详细的记录。

⑦ 系统状态显示：显示系统的组成结构和各站及网络的状态信息。

⑧ 趋势画面：DCS 的一大突出特点是计算机系统可以存储历史数据，并以曲线的形式进行显示。趋势显示一般有两种，一种是跟踪趋势显示，即操作站上周期性地从数据库中取出当前的值，并画出曲线。这种趋势又称为实时趋势。实时趋势曲线一般较短，通常每个点记录几百个数据，这些数据以循环存储区的形式存在于内存中，并周期性刷新。刷新周期也较短，从几秒到几分钟。实时趋势通常用来观察某点的近期变化情况。另一种趋势显示为长趋势显示，也叫历史趋势，通常用来保存几天或数月的数据。实时趋势取值间隔一般是每秒取次数，历史趋势取值间隔一般是 4s、10s、1min 或 10min，这在组态时已经设定好，不能随意改变。

各种 DCS 的画面称呼不同，调用方法也各有不同，没有通用的具体方法，这里不再展开说明。DCS 系统不仅有强大的集中管理、分散控制的功能，可以彻底取代常规仪表控制，还可专门设定出优化控制程序，执行多种先进控制策略和顺序控制，从而达到平稳操作，减少人为因素，提高产品质量、产量降低能耗的目的。

3. 几个常用的优化程序

(1) 提降原油量控制

通过此程序，只需设定提降原油量的数值和提降速度，即可实现平稳缓慢地将原油流量调整至指定值上，避免了对蒸馏塔、加热炉的冲击。比如欲将原油量从500t/h提至560t/h，如果人工调整，每次提5t，需要12次操作，倘若着急，分两次甚至一次就将量提到位，肯定影响后续单元的平稳。使用程序后，只需将时间设定为1h或1.5h，流量增加设定60t即可，不再需要人工干预，既减小劳动强度又提高操作质量。

(2) 加热炉分支平衡控制

使用此优化程序，可在维持原油量恒定情况下，调节各分支流量，使四路出口温度差最小，提高热效率并延长炉管使用寿命。当然，分支流量的调节范围也有限制，一般的工艺指标是分支流量差≤5t，分支温度差≤3℃。

(3) 先进控制(APC)系统

先进控制技术是从20世纪70年代发展起来的一项新型的综合性工业技术。目前应用的是多变量控制理论，结合了流程工业的工艺模拟、仿真技术、计算机技术等多种技术。先进控制在国外70年代末开始得到工业应用，并在80、90年代得到了大面积推广。目前已成功应用在石油化工、化工、电力、冶金、半导体等多种行业，取得了显著的经济效益。

在国内，从80年代开始了大量的先进控制研究和工业实验。在90年代，随着国外成熟技术的引进，先进控制首先在炼油和石油化工领域得到了广泛的应用，并取得了很好的应用效果。

1) 基本回路整定技术

先进控制是建立在基本单回路控制器的基础上的。通常先进控制系统输出比例/积分/微分PID回路的设定值。所以，基本单回路控制是否正常投用并稳定运行将对先进控制的应用有决定性的影响。通常先进控制的第一阶段工作就是投用和整定基本单回路控制。由于基本单回路控制数量大、整定的工作量也很大，这项工作本身就是对装置控制的清理完善过程，使工艺过程的控制趋于稳定、准确。因此，采用基本单回路自动整定技术是很有意义的。

单回路比例/积分/微分PID控制始终占据着过程控制的主导地位，但对纯滞后过程和克服扰动方面存在明显的不足。于是出现了单回路模型预测控制，作为PID控制的补充。单回路模型预测控制比通常的PID控制在处理大纯滞后和克服扰动方面有更好的性能。单回路模型预测控制已经很成熟，并已产品化。

实施先进控制通常需要花费较多的时间和财力。有些工程阶段需要花较多的时间，包括预测试和阶跃测试、模型辨识、控制器投运等。有些先进控制供应商已经开始提供一些工具软件以尽量缩短工程时间和减少实施工程师的劳动强度。其中包括PID回路性能评估及参数整定工具，这些工具帮助将基层控制回路的性能调整到最佳状态，为先进控制提供良好的基层平台。

2）软仪表技术

先进控制的首要目标是实现产品质量在线控制，达到稳定生产，进而实现卡边操作而产生经济效益。但实际工业控制中，主要产品质量都没有在线分析，而依靠每班或每天的化验分析结果的反馈。由操作工手工进行调整达到质量控制的目的。

软仪表技术就是基于过程机理模型或统计模型，对于主要产品质量进行在线预测，其预测结果将被用在多变量控制器作为被控变量 CV(Controlled Variable)，从而实现产品质量的在线控制，图 9-2 是软仪表技术的模块关系。

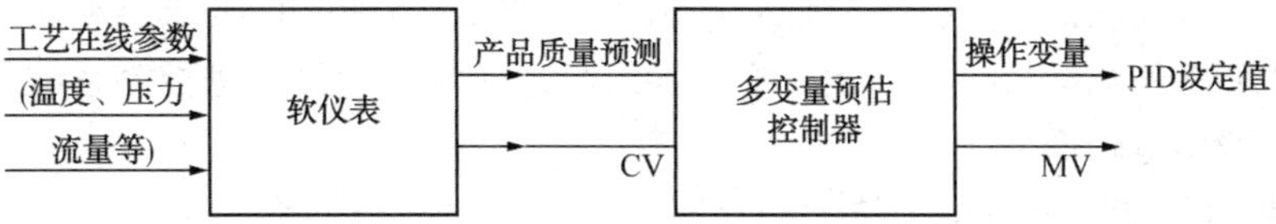

图 9-2 软仪表技术的模块关系

各控制系统供货商都开发了针对各种不同工艺的软仪表技术包，例如：针对常减压原油切换的软件包等。

3）多变量预估控制技术

多变量预估控制技术是先进控制的主要应用技术。该技术需要对装置控制目标进行阶跃测试，利用测试数据进行控制对象的模型辨识，经整理得到装置的多变量过程模型。多变量控制器(MPC)将实时地对装置的被控变量(CV)的近期响应进行预测，并与所要求的 CV 的目标轨迹(或上下限区间)进行比较、计算和预测控制，MPC 将计算出最优的操作变量值(MV)，实现对控制对象的多变量控制。

目前市场上应用较广较成熟的多变量预估控制有霍尼韦尔公司的 ProfitController 和 AspenTech 公司的 DMC 等。

4）在线优化技术

在线优化技术(Real-TimeOptimization)是基于先进控制的多变量控制器之上的，通过采用工艺机理模型，找出最优操作点并通过多变量控制器实现优化操作。

传统的技术路线是建立工艺装置的工艺机理模型，通常是静态的多达万条的方程式。然后通过数据整定技术找出稳态操作点，再用优化器算出静态的优化操作点。这种方法的明显缺陷首先是机理模型的维护极其困难，其次是大部分装置的操作都不是在稳态，因此能实现稳态优化的时间比例很小，降低了优化的实时性。由于以上原因，传统的在线优化技术一直没有得到很好的应用，且投用率非常低。

5）智能化的阶跃测试技术

在生产装置上所做的阶跃测试对先进控制项目是非常重要的，由于石油化工工艺过程的复杂，完成一个好的阶跃测试又有着相当的难度。精确的模型需要高质量的数据，这就需要经验丰富的技术人员，以及长达数周的测试工作，需要操作人员和工厂管理人员的配合。

在阶跃测试过程中，为了得到较好的模型响应，较大的测试幅度对测试效果是有明显好处的，但这可能会影响到正常生产，甚至产生偏离操作区域的情况，而发生意外。所以测试期间，操作人员必须稳妥地操作，密切注意工艺过程的变化。

用传统的阶跃测试去设计先进控制器是一个反复的过程。在完成工厂现场测试后，就进入了一个独立的模型辨识和离线模拟阶段。模型中存在的任何不足之处在控制器投用之前很可能不会被暴露出来，人们不得不在控制器调试过程中对这些不足进行相应的调整。如果问题比较严重，模型偏离较大，将导致重新进行控制器的设计。

由于现场测试工作的复杂，工程人员努力简化数据收集的过程，但如果采用装置的日常数据进行建模，有效数据其实很少。原始的扰动是由外部因素所引起的，存在许多不可测的干扰，模型质量就会很差。

一些先进过程控制技术供应商，开发了用于帮助阶跃测试的工具。这些模型自动测试工具能够大幅减少现场测试时间，并降低对测试工程师的技术水平的要求，相比而言，这些测试工具对生产装置的扰动较小，可使人们更加容易地建立多变量先进控制系统的精确过程模型，并且维护费用也较低。

6）先进控制性能监控、维护技术

先进控制的效益通常在控制器投运的初期较高，以后随着运行时间的增长，模型失配及操作不当增加，如果控制器维护不及时则先进控制效益逐渐下降，因此需要相应的办法来保持先进控制的效益。有些先进控制供应商提供了有关的工具，但是仍然需要受过先进控制培训的现场工程师来有效地使用这些工具，并且需要一套合理的管理机制，才能长久保持先进控制的效益。

随着时间的推移，由于工艺过程和操作上的变化，控制器的性能会降低。只保持控制器的在线时间是不够的。一个99.5%的在线率并不确保好的性能。不断维护控制器性能是非常重要的。

为了处理这类问题，有些先进控制供应商开发了专用软件，提供了一整套性能监视和诊断工具来维护先进控制的效益。这些工具软件为监视和改善一个或多个装置上的先进控制性能提供了标准的考核评价标准，可以从大量的操作数据中有效提取出有用的信息。

这些软件能够完成控制器状态监视、先进控制性能分析、控制器策略分析、事件监视以及报告生成等功能。

值得注意的是，操作人员在DCS操作站上进行操作时，操作指令是通过很微弱的毫安级电流信号进行传递的。如果在操作室内有一定的电场信号，如对讲机、手机等，都会对计算机显示测量信号的准确性或操作指令的传送产生影响，因此使用时必须远离操作站。

有些DCS系统是建立在Windows基础上的，也就是说操作人员可以在运行DCS时可以进行Windows操作，这样不仅造成盯岗不认真，更严重的是很可能造成Windows系统崩溃，从而使操作站不能运行。因此，要求操作人员在实际操作中，遵守操作规程和要求，尽量减少或避免无谓的操作动作，以确保系统正常运行。

DCS一般都有UPS系统进行保护。UPS(Uninterruptible Power System)即不间断电源，是一种含有储能装置，以逆变器为主要组成部分的恒压恒频的不间断电源。主要用于给单台计算机、计算机网络系统或其他电力电子设备提供不间断的电力供应。当市电输入正常时，UPS将市电稳压后供应给负载使用，此时的UPS就是一台交流市电稳压器，同时它还向机内电池充电；当市电中断(事故停电)时，UPS立即将机内电池的电能，通过逆变转换的方法向负载继续供应220V交流电，使负载维持正常工作并保护负载软、硬件不受损坏。一般停电后，UPS还可保证DCS系统继续运行40min。

第二节　常规仪表

在石油加工过程中，为了有效地进行生产操作和优化控制，需要对工艺过程中的压力、流量、液位、温度、产品组成或馏程等基本工艺参数进行测量、调节，这离不开各种各样的仪表。

常减压蒸馏装置常用的仪表从功能上可分为测量仪表、显示仪表、调节仪表、组成分析仪表。

一个参数调整的过程是：

参数测量──→显示──→和设定值对比──→控制器──→执行器──→参数变化。

测量仪表有温度测量仪表、压力测量仪表、流量测量仪表、液位测量仪表。

一、温度测量仪表

温度是表征物体冷热程度的物理量，是工业生产和科学实验中最普遍、最重要的参数之一。物体的许多物理现象和化学性质都与温度有关，许多生产过程均是在一定的温度范围内进行的。因此，温度的测量是保证生产正常进行、确保产品质量合格和安全生产的前提。

不同的测温仪表有不同的测温原理，见表9-1。

表9-1　不同测温仪表的测温原理

测量方式	仪表名称	测温原理	精度范围	特点
接触式	双金属温度计	金属热膨胀变形量随温度变化	1~2.5	结构简单、读数方便、精度差、不能远传
	压力式温度计	气体、液体在定容下压力随温度变化	1~2.5	结构简单、精度差、能远传、受环境温度影响大
	玻璃管温度计	液体热膨胀体积量随温度变化	0.1~2.5	结构简单、精度高、读数不便、不能远传
	热电阻	金属或半导体电阻随温度变化	0.5~3.0	精度高、能远传、需外加电源
	热电偶	热电效应	0.5~1.0	测温范围大、精度高、能远传、低温精度差
非接触式	光学温度计	物体单色辐射强度及亮度随温度变化	1~1.5	结构简单、携带方便、反射辐射会引起测量误差
	辐射温度计	物体辐射随温度变化	1.5	结构简单、稳定性好、易产生测量误差

常减压装置常用的测温仪表为热电偶和双金属温度计。其中双金属温度计主要用于塔和容器上，换热器、冷却器的附属管线上，属现场检测仪表。双金属温度计一般在检修期间拆卸下来进行校验后回装，回装时要根据管径来选择双金属温度计的尾长，确保尾端处于管内

中心，这样才能保证测量准确。双金属温度计还有个致命的缺点，就是容易损坏，造成指示失真。

热电偶温度计是以热电效应为基础，将温度变化转换为热电势变化进行温度测量的仪表，是目前应用最为广泛的温度传感器。它测温精度高，灵敏度好，稳定性及复现性也较好，响应时间短，结构简单，安装方便，测温范围广。它的测温原理是将两根不同材质的导体或半导体材料焊接或绞合在一起，它的一端作为测量端(热端)，一端作为标准端(冷端)。控制好冷端的温度(20℃)或进行冷端补偿。在各种测量场所，热端和冷端的温差不同，就产生了热电势，热电势的大小和温差成正比，将热电势的大小转变成数值就是测量温度。

在生产中我们常用来测量炉壁温度、换热器出入口温度的红外线温度计属于辐射式温度计。使用红外线温度计时要注意金属外表面对温度计的影响。一般来说，如果管线外刷有银粉或防锈漆，测量值会较实际值低很多，应将外壁打磨出金属本色再进行测量。另外由于金属的散热，测量值会比管线内的流体的真实温度低。

二、压力测量仪表

在压力测量中，常有大气压力、绝对压力、表压、真空度之分，它们之间的关系见图9-3。

工业上所用的压力仪表指示值多为表压，即绝对压力和大气压力之差，绝对压力为表压和大气压力之和。当绝对压力大于大气压力时称其为表压或正压，当绝对压力小于大气压力时称其为真空度或负压。

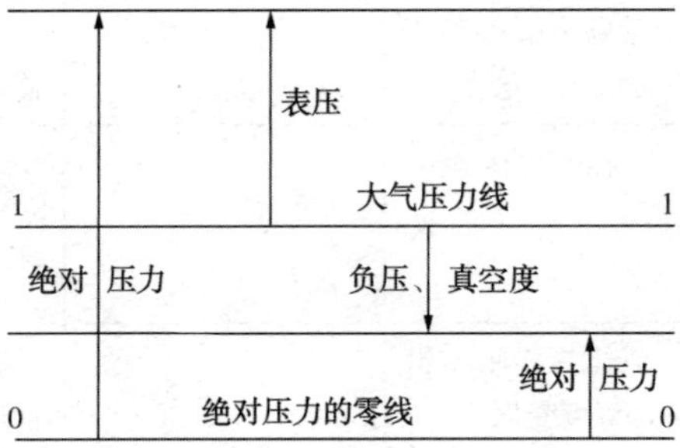

图 9-3　各种压力之间的关系

过去压力测量常用单位有 mmH_2O、mmHg、atm、MPa 等。现已实行法定计量单位，故只应使用 MPa、kPa、Pa 三种。常用的压力测量仪表有：弹簧管压力表，膜盒压力表，电动、气动压力变送器，法兰压力变送器。其中前两种为现场仪表，后两种为远传用压力表。弹簧管压力表是装置上应用最多的测压仪表，其原理是利用单圈或多圈圆弧形弹簧管在压力作用下发生位移，其位移的相对变化量和被测压力成正比。这种压力表结构简单，安装方便，使用可靠，精确度也比较高。弹簧管压力表在机泵出口使用时，应选用抗震型的压力表，它的表体里装有抗震油，可以使表针稳定在一个数值上。

三、流量测量仪表

单位时间内通过管道横截面的流量称为瞬时量；一段时间内通过的流量称为累积量。流量以质量表示时称为质量流量，比如 t/h，以体积表示时称为体积流量，比如 m^2/h。在工业生产过程中，流量是指导操作、监视设备运行情况和进行物料平衡核算的一个重要参数和依据。

流体的密度是随工况参数变化的。对于液体，由于压力的变化对密度的影响非常小，一般可以忽略不计，但是温度变化所产生的影响应引起注意，不过一般温度变化10℃时，液体的密度变化仅1%，故除去温度变化较大、测量精确度要求较高的场合外，温度的变化也可以忽略不计。对于气体，密度受温度、压力变化影响很大，例如，在常温附近，温度每变化10℃，密度变化约3%；在常压附近，压力每变化10kPa，密度变化也差不多3%。因此在测量气体流量时，必须同时测量流体的温度和压力，并将不同工况下的体积流量换算成标准体积流量 Nm^3/h。所谓标准体积流量，是指压力为 1.013×10^5Pa，温度为20℃时的体积流量。

常用的流量测量仪表可以分成五种：

① 差压式：主要有文丘里管、孔板、喷嘴等组成。

② 容积式：如椭圆齿轮流量计，腰轮流量计(罗茨表)。

③ 面积式：如转子流量计。

④ 自然振荡式：如涡街流量计。

⑤ 力平衡式：如靶式流量计。

差压式流量计是根据流体经过测量元件时由于管径的变化，测量元件前后的压力差发生变化，流速高，差压大。这种仪表结构简单，应用技术比较成熟，是目前生产上广泛使用的一种仪表。缺点是：精度低，安装要求严格，且测量元件的上下游都要有足够长度的直管段，测量范围窄，压力损失较大，刻度非线性。而且工况发生大的变化时需校正。

容积式流量计主要用来测量液体的流量，它的优点是，测量准确度比较高，可达0.5~0.1级，量程宽，可以测量低流量。适用于黏度较大的清洁液体。缺点是体积大、笨重，需进行周期检定且检定困难，压力损失较大。因它是容积式测量，计量时应乘以操作温度下的密度。柴油、蜡油的计量一般选用罗茨流量计。

气体的流量测量比较困难，尤其是易发生相变的气体，比如初顶、常顶的低压瓦斯，在输送过程中发生了冷凝，严重干扰了流量的测量，目前尚未有十分精确的气体流量计。

四、液位测量仪表

液位测量的目的在于正确地测知容器或设备中储藏物料的容量或质量。它不仅要满足工业生产过程中生产规模大、反应速度快的要求，而且生产中常会遇到高温、高压、易燃易爆、强腐蚀性或黏度较大等多种情况，液位的自动检测和控制更是至关重要的。

根据测量原理，液位测量仪表可分为如下几类：

1. 浮力式液位计

浮力式液位计的原理是根据测量元件受物料的浮力作用，随液位变化，元件的位置发生变化而测得的。典型的浮力式液位计有：

① 内浮筒式：这种表精度高，但量程较小，适用范围窄。不适用腐蚀性强、高温、高压的环境。

② 浮球式：常用于温度、黏度较高而压力不太高的密闭容器的液位测量。浮球式液位计的优点是测量精度高，反应灵敏。缺点是容易发生浮球脱落，测量范围小。

③ 磁翻板式：它的测量原理是液位计内的浮子中有磁铁，浮子随液位的升降，利用磁性的吸引，使得带有磁铁的红白两面分明的翻板产生翻转。有液位的位置红色朝外，无液位的位置白色朝外，根据红色指示的高度可以读得液位的具体数值，色彩分明，效果较好。

④ 钢带式：主要用于油罐的液位测量。

2. 差压式液位计

差压式液位计是利用物料的静压压头的变化来测量液位高低的。它的优点是测量精度高，反应速度快，量程可以做得很宽，可进行连续测量和远传指示，且被测压差与输出信号呈线性关系，所以应用的比较多。

当物料的密度与设计值发生较大的偏差时应对差压进行校正。

3. 玻璃板液位计

这种液位计是现场应用最多的液位指示仪。它的优点是价格低廉、安装方便，直观不易被干扰。缺点是易脏，另外当测量界位时，如果两种物料的颜色相近，不易看出分界点在哪里。另外，冬季里容易冻裂，发生跑油事故。磁翻板式液位计可以替代它。

4. 超声波液位计

声波可以在气体、液体、固体中传播，并具有一定的传播速度。声波在穿过不同介质的分界面时会产生反射。根据超声波从发射到接收反射回波的时间间隔与液位高度之间的关系，就可以进行液位的测量。

5. 电容式液位计

仪表的探针深入到液体中，作为一个电极，以容器壁作为另一电极。物料液位的变化会影响两个电极的电容量，通过电容量的变化推导出液位变化量。射频导纳是这类液位计的代表产品，在炼油装置上应用比较广泛。它有很多优点，可测范围较广，故障率低。缺点是维护困难，需专业人员进行维护。

6. 放射性液位计

测量仪表的准确性关系到工艺操作的平稳和正确，因此，总是希望测量的结果准确无误。但是测量结果都具有误差，任何先进的测量方法，任何准确的测量仪表，均不可能使测量的误差等于零。测量误差是指测得值与被测量的真值之差，有绝对误差和相对误差两种表达方式。另外，测量仪表还有一个重要参数，就是量程。量程是指仪表能正确指示的量的上限和下限。比如，某一热偶的量程是200~500℃，说明这只热偶的量程范围是300℃，且正确指示范围是200℃到500℃，如果低于200℃或高于500℃，读数就不准确了。

显示仪表直接接收测量仪表、变送器、传感器送来的信号，经过测量线路和显示装置，最后对被测变量予以指示或记录。显示仪表按显示方式分为模拟显示、数字显示和屏幕显示三类。由于现在都使用DCS系统，显示方式就只保留了屏幕显示的方式。

被测量值传送给控制器。控制器对测量值和设定值进行对比，根据差值计算出应进行的控制幅度，再将控制指令转变成电信号传送给执行器。一个控制回路的控制质量与被控对象的特性、干扰的形式和大小、控制方案和控制器的参数整定都有着密切关系。一旦控制方案确定，被控对象的特性变化和外来的干扰只能通过调整控制器的参数来消弭，用来保证回路的控制质量。

在工业控制中，目前应用最多的控制方法是PID控制。PID控制器的参数就是P—比例度、I—积分时间、D—微分时间。

比例控制的特点是控制器的输出与偏差成比例，阀门位置与偏差之间有一一对应关系。当负荷变化时，比例控制器克服干扰能力强，过渡过程时间短。但是比例控制在过程终了时会产生残余偏差。

积分控制是使控制器的输出和偏差的积分成比例，故过程结束时没有偏差。

微分控制能够使控制器的输出与偏差变化速度成比例。其效果是阻止被调参数的一切变化，有超前调节的作用。它对克服系统的滞后有显著效果，适用于温度参数的调节。

这三种控制手段不是独立存在的。对于控制效果滞后较小，负荷变化不大，工艺参数不允许有较大的残余偏差的系统，需要比例控制和积分控制配合使用。如果滞后较大，则需同时运用微分控制。

在控制器安装初期，PID 参数已经根据设计工况设定好。实际生产中一旦工况改变了，控制器参数的“最佳”值也就随着改变，这就意味着需要适时地整定控制器的参数。但 PID 参数复杂繁琐的整定过程一直困扰着工程技术人员。

在 DCS 上专门有一个对应每一个控制器的细目画面，在上面可以对 PID 参数进行分别的整定。其中比例度的数值越小，比例作用越强。比例作用太强，会引起振荡。太弱则会使比例欠调，造成系统收敛过程的波动周期太长。

同样，积分时间越小积分作用越强，也就是纠正偏差的速度越短。要注意的是，微分作用和微分时间是成正比的。微分时间越短，微分作用越小，对测量参数的变化速度的影响越小。通过精心调节这三个参数可以使被调参数在受到干扰时，能够迅速回到给定值并稳定住。

一般在 DCS 上默认设定成操作班长和工艺技术人员、计算机维护人员有权进行 PID 参数的整定。整定方法有好几种，但是经验法是简单调节系统应用最广泛的整定方法，是一种试凑法。它通过参数预先设置和反复试凑来实现，耗时较多。另外，参数的预置值要根据对象的特性和仪表的量程决定。仪表量程大的 PID 参数要适当加强作用。

一个回路的控制方案主要分简单控制和复杂控制两种，前面所述的就是简单控制。复杂控制方案中最常用的是主环单投控制和串级控制。主环单投控制相当于简单控制，也就是控制器的输出直接指挥执行器的动作。对于一个特别重要的工艺参数，我们需要它保持一个恒值。这时可以找另外一个参数来提前调节执行器，保证重要参数的稳定。

以加热炉出口温度为例，炉出口温度是常减压装置的关键控制参数，要求波动尽量小，指标控制波动范围一般为±2℃。主环单投的方案下，温度控制器直接指挥瓦斯压控阀动作。如果瓦斯管网压力波动，炉出口温度会随之发生波动。我们知道瓦斯压力的波动，最直接受影响的是炉膛温度，它比炉出口的温度反应要早。或者这样说，在物料性质不变的前提下，炉膛温度不变化，炉出口温度就会平稳不波动，这样可以使用串级控制。将炉出口温度控制器的输出作为炉膛温度控制器的输入，炉膛温度控制器指挥瓦斯压控阀动作。当瓦斯压力波动时，炉膛温度首先反应，调节压控阀，平稳住炉膛温度，也就稳定了炉出口温度，提高了炉出口温度的平稳率。

主环单投方案和串级控制方案是可以相互切换的。

执行器由执行机构和阀体两部分组成，我们常说的调节阀就是执行器。执行机构按能源划分有气动执行器、电动执行器和液动执行器，按结构形式可以分为薄膜式、活塞式(气缸式)和长行程执行机构。

使用最普遍的调节阀是气动调节阀。气动调节阀的种类很多，主要有直通单座、直通双座、三通、角形、隔膜、蝶形、球阀、偏心旋转、套筒(笼式)等。这些分类是根据其结构特征和流体的黏度、杂质含量等特性的不同进行区别的。最常见的是气动薄膜阀。

调节阀的作用方式有两种：风开阀、风关阀。风开阀是指正常状态下，阀门开度和风压大小成正比，风压最大时阀门全开，停风时阀门自动全关。风关阀正相反，正常状态下，阀门开度和风压大小成反比，风压最大时阀门全关，停风时阀门自动全开。风开、风关的设定是从安全方面考虑的。原油流量控制阀、各塔底液位控制阀为保证停风、流量中断，炉管不会被干烧，所以设为风关阀；中段回流控制阀也设定为风关阀，保证不会因热量未被取出，精馏段的气相超负荷而发生冲塔事故；产品外送控制阀都是设定成风开阀；燃料气阀门也设定为风开阀，目的是停风后切断瓦斯，以免大量燃料气突然进入炉膛造成闪爆。

针对两种阀门反应，应采取不同措施：停风后，对于风关阀，通过控制上游阀，使流量或液位保持原来的水平；对于风开阀，使用控制阀付线进行控制。

第十章　装置的开停工

随着安全、环保要求越来越严格，炼油化工企业要实现安全、环保、长周期、高效运行也面临严峻要求，这促成了设备材质等级的逐步提高，加工工艺的不断进步。国外的常减压蒸馏装置运行周期可以达到 4~5 年大修一次，有的达到 6 ~7 年，国内常减压蒸馏装置基本可以做到 4 年一次大修，目前正在向 5 年一检修努力。同以前 1 ~2 年一检修相比，长周期运行减少了停工时间，增加了装置处理能力，节约了资金投入，增加了经济效益。

装置检修的目的主要是对经过长时间运行的设备进行检查、修理或更换，包括塔内部紧固件、浮阀的检修；机泵的大修；换热器的结垢情况、腐蚀情况检修；阀门的阀芯、阀杆的检修；加热炉燃烧器、炉膛衬里的检修；工艺管线、设备的腐蚀减薄检查；电脱盐罐的清淤、电路检查；装置各处的临时堵漏点处理等。工艺上可利用大修期间将运行时发现的隐患进行处理，对装置进行技术改造和流程调整。这些工作都不是能够在装置开工期间进行的。装置为了大修而进行的停工、开工是有计划、有准备的，属于正常开工、正常停工。而运行期间突发的事故造成的停工和出现重大隐患不得不立即抢修的停工，属于非计划停工。这种非计划停工根据具体情况又划分为紧急停工、临时停工。临时停工的步骤和正常停工多数情况下应该是一致的，或者是局部停工。

第一节　正常开工

一、开工准备

1. 开工条件

为保证安全、顺利地实现开工成功必须做到“四不开工”：

① 检修质量不合格不开工；

② 设备安全隐患未消除不开工；

③ 安全设施未做好不开工；

④ 场地卫生不好不开工。

2. 人员准备

对所有参加开工人员进行 HSSE 培训。

要求开工指挥人员提前编制好开工方案，组织会签，熟悉开工步骤，做到心中有数，指挥命令及时、准确，并亲自落实执行情况，对开工过程中出现的异常情况，能够迅速做出判断并发出正确的操作指令。

要求操作人员提前熟悉本次检修装置各处动改情况、流程变化情况及相应的操作程序，认真学习开工方案，开工过程中要做到流程动改准确无误，并进行分级检查，了解实时开工进程、工作进行步骤，按时保质地完成操作指令，及时、准确地汇报完成状况。

3. 开工检查

① 新鲜水、循环水、软化水、仪表净化风引入装置，各机泵送电。

② 机泵的检查：压力表、电流表是否齐全好用；润滑油是否加足；冷却水是否畅通；盘车是否灵活；送电进行空载试验是否良好；倒淋放空是否关闭。

③ 加热炉的检查：加热炉已经烘炉完毕。长明灯、瓦斯枪、油枪是否配齐；烟道挡板、蝶阀是否灵活、开关位置是否正确；防爆门是否开启正常。

④ 检查电脱盐罐电极的安装情况；空载送电是否良好。这一步应在电脱盐罐封人孔前进行。

⑤ 全部设备管线的法兰、垫片、螺栓、丝堵、温度计、压力表、热电偶、阀门、安全阀、过滤器、所有仪表等是否符合工艺要求。

⑥ 盲板位置是否正确，是否有遗漏和加错之处。

⑦ 对装置区内的杂物全部清理干净，拔掉临时电源，检查现场照明是否良好，管沟、下水井是否畅通，盖板是否整洁。

4. 管线试压

(1) 目的

① 贯通流程，检查流程的正确性。

② 检查泄漏点并处理。避免引油后才发现泄漏，耽搁开工时间。

③ 清理管线里的脏物。

(2) 原则

① 新装置吹扫前必须把有关孔板、调节阀、计量表拆除或解法兰，以免打坏仪表或者堵塞老装置。动改较大的管线也同样处理，没有动改的管线上的计量表必须走副线。

② 吹扫前应在管线与设备连接处拆法兰、加盲板以免脏物进去。

③ 吹扫时冷换设备的另一程要放空防止憋压。

④ 吹扫工作应在装置地面明沟、电缆沟的土建工程及排水工程竣工后进行。

⑤ 在吹扫中对于粗管线可用阀门截止一下，待憋上压力后再开大阀门反复数次。

⑥ 吹扫时若发现阀门关不上或关不严不要硬关，应拆下阀门清理后再装上。

⑦ 吹扫冲洗时管线上的阀门必须处于全开或全闭状态，以免留下死角。

⑧ 引蒸汽时应先脱水，防止水击。

⑨ 吹扫时管线上的排凝点、放空阀均应打开放空。

⑩ 吹扫时应设专人监护，严防蒸汽喷出伤人。

⑪ 吹扫冲洗完毕后管线应撤压放尽存水，回流、侧线抽出线自泵出口压力表处放空，尽量避免侧管线存水造成泵抽空，除顶回流外，侧线、中段回流塔壁出入口阀门关闭。

⑫ 认真填写好吹扫冲洗记录，发现问题及时反馈。

5. 设备试压

管线贯通试漏完毕后进行塔器的试压，可将管线里的蒸汽撤到塔内，节约这部分蒸汽。

① 初馏塔、常压塔、减压塔连同对应的油气分离罐逐次给汽试压，试验压力一般控制在0.2MPa，用塔顶放空控制塔顶压力，安全阀不要投用。检查重点是检修时打开的人孔和管线法兰、仪表法兰，尤其是减压塔的人孔和真空泵的法兰。减压塔试压时，将减压炉炉管一起试压，由于电脱盐的操作压力较高，应用新鲜水进行耐压试压，但对于老装置除非电脱

盐罐动改很大，一般都用蒸汽试压，原因是耗水量巨大，对于一个5.0Mt的电脱盐，两个罐的容积至少900t。

试压的注意事项：

a. 憋压前要将空气赶干净；

b. 压力表确保灵敏、精确，避免因指示不准造成塔器超压，看压人员不得离岗；

c. 试压完毕立即打开塔顶或塔底放空进行撤压，严禁长时间保压和蒸汽冷凝后塔器内形成负压损坏设备；

② 减压塔正压试压后进行抽真空试验，目的是检查抽真空系统是否能够良好的运行，如果发现真空度升不起来，可能有几个原因：

a. 由于正压试验已经合格，说明并非是减压塔的泄漏而造成的真空度低；

b. 大气腿堵，可根据减顶罐的界位的变化来判断；

c. 放空线堵，可根据减顶罐顶的压力是否超过常压来判断；

d. 真空泵喷嘴堵，可根据声音进行判断，对于新装置喷嘴安装不正确也会影响真空度。

6. 水冲洗试压及联合水运

水冲洗试压是为了进一步检查设备、管线、仪表存在的问题，使之在引油前得到解决，水试压包括原油系统试压、拨头油系统试压、常底油系统及减渣系统试压。由于原油泵和各塔底泵的扬程较高，至少2.0MPa，而蒸汽最多试到1.0MPa，达不到日常操作压力，因此使用塔底泵打水进行试压，同时通过控制水运的正常循环可考察仪表是否良好。

方案流程要细，不能漏项，特别是相连管线要标明冲洗方向，需要拆开法兰的部位、排空部位要标出，先后顺序要注明，从高处往低冲洗。

目的将施工中遗留在设备、管线内的铁锈、焊渣等杂物冲洗干净，防止装置在运转时卡坏阀门、法兰、流量计，堵塞管线、设备和机泵；冲洗要求：冲洗水量要大、背压低，冲洗有力；方法：间断冲洗打破平衡法，不留死角。

每次冲洗刚出水时检查水质干净无杂质为冲洗干净标准，冲洗完毕低点放空要打开检查是否有杂物堵住，阀门检查无卡涩、开关灵活。

水运流程：

原油泵→初馏塔→拨头油泵→常压炉→常压塔→减压炉→减压塔→减底泵→开工循环线→原油泵。

部分炼油厂常减压装置原油由储运装置外供，可从拔头油泵入口开工用水线向初馏塔装水。

水运流程：

初馏塔→拨头油泵→常压炉→常压塔→减压炉→减压塔→减底泵→开工循环线→初馏塔。

注意：

① 水循环好后，在进塔前用阀门控制系统压力至1.8MPa，进行管线、换热器查漏；

② 对设备管线进行检查，发现问题及时处理，如有需要，停止循环直至运行正常为止；

③ 检查各塔底液面、塔底泵及控制调节系统有无问题并及时处理；

④ 控制各塔底液面50%左右；

⑤ 水循环时塔底泵应切换一次将脏物冲走；

⑥ 试压、联运完成后，尽量把水退到下游装置，以便节约用水；同时打开各低点放空，排净管线存水；

⑦ 水联运期间是抽查职工技术水平最好的实战方法，可采用突击抽查方式抽查操作工的事故演练。

二、正常开工

准备工作已完成后，可以引原油进入正式开工过程。

1. 引油

① 所有仪表都达到备用条件，各动力、物资供应正常；

② 盲板全部处于开工状态，对应法兰全部换垫并把紧，安全阀投用；

③ 破乳剂、缓蚀剂、氨水在罐内配好备用，部分装置已取消注氨，增加注中和剂及注碱工艺；

④ 机泵润滑油(脂)备足，封油罐引柴油；

⑤ 联系化验做原油分析，密度、含盐量、水分在指标范围内，原油引至原油泵入口，对于无原油泵、采用外供原油的装置，应做好引原油外甩置换工作；

⑥ 初顶罐、常顶罐引好做回流的汽油，也可不引，塔顶冷却系统投运后，随原油温度升高石脑油会蒸出、冷却到罐内；

⑦ 燃料油、燃料气引至装置界区外，也可直接烧原油，部分装置加热炉已完全以燃料气作燃料；

⑧ 减渣去油品线暖线完毕；

⑨ 加热炉做好点火准备；

⑩ 三顶瓦斯放火炬；

⑪ 操作记录、台账、交接班日志等送到操作室。

2. 建立原油循环

原油循环可以分成闭路循环和开路循环两种。闭路循环是指原油自减压塔出去后不送至油品罐区，而是回到原油泵出口或入口。闭路循环的优点是升温迅速，缺点是温度升起来以后原油再换成冷油后会造成相当大的波动。开路循环是指原油自减压塔直接去油品罐区和正常生产流程一致。这样可以将水带至原油罐进行脱水，缺点是温升较慢现在大多数装置都采用开路循环。

① 改好原油泵→初馏塔→常压塔→减压塔→原油罐区的流程，电脱盐系统走副线，减渣线走冷却器或冷却槽副线，并组织操作人员、班长、技术人员进行三级流程检查，确保流程正确，倒淋、塔底放空关闭，蒸汽盲板加好，换热器、控制阀组、流量计均走正线；

② 联系好调度，原油泵开启，控制好进油速度(不同处理量的装置的循环量不同)，原油泵开启后组织人员沿流程进行认真检查，做到不跑、不串、不憋压；

③ 初馏塔底见液位后启动初底泵向常压塔装油；

④ 常压塔底见液位后启动常底泵向减压塔装油；

⑤ 减压塔底见液位后启动减底泵向原油罐区外送；

⑥ 原油循环建立后此时的重点是保持好原油的稳定循环，关键是控制好三塔的塔底液

位不能一会儿干一会儿满，可以根据物料平衡来调节进装置的原油量，只有当原油循环稳定后才能进行下一步的点火升温；

⑦ 循环过程中燃料油循环建立；对以燃料气为唯一燃料的装置，将燃料气引至界区并化验合格，从界区内给汽至加热炉各火嘴分支末端高点放空并见汽，从末端引燃料气至临时长明灯，专人盯防，确保有明火直至加热炉点火正常；

⑧ 各塔底泵切换一次，以便检查机泵的状态并排除泵体内的水分。

3. 升温热紧

原油循环建立后各塔底液位平稳且自动控制燃料油循环也已建立，如果从装置外引油或瓦斯应引至炉前。

① 过热蒸汽引至常压炉顶放空；

② 打开炉底消防吹扫炉膛 15min 后关闭，烟道挡板开度在 50%；

③ 两炉点火，如装有长明灯先将长明灯点着；

④ 控制炉出口升温速度为 30℃/h；

⑤ 调整烟道挡板及风门保证两炉燃烧良好，加热炉保持现场盯岗；

⑥ 在温度升至 100℃、150℃时，分别切换一次各塔底泵。

⑦ 投用所有冷却器、空冷；

⑧ 常顶罐有油时或 100℃以前开始打回流；

⑨ 严格监视塔底泵运行情况，及时处理泵抽空；

⑩ 180~250℃为脱水阶段，升温要缓慢；

⑪ 升温至 250℃时恒温进行热紧。热紧的原因是随着温度的升高，设备、管线的材质和螺栓、螺母的材质膨胀系数不同，螺栓把紧程度变化，热紧就是将这些螺栓重新紧固一遍；

⑫ 随着原油温度升高，侧线、回流的换热器注意检查是否已放空，避免憋压；

⑬ 此时可打开一级电脱盐罐入口开始向脱盐罐内装油，罐顶放空应打开，最初时量要控制小些避免给初馏塔底液位造成波动，当两级脱盐罐全部灌满后将电脱盐并入，这样可发挥电脱盐的脱水作用，减少水分对后面单元的冲击；

⑭ 注意控制好减渣去油品的温度不能超温；

⑮ 减顶开二级、三级真空泵；

⑯ 由于原油温度已经升高，将各塔底泵封油注入。

4. 常压开侧线

原油升温至 250℃，初馏塔、常压塔顶回流已打上，具备开侧线条件，减压已预抽真空。

① 热紧完毕开始快速升温。

② 常压炉升至 300℃以后视顶温控制情况从上到下开中段回流，注意开泵前先从泵体低点排空处及各管线低点排空处放水直至出油为止。

③ 中段建好后开始依次打开一线、二线、三线、四线，注意控制好抽出温度避免馏出口温度过高，如果控制较好可以不送污油直接转至成品线，这个时期最大的问题是侧线、回流泵的抽空问题；所以要求临开时才打开器壁阀并放水，这样可减少抽空的机会。

④ 当过热蒸汽出口温度超过300℃时将常压塔的塔底吹汽投用，量稍少一些。

⑤ 由于侧线、中段已开，适当提量保持好三塔底的液位。

5. 减压开侧线

至此常压单元基本正常，只剩调整各点温度控制产品质量，减压单元已具备开侧线条件。

① 减压炉炉温继续升高。

② 将常三线补至减顶作回流，视塔顶负荷情况待减一线集油箱有液位后开减一线泵，暂不外送只打回流，停常三线补减顶。

③ 减二线、减三线集油箱有油后依次投用一中、二中。

④ 调节各点温度直至正常，减压侧线开始外送。

⑤ 减压开侧线最常见的问题也是侧线泵抽空的问题。

⑥ 减底温度起来后将减渣送至渣油罐区。

6. 调整操作

① 调节各参数至正常工艺指标，原油继续缓慢提量，注意控制好各塔底液位和常压炉、减压炉的分支温度。

② 调节常底吹汽量，打开常一线、常二线的汽提蒸汽。

③ 当电脱盐脱前温度升至120℃以后，电脱盐注破乳剂、注水、送电，检查是否有乳化层的存在。

④ 三注投用，如有蒸汽发生器设备，在装置开工正常后再投用。

第二节　装置正常停工

一、停工准备

1. 停工要求

① 十不：降量时不出次品、不超温、不超压、不水击损坏设备、不冒油、不串油、不着火、不爆炸、设备管线内不存油和水、不拖时间。

② 两个一次：管线吹扫一次合格，容器瓦斯分析一次达到动火条件。

2. 准备工作

① 组织学习停工方案，明确停工步骤，明确停工目的及检修动改项目。

② 拆除所有扫线蒸汽、放空阀及各有关管线上的盲板。

③ 停工前备四桶汽油、四桶柴油，检修中清洗设备用。

④ 准备好停工用具，备好消防器材。

⑤ 与各有关单位做好联系工作。

二、正常停工

1. 停工准备

停工前一天停电脱盐单元，停工步骤参见第二章，同时停三注，如有发汽也应提前切出放空撤水，停燃料油线并扫净。

2. 原油降量

工作程序：

① 原油开始以 30~40t/h 的速度降量，逐步降到低限。

② 降量同时调节各塔顶温度、侧线的抽出量，以保证产品质量合格，中段回流量同步减小。

③ 初顶、常顶低压瓦斯改至放火炬，塔底吹汽、汽提蒸汽关小。

④ 炉出口温度保持不变，现场逐步减少火嘴，控制好二次风门。

注意事项：加强和外界的联系工作，确保三塔底液位平稳，调节减压渣油外送温度，不能凝线。

3. 常压塔停侧线

工作程序：

① 处理好污油线、常一线、常二线、常三线，关闭馏出口控制阀，产品改走污油线或送加氢原料罐(产品轻对加氢精制没有影响)。

② 控制瓦斯量，常压炉以 30~40℃的速度降温，待炉出口温度降至 320℃以下时塔底吹汽、汽提蒸汽关闭。

③ 逐步停常二中、常一中、常顶循环泵，侧线汽提塔抽干后停泵，停中段时要以顶回流能够控制塔顶温度为准。

④ 常压炉出口温度降至 250℃以下灭火，保留几个长明灯以利于吹扫炉管。

⑤ 初馏塔如有侧线，当初馏塔进料温度低于 200℃时停侧线抽出，塔顶回流继续保留。

⑥ 待初馏塔、常压塔顶温降至 80℃以下时停止打回流，塔顶罐中的油全部外送。

注意事项：停顶回流要以不打回流顶温也不再回升为准，否则回流继续打。

4. 减压塔停侧线(与常压塔停侧线同时进行)

工作程序：

① 控制瓦斯量，减压炉以 30~40℃/h 的速度降温。

② 停增压器和二级真空泵，三级继续保留。

③ 待减三线集油箱液位逐渐下降后，减二中控制阀手动全关，液位干后停减三泵。

④ 同样处理减二线。

⑤ 减顶回流一定要确保防止减压塔温度太高，停顶回流的条件同常顶条件一致。

⑥ 减压炉出口温度降至 300℃以下灭火，保留几个长明灯以利于吹扫炉管。

5. 停原油泵

停原油泵代表常减压装置已经停工。

① 减压侧线停完后停原油泵。

② 待放净初馏塔底液体后停初底泵，依次类推停常底泵、减底泵。

③ 注意控制减渣外送温度不要过低以免凝线。

三、扫线、水洗、蒸塔、钝化

1. 扫线

扫线原则：

① 停工前要做好扫线的组织工作，条条管线落实到人头，停工扫线要做好详细记录，

给汽点、给汽停汽时间和操作员姓名等均做好详细记录，落实责任。

② 做好扫线联系工作，严防串线、伤人或出设备事故。

③ 扫线时要统一指挥，确保重质油管线有足够的蒸汽压力，保证扫线效果。

④ 扫线给汽前一定要放尽蒸汽冷凝水，并缓慢地给汽，防止水击。

⑤ 扫线步骤是先重质油品、易凝油品，后轻质油品、不易凝油品。先将原油扫至初馏塔，用初底泵将新积攒的原油送至常压塔，初馏塔底给汽扫线至常压塔，此时两炉保持几个长明灯目的是保持炉膛内有一定的温度，加快扫线速度，再用常底泵将存油扫至减压塔，常底给汽扫线至减压塔，此时减压塔的三级真空泵应是运行状态，目的是让减压塔内保持一定的真空度，扫线会很迅速，扫石脑油线时应先用新鲜水顶线，原因是如果直接用蒸汽扫石脑油线，200℃的蒸汽会把石脑油加热成蒸气，很容易在管线内摩擦产生静电，还会造成接油罐内外遍布石脑油油气，带来非常严重的事故隐患。

⑥ 扫线时必须憋压重质油品，要反复憋压，这样才能达到较好的扫线效果。

⑦ 扫线前必须将所有计量表甩掉，改走副线，蒸汽不能通过计量表。

⑧ 扫线时所有的连通线、正副线、备用线、盲肠等管线、控制阀都要扫尽，不允许留有死角。

⑨ 扫线过程中绝不允许在各低点放空排放油蒸气，各低点放空只能作为检查扫线情况并要及时关闭。

⑩ 扫线完毕要及时关闭扫线阀门并要放尽设备、管线内蒸汽、冷凝水。

2. 蒸塔

① 原油线、各塔底线扫净后，各给汽点不要停汽，减少给汽量进行蒸塔，蒸塔的目的是将扫中段回流时扫入塔内的油品和塔板上残存的油蒸出，同时吹扫塔顶油气。

② 蒸塔的注意事项：

a. 蒸塔前将所有器壁阀(除塔底蒸汽阀门外)关闭，蒸塔时连同汽提塔一并蒸，侧线馏出控制阀手动全开，汽提塔底抽出阀关闭，汽提蒸汽给上。

b. 打开各塔底放空(包括汽提塔)，注意控制好放空开度，避免蒸汽大量外泄。

c. 蒸塔顶油气线时，塔顶冷却器放水、空冷停风机，换热器走副线，连同塔顶罐一并蒸出，在塔顶罐上放空要提醒的是，塔顶冷却器和空冷一般都刷有防腐涂料，不能长时间走高温蒸汽，过一段时间后打开塔顶放空。

d. 蒸减压塔前停三级真空泵，水封撤掉(由于常底一直给汽不会发生空气倒串)。

e. 蒸塔时间一般不小于 12h。

3. 水洗、煮塔

① 停掉原油线、各塔底线的扫线蒸汽，自原油泵给水，初馏塔、常压塔、减压塔分别自顶回流处给水。

② 改成闭路循环流程，换热器全走正线。

③ 初馏塔装水应到最下面侧线抽出塔板以上，常压塔至常三线抽出板下，减压塔至减三线填料以上。

④ 在各塔底吹汽处给汽，减炉进料处注汽可辅助给汽，将水加热至 80～90℃后开动原油泵和各塔底泵进行水循环，以各炼油厂常减压装置实际流程为准闭路循环。

⑤ 循环一段时间后停泵，在三塔底放空处将脏水放掉，注意不要将脏水逸出污染地面；

重新装水、加热、循环、放水；一般循环4次即可，以塔底所放之水清亮不含油为准。

⑥ 水洗、煮塔的目的是通过热水冲洗进一步清除塔内和换热器残存的黏油、重油，便于检修，还可洗掉炉管内壁所结的盐垢。

⑦ 水洗后放净存水，如需进行减压炉炉管烧焦，灭掉常炉长明灯，减炉长明灯继续保留。

⑧ 由于在减压塔的填料中有硫化亚铁，为避免打开人孔后发生硫化亚铁自燃事故(70℃)烧坏蒸馏塔，水洗后可请专业处理公司对硫化亚铁进行氧化冲洗处理。

4. 钝化及气相清洗

(1) 液相钝化

清洗原理：

硫化亚铁钝化剂是由一种螯合剂加入适当比例的其他有效成分组成。有双功能，以钝化硫化亚铁为主，消除硫化氢、硫醇、二硫化物等为辅。红褐色液体，pH值为7~8，密度为1.04~1.06g/cm^3。

硫化亚铁钝化剂主要特点：

① 高效、无毒、无腐蚀，不会造成二次污染，对硫化亚铁具有快速的钝化作用，可以有效防止硫化亚铁自燃。

② 对消除硫化氢、硫醇、二硫化物等恶臭物质有一定的作用。

③ 不需要动改工艺流程，硫化亚铁钝化时间一般为8~12h，可脱除硫化亚铁96%以上，不会延长装置的停工时间。

④ 钝化后的金属表面能形成保护膜，有效地防止金属表面被进一步腐蚀。

⑤ 钝化剂处理后的废水可直接排放到污水处理场。

清洗流程：

将钝化剂配制成质量分数8%~10%的水溶液，利用装置现有流程，通过配置副线进行部分系统循环。清洗时间为12h左右。

(2) 气相清洗技术

气相清洗技术是在炼油厂停工过程中通过吹扫蒸汽将化学试剂带入炼油化工装置中，最终快速、高效地去除装置中硫化亚铁、硫化氢等物质，保证炼油化工装置无毒、无害、无爆点，实现完全净化。装置在进入蒸塔阶段后，首先使用试剂去除重油，然后使用试剂除臭、钝化，消除装置中硫化亚铁和硫化氢、硫醇等有害物质。由于试剂直接加入蒸汽中，随吹扫蒸汽清洗设备，分布相对均匀。气相清洗相比较液相清洗和钝化，经过多方面的比较可以看出气相清洗具有清洗彻底、排污量少、清洗效率高等优势。由于该技术刚引进国内，在现场施工方面需要注意使用方法。

清洗过程：

装置开始降温降量后，常减压装置各系统陆续开始停工退油，主流程引柴油置换，闭路循环升温清洗，此过程区别以往化学清洗，不进行加剂，闭路清洗结束后退柴油。基本退油结束后，三塔(闪蒸塔、常压塔、减压塔)进入蒸塔阶段，通过蒸塔，将主流程内需要清洗的装置(闪蒸塔系统、常压塔系统、减压塔系统)温度提升至100~130℃。条件具备后，进入到加剂阶段，试剂进入装置后使用专用试纸检测清洗情况，持续清洗直至清洗合格。

气相清洗较以往的停工柴油化学清洗和液相钝化具有节水、反应充分的优势，但是在细节上还需要考虑全面，在蒸汽压力略低的情况下，蒸塔的效果不理想，此时可以考虑多点给汽进行气相钝化，利用蒸汽扩散至各钝化位置，起到较好的效果。

四、密闭吹扫在装置停工过程的应用

常减压装置停工吹扫过程中往往会排放废气、废水和污油，造成现场气味较大，油污较多，不能满足日益严格的环保要求。加工高硫原油的装置这方面问题更加突出，如果处理不好停工现场恶臭味会较大，严重时甚至影响周边居民的正常工作和生活。以前国内的常减压装置设计很少专门考虑密闭吹扫，随着装置日益大型化，停工吹扫难度进一步加大。如何在停工过程中实现密闭吹扫，杜绝停工过程中废气、废水和污油直接排放，在平稳停工和安全停工的同时，实现环保停工有非常重要的现实意义。

实现停工密闭吹扫的主要关键点分析：

① 完善密闭吹扫的流程。要实现密闭吹扫，除了考虑常规的给汽点是否合适、给汽能力是否满足要求外，还应考虑密闭吹扫冷凝的油气、废油和污水是否具备密闭外送流程，能否在开工状态下进行完善流程的施工。

② 核实密闭吹扫的气相冷却能力、吹扫污油和废水的外送能力是否满足要求。应将相关空冷器、水冷器、污水泵和污油泵的能力进行核算，避免能力不足造成退油或退水时间过长影响停工进度。

③ 密闭吹扫物的后路排放应提前与全厂储运系统对接好。出装置管线不允许直接向罐区或下游装置吹扫的，应考虑向装置反扫或接跨线至其他后路。排放量或排放温度不能满足全厂储运系统的限制条件时，应制订相应的应对措施。

④ 密闭吹扫比常规吹扫难度大、效果差、耗汽多、易水击，应考虑实施柴油清洗，减少吹扫难度，确保吹扫效果。

⑤ 加工高硫原油的装置应考虑除臭和钝化措施，减少现场恶臭味和防止硫化亚铁自燃。

可借鉴的具体措施有：

① 点脱盐罐增加油气密闭排放流程，实现电脱盐罐的密闭处理；

② 通过增加临时线，优化流程、提高退油、退水的能力，提高重污油泵的负荷、增加临时线借用水冷器降低外送污油温度、各塔底增加临时联通线提高外送能力、塔底泵和塔顶分液罐的含硫污水泵联通，便于不同介质分流外送；

③ 柴油循环清洗、超级清洗，缩短停工吹扫时间；

④ 停工吹扫时，向固定地点(如初馏塔、常压塔、减压塔等)吹扫、加热炉热态吹扫，便于统一处理；

⑤ 除臭钝化，确保安全停工。

同时明确量化指标，做到污污分流、污污分治。优化废气排放控制，废气优先进脱硫系统、控制排放温度、统筹安全火炬气排放；优化废水排放控制，含硫污水进酸性水系统、蒸塔水进污水处理系统、充分优化废水储罐罐容，增设互补流程提高存储和应急处理能力，从而实现密闭、清洁停工。

五、减压炉烧焦

烧焦方案在加热炉章节中已介绍。

第三节　紧急停工

紧急停工作为事故处理的基本手段，在事故原因尚不明确或发生重大事故且有扩大趋势而危及本装置的安全生产时即可采用紧急停工，它可能不是最优化的事故处理方案，但它却可以迅速有效地控制事故的蔓延，保证装置的安全，从而为迅速恢复生产奠定基础。

一、局部停工

在生产装置的某一部分出现生产、设备问题时，根据本装置的实际情况将本部分切出系统，进行检修处理，修复正常后并入系统，从而避免了整个生产系统的停工，节省人力、财力、物力，减少损失和对下游装置的影响。

1. 停电脱盐罐

(1) 停电脱盐罐的条件

① 电极击穿或法兰问题造成漏油或着火。

② 设备内存在问题需要处理。

(2) 操作要点

见第二章。

2. 停减压(减压塔、减压炉)系统

实现减压塔、减压炉能够单独切出的前提是常底油能够改入减压渣油系统。

(1) 停减压塔、减压炉的条件

① 减压塔设备或内部构件有问题或者存在泄漏问题。如：真空泵、冷却器、塔壁阀等有漏点。

② 转油线蚀穿漏气。

③ 减压炉炉管漏油着火或衬里损坏影响加热炉主体设备等。

④ 冷却器腐蚀严重直接影响了减顶真空度，减压塔无法正常操作。这种情况比较常见。

(2) 操作要点

① 原油以40t/h的速度降量至60%~80%正常处理量(具体视常压操作及渣油外甩温度而定)。

② 减压炉改自然通风，以40℃/h降温至熄火，若减压炉无问题留一个瓦斯火嘴，若有问题需处理，则全熄火，若减压炉漏油着火严重应迅速熄火给炉底消防、炉顶消防蒸汽。

③ 减压炉出口350℃时，减压塔破坏真空，关不凝气排出阀，严禁空气倒串入塔。

④ 停减顶三注，侧线及回流无量后停泵视情况处理，如果时间较短(1~2天)，可压轻侧线至油品凝点低于大气温度即可，若时间较长，对侧线和中段进行扫线。

⑤ 常渣改入减渣系统，逐渐减少减压炉进料直至切断。

⑥ 减压炉进料控制阀处给汽，把重油扫入减压塔内。

⑦ 减底泵将减压塔内存油打入渣油系统后停泵，切断与常渣的连接阀。

⑧ 若处理减压炉的问题，减压炉可只给汽暖塔(微正压)，塔顶放空。

⑨ 若处理减压塔内部构件的问题，则给汽蒸塔并给水煮塔，直到达到进容器作业条件。

⑩ 若减压塔只处理外部问题，如真空泵、冷却器、大气腿等，停减压塔后切断抽真空系统与塔的联系即可。

二、紧急停工

1. 紧急停工的目的、条件

在装置生产过程中当遇到突发的重大事故时，为了迅速控制事态，避免事故的扩大和蔓延，保护人身、设备的安全，最大限度地减少损失，迅速恢复生产，即应果断地采取紧急停工手段。这些突发的重大事故可以归纳为以下几类：

① 本装置内发生重大着火、爆炸事故。

② 加热炉管严重烧穿、漏油着火。

③ 蒸馏塔或转油线等主要设备严重漏油着火。

④ 主要机泵如：原油泵、塔底泵等严重故障，无法运行或泄漏着火。

⑤ 公用系统如电、风等长时间中断。

⑥ 重大的自然灾害如地震、飓风等。

⑦ 外装置发生重大事故严重危害本装置安全。

2. 紧急停工对生产及设备的影响

紧急停工时由于时间短、动作快，造成温度、压差变化大，又易出现组织不周密、动作不协调情况，因而容易出现：

① 温度大幅度变化，设备管线热胀冷缩，易出现法兰泄漏、炉管弯曲、密封泄漏、管线拉裂、着火等情况。

② 压力变化大，流程改动容易出错，会有超压情况发生，造成设备泄漏、安全阀起跳等。

③ 操作变化大，液面控制不稳，易出现冲塔、污染大罐、罐满液面溢油等现象。

④ 由于思想紧张、动作不协调易出错，易发生碰伤、摔伤、烫伤等人身事故。

以上情况应引起操作人员重视，做到遇事不惊，有条不紊，忙而不乱，组织周密，动作协调。

3. 紧急停工操作要点

① 及时汇报调度通知消防队掩护或灭火。

② 加热炉迅速熄火，各塔顶瓦斯放火炬或放大气。

③ 切断原油进料，停掉所有机泵(原油泵、塔底泵、侧线泵、回流泵、燃油泵、鼓、引风机等)。

④ 关闭所有汽提蒸汽，过热蒸汽改放空。

⑤ 减压塔破坏真空恢复常压，在停真空泵而未恢复常压前要关闭减顶瓦斯去炉子或放大气手阀，严防空气倒串入塔发生燃烧或爆炸(对减顶气采用外送工艺的装置应避免后路气体倒串，造成对本装置的冲击)。

⑥ 设备内给蒸汽掩护(微正压)，其存油迅速拿走、退净。

⑦ 迅速切除与事故相关的管线、设备，并对事故环境中的管线、设备进行撤压，给蒸

汽掩护，给水降温，或组织消防队灭火等，严防设备管线受热膨胀爆裂漏油着火，扩大事故。

⑧ 在紧急停工过程中严防超温、超压、超液面等二次事故发生。

⑨ 根据停工时间的长短决定重质油品是否需要退油扫线。

⑩ 为尽快恢复生产可将侧线抽出控制阀手动全关，避免由于侧线产品过重颜色变深，而将产品转入污油线同时必须保持塔顶冷回流的正常循环，以控制好顶温。

未尽事宜均按正常停工处理。

4. 事故处理的基本原则

① 沉着冷静、周密组织：生产事故发生后操作人员尤其是班长首先要镇静自若，切不可惊慌失措，大喊大叫，到处乱跑，要迅速组织人员根据事故的现象，查明事故的原因、部位，做到判断准确，然后一方面安排人员及时向上级领导、调度、消防队汇报，一方面安排人员采取一切措施处理事故，将事故消灭于萌芽状态。

② 保证人身、设备安全，控制事态发展，迅速恢复生产。

③ 照章办事：在处理事故的过程中严格遵守操作规程，执行安全规定、遵守规章制度。

④ 掌握平衡：把物料平衡、热平衡和压力平衡三大平衡作为事故处理的基础，控制各处温度不超标，尤其是加热炉要特别注意避免发生低流量偏流局部过热和分支、出口、炉膛温度的超温问题，一旦超温要及时平衡流量，降温直至熄火，控制好各处压力不超标，尤其是常顶、换热器压力不超标，一旦超标降原油、调吹汽、开空冷、放火炬停泵撤压，控制塔罐液面不超标，尤其注意塔底液面避免再发生机泵泄漏着火或液位超高冲塔的二次事故。作为连续生产的装置，不可避免地会发生一些这样那样的事故，但只要处理得当就会把事故消灭在萌芽状态，就能使产生的危害或损失降低到最低限度。

5. 公用工程事故的处理

(1) 停水

① 停新鲜水：

常减压装置除了开停工期间基本不使用新鲜水，停水对正常生产没有影响，如果设有新鲜水和循环水互串的流程，可以投用循环水。

② 停循环水：

a. 事故现象：

机泵没有冷却水轴承温度高；顶回流温度无法控制，顶温大幅升高，分馏塔失去平衡；产品无法冷却，出装置不安全，易引起火灾、爆炸、冷却器水击等；真空度大幅下降。

b. 处理原则：

若常顶机润滑油无法冷却，停常顶机。

关减顶罐放空(或去炉阀)停真空泵，若有减顶压缩机的装置，如果填料冷却水无法有效冷却，则打开所有回水排空，冷却水箱持续补除盐水。

加大机泵封油量降低轴承温度。

原油降量至最低允许量，空冷风机全开，加大空冷喷淋水量，努力降低空冷冷后温度。

联系调度确认停水原因和时间，如果短时间恢复不了按紧急停工处理。

③ 停软化水：

如果使用软化水作为电脱盐注水可暂停注水；对于以软化水作空冷喷淋水的装置，若有新鲜水作替代水源，可联系相关单位，本装置暂以新鲜水替代软化水维持生产直至回复正常。

④ 停除氧水：

如有发汽装置将热源切出蒸汽出口关闭保护汽包不要干烧，同时从系统补 1.0MPa 蒸汽临时作各塔正常生产用汽。

(2) 停电

处理原则：保证炉管不超温。

① 一般装置都是两路供电，如果只停一路，马上启动备用泵，顺序按先塔底泵，后回流泵，再侧线泵。加热炉的鼓风机、引风机一般没有备用泵，如果鼓风机停立即改成自然通风，如果引风机停应打开烟道挡板保持负压；对于有采用热管式空气预热器余热回收系统的装置，如鼓风机停运，则联锁停引风机，烟气走空气预热器旁路至烟囱，烟气进空气预热器阀门关闭。

② 如果两路电全停，按紧急停工处理：

a. 联系调度、外装置，停止向本装置送物料。

b. 关闭瓦斯快速切断阀及现场球阀，迅速切断燃料，防止炉管超温。

c. 将常顶气改放火炬，注意防止常顶机倒转损坏干气密封以及外部气体串入本装置。

d. 停减顶抽真空，减压塔抽真空，将减顶气改火炬，注意防止外部气体串入本装置；若减顶气直接至加热炉燃烧的装置，应采取措施避免空气串入减压系统造成次生事故。

e. 关各塔吹汽塔壁根阀，防止油品串入蒸汽系统。

f. 关各泵的出口阀，静待来电。

g. 视停电时间及环境温度等因素判断是否需对有关管线进行吹扫置换。

(3) 停 1.0MPa 蒸汽

① 发现 1.0MPa 蒸汽压力明显下降后立即向班长和单元报告，同时向调度汇报：常减压装置 1.0MPa 蒸汽压力快速下降，减压塔操作难以维持，目前装置正组织人员处理。

② 逐步降低装置处理量至 60%(以保证减底液面在控制范围内为准)。

③ 减压炉出口温度改为手动控制；逐步降低减压炉分支出口温度至 380℃。

④ 维护好第三级抽真空的液环泵系统，维持减压塔负压状态下操作。

⑤ 若减底液面偏高，需要泵启动双泵运行，维持减底液面可控。

⑥ 若液环泵突然故障，无法维持减压塔继续负压操作，考虑甩减压操作。

(4) 停净化风

① 调节阀的作用方式有两种：风开阀、风关阀。风开阀是指正常状态下阀门开度和风压大小成正比，风压最大时阀门全开，停风时阀门自动全关；风关阀正相反，正常状态下阀门开度和风压大小成反比，风压最大时阀门全关，停风时阀门自动全开。风开、风关的设定是从安全方面考虑的，原油流量控制阀、各塔底液位控制阀为保证停风流量中断炉管会被干烧，所以设为风关阀；中段回流控制阀也设定为风关阀，保证不会因热量未被取，出精馏段的气相超负荷而发生冲塔事故；产品外送控制阀都是设定成风开阀；燃料气阀门也设定为风开阀，目的是停风后切断瓦斯以免大量燃料气突然进入炉膛造成闪爆。

针对两种阀门反应，应采取不同措施：停风后对于风关阀通过控制上游阀使流量或液位保持原来的水平。对于风开阀使用控制阀副线进行控制。

② 加强与内操的联系，努力控制好物料平衡。

③ 长时间停风：因控制阀失灵、手动调节器较乱且调节速度太慢易出事故，所以一般停风时间过长则按紧急停工处理。

对于新建炼油厂，重要阀门都有净化风储罐，可保证15min左右的用量，且有非净化风串入净化风流程，具备临时维持装置生产能力。

（5）瓦斯中断

① 向调度汇报装置紧急停工，并协调相关装置，联系相关装置停送原油。

② 迅速关闭瓦斯快速切断阀，确保有效切断瓦斯来源，防止瓦斯突然恢复造成闪爆。

③ 内操启动停鼓风机联锁。此时加热炉烟道旁路挡板将打开，引风机将停机，烟气进空气预热器挡板将关闭。加热炉自然通风门将打开。内操控制好烟道挡板开度，保持加热炉炉膛负压不要过大，防止加热炉炉膛降温过快。

④ 内操确认原油泵停运后，安排外操停运初馏塔底泵和常底泵，根据减压系统恢复正压情况，及时停运减底泵。

⑤ 各塔底泵停运后，停运封油泵，并关闭所有封油用户机泵封油线上的总手阀，防止高温介质反串至封油系统。

⑥ 常顶气量减小后，将常顶气改至火炬系统。通知外操停运常顶压机。

⑦ 根据稳定塔的温度和压力情况，逐渐撤除稳定塔热源，稳定塔实行保压操作。

⑧ 过热蒸汽出口温度低于300℃后，内外操配合停常压塔、减压塔、常一线汽提塔过热蒸汽，过热蒸汽改放空。（紧急情况下先串入1.0MPa蒸汽，待装置安全停运之后，第一时间两名外操配合关闭各吹汽点塔壁根阀并至常压炉上部打开过热蒸汽放空。）

⑨ 内操根据各液位情况，及时通知外操停运各侧线机泵，防止损坏设备。

⑩ 各塔回流泵或流程按照自下而上的顺序依次停运，要保证常压塔顶不能发生飞温事故。

⑪ 各主要流程的机泵停运之后，内操控制好各塔顶温度及压力，控制好各塔顶回流罐的液/界位，加强减压塔及换热区检查，发现泄漏及时处理；及时停止注剂、注水并关闭根阀。

⑫ 机泵和稳定塔系统停运后，外操上减压塔顶停一级抽真空器蒸汽，并根据减顶真空度下降情况，依次停用二级抽真空器和三级抽真空器及减顶压缩机；停减压炉炉管注汽，现场关闭根阀后内操关闭控制阀；从减顶气分液罐顶缓慢引放火炬系统低压瓦斯气使减压塔保持微正压。切勿直接关闭抽真空蒸汽总阀导致减压塔压力大幅波动引起高温法兰泄漏着火。

第十一章 节能降耗

常减压蒸馏作为原油加工的第一道工序其能耗占炼油厂全厂总能耗的比例达到14%~15%左右。从20世纪80年代初我国开展了蒸馏装置大规模的节能降耗活动，取得了巨大的成绩。以中国石化为例，2015年上半年，中国石化运行的55套常减压蒸馏装置，除去润滑油型常减压装置外，另外37套常减压装置的平均能耗为9.07kg标油/t原油，其中，装置最低能耗为6.96kg标油/t原油，装置最高能耗为13.53kg标油/t原油。

截至2016年底，我国炼油能力已达到750Mt/a，较2000年增长了112%；全国千万吨级炼厂24座，合计炼油能力314Mt/a，仅占全国的42%；中国石油炼厂平均规模为7.25Mt/a，中国石化为7.43Mt/a。如果将常减压装置的能耗降低0.5个单位，则每年可以节约燃料油375k。按每吨燃料油3000元计算，则可节约11.25亿元。如果将减顶抽真空用蒸汽减少1t/h，1年就节省8400t，每吨蒸汽价格为230元，那每年就可节省19.3万元，由此可以看出做好常减压蒸馏装置的节能降耗工作的重要性。

一、能耗的定义

石油加工中能耗的定义是生产装置在统计期内对实际消耗的各种能源，如各种燃料、动力(电、蒸汽)和耗能工质(循环水、新鲜水、除盐水等)，进行综合计算所得的能源消耗量。相对于单位加工量的能源消耗量称之为单位能耗。我们平常所说的能耗一般就是指单位能耗。

能耗计算要基于一定的计算原则：

① 各种能源和耗能工质在进行能耗计算时，均不得漏计和重复。

② 压缩风、氮气和其他耗能工质，如果占总能耗量的比例不大时不计入能耗。

③ 实际消耗的能源系指生产过程的消耗，不包括用于厂(装置)内、外生活福利设施(如食堂、浴室、采暖和宿舍等)的能耗。

④ 消耗的燃料、水、电、蒸汽，均折算为标准燃料油进行能耗计算。

⑤ 装置开停工和检修所消耗的能量均应计入能耗中。

⑥ 装置进料量是指新鲜原料量，不包括循环量。

⑦ 装置热进料或热出料计入能耗时，只计算高出表11-1规定温度的那部分热量。

表11-1 常见油品出装置温度

油品种类	温度/℃	油品种类	温度/℃
汽油	60	蜡油	90
柴油	80	重油	130

⑧ 加热炉烟气或再生烟气输出高于150℃的烟气热量，直接供其他装置或单元有效利用时计入能耗输出；输入、输出温度在60℃以上的低温余热计入能耗。

⑨ 装置余热发汽、发电和背压汽向外提供的能量，其数据按统一能量换算系数计算。

⑩ 不论向外输出何种形式的能量，只有被有效利用时方可计负值，否则不做外输能量

计算。输出、输入的数值必须相等。比如160℃的减渣送到焦化装置，焦化可以减少部分换热面积，这部分热量就算热输出；但是这个温度的减渣送到油品罐，高于130℃的热量无人使用，这部分热量就不算热输出。

二、能耗的计算方法

单位能耗的计算公式如下：

$$E = E_F + E_S + E_E + E_W + E_X + E_H$$

式中　E——装置单位能耗，kg标油/t原油；

E_F——装置燃料能耗，kg标油/t原油；

E_S——装置蒸汽单位能耗，kg标油/t原油；

E_E——装置电能耗，kg标油/t原油；

E_W——装置水能耗，kg标油/t原油；

E_X——装置其他能耗，kg标油/t原油；

E_H——装置输出能耗，kg标油/t原油。

各分项的计算公式为：

$$E_i = G_i \cdot A_i$$

式中　E_i——分项能耗kg标油/t原油；

G_i——装置实物消耗量t或Nm^3/t原油；

A_i——各种实物的能耗换算系数kg标油/t原油。

表11-2为各种动力和耗能工质的能耗换算系数。

表11-2　能耗换算系数

序号	类别	数量	换算系数
1	电	1kW·h	0.26
2	新鲜水	1t	0.17
3	循环水	1t	0.10
4	除盐水	1t	2.3
5	除氧水	1t	9.2
6	汽轮机凝结水	1t	3.65
7	加热器凝结水	1t	7.65
8	燃料油	1t	1000
9	燃料气	1t	950
10	催化烧焦	1t	950
11	10.0MPa蒸汽	1t	92
12	3.5MPa蒸汽	1t	88
13	1.0MPa蒸汽	1t	76
14	0.3MPa蒸汽	1t	66

三、常减压装置的能耗组成

常减压装置的工艺过程中主要消耗燃料、蒸汽、电、水等。图 11-1 为典型装置的能耗组成。

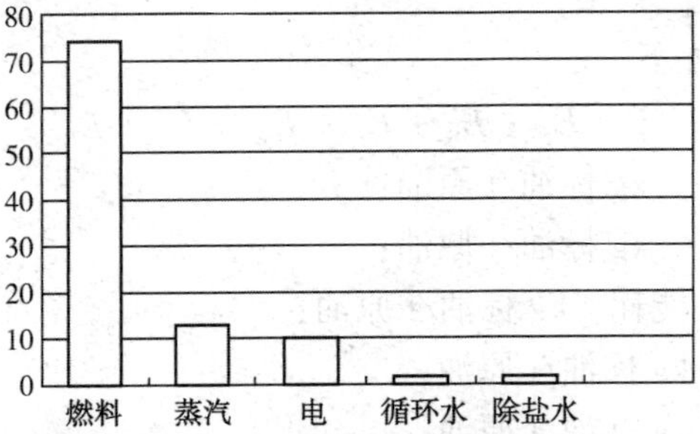

图 11-1　典型装置的能耗组成

可以看出燃料能耗占整个装置能耗的 70%以上，蒸汽和电分别占整个装置的 10%～15%左右，各种水的能耗占整个装置能耗总量不足 5%。通过强化回收，降低原油加热负荷，提高加热炉热效率是原油蒸馏装置节能的方向。

四、节能途径

常减压蒸馏工艺是一个物理过程，装置的加工过程是加热→蒸馏→换热、冷却，即原油通过换热流程或加热炉被加热到较高温度后进入蒸馏塔，分割出不同馏分的产品，这些产品再经换热冷却，完成整个生产过程。

在此过程中需消耗高品位的能量，如热、功、蒸汽等，它们一般是通过转换设备(如炉、机泵等)转换过来的。此环节称为能量转换环节。

转换设备提供的热、功、蒸汽等形式的能量进入蒸馏塔，完成从原油到产品的分馏过程，除部分能量转入到产品中外，其余均进入能量回收系统，此环节称为工艺利用环节。

能量在工艺核心环节完成其使命后，还可以通过换热设备等设施进行回收利用。但受工程和经济条件约束，回收不能彻底，最终是通过冷却、散热等方式排弃到环境中。

根据三环节理论，首先应选用或改进工艺过程，减少工艺用能，再考虑经济合理地回收能量，其不足部分再由转换设备提供。

1. 优化流程降低工艺总用能

(1) 增加预闪蒸流程

在初馏塔前采用预闪蒸流程的优点很多：

① 可以大幅降低原油系统的总压降，降低原油泵的扬程，减少原油泵的轴功率。

② 加工较轻原油时减轻加热炉负荷。

(2) 初馏塔加压操作实现无压缩机回收轻烃

通过将初馏塔的操作压力提高至 0.4MPa 左右，使塔顶低压瓦斯里的液化气组分溶解到石脑油中，以液体的形态通过机泵送至轻烃回收系统回收液化气，减少了使用压缩机而带来的能耗。

(3) 常顶油气采用两次冷凝

两次冷凝是首先将塔顶油气和水蒸气冷到基本全部冷凝(一般冷到55~90℃),即将冷凝液大部分送回塔顶作回流,剩下产品再进行二次冷却,冷到40℃左右送出装置。采用二次冷凝方式的好处在于:在第一次冷凝时由于油气和水蒸气基本全部冷凝,集中了大部分热负荷,此时传热温差较大,传热系数较高,所需传热面积就相应小些,到第二次冷却时虽然温差较小,但需要冷却的产品也少,热负荷大为减少,所需传热面积也就减少,因此总的传热面积可以大大减少,节省了投资,也降低了电耗和水耗,但采用二次冷凝的回流量大,消耗动力也相应增加,流程也较复杂,一般大型装置采用二次冷凝冷却方法有利。

(4) 合理利用高温位的中段回流,提高高品质的热量回收效率

操作中在保证产品质量合格的前提下,尽量提高下部中段回流——常二中、减二中的流量,可提高热量回收效率。

2. 采用装置间热联合,减少工艺用能和降低公用工程消耗

常减压装置的多数产品是作二次加工装置的进料,可以采取多装置间的热联合技术。不但可以减少常减压装置的冷却负荷,还可减少下游装置的加热负荷,这样可大幅降低冷却带来的能耗。英国SHELL公司设计的整体蒸馏技术大量应用了热联合技术,降低能耗30%左右。但热联合的应用使装置间的相互干扰大大增多,增加了操作难度,容易造成装置的波动,这也是热联合一直未全面应用的实质原因。

3. 优化换热网络,提高换热终温

提高换热终温是降低加热炉负荷减少燃料消耗最直接的方法。原油换热终温提高5℃,可以降低燃料消耗0.3kg标油/t原油,也就是降低了装置能耗0.3kg标油/t原油。

换热网络设计是提高换热终温的前提。新装置通过采用窄点设计法可以设计出完美的换热网络,达到最大程度利用物料的热量,保证较高的换热终温。对于老装置,应用窄点设计进行核算,查找出跨过窄点换热的流程,对现有换热网络进行调整,同样达到目的。

节能降耗是在保证产品质量、产品收率的前提下进行的,以使装置经济效益最大化。不能单纯为了节能而影响经济效益。对于加工含硫原油的蒸馏装置,由于原油含硫量高,温度大于240℃的换热器必须使用价格较高、抗腐蚀性能较好的钢材,过低的窄点温差会带来换热面积的大幅度增加,使换热器的投资升高。对于加工含硫原油的蒸馏装置,原油的换热终温一般不超过280℃。

在使用窄点技术的同时还应采用高效换热器提高换热效率,目前新型换热器不断被开发出来,如螺旋式换热器、折流杆式换热器、双弓板式换热器、波纹管式换热器等。采用高效换热器是投入少、见效快提高换热终温的措施。

4. 提高加热炉效率,降低燃料消耗

燃料消耗占装置总能耗的70%以上,运行良好的加热炉的热效率超过90%。加热炉热效率的计算公式中有三个重要参数:排烟温度、氧含量、散热损失。因此提高加热炉效率的措施就应针对这三个参数:

① 优化余热回收系统,应用高效率的空气预热器努力降低排烟温度,回收烟气带走的热量。据统计,较好的空气预热器可使燃料消耗降低10%以上。被加热的空气进入炉内可以减少燃料加热空气所耗的能量,减少燃料用量。

② 控制较低的氧含量,限制过剩空气量。

③ 控制空气预热器的内漏和空气漏入炉膛。

④ 完善吹灰，保证对流管和热管的换热效果。

⑤ 选用高效燃烧器，完善燃烧，以降低不完全燃烧量和过剩空气。

⑥ 加强炉膛衬里的检修质量，努力降低散热损失。

5. 节约蒸汽消耗

蒸汽能耗占总能耗的10%以上，也是能耗大户，常减压装置工艺用汽点主要是抽真空用汽、汽提蒸汽、火嘴雾化蒸汽(大部分装置以取消加热炉燃料油工艺)。

(1) 降低抽真空蒸汽

较好的蒸汽抽真空系统的汽耗在10kg/t原油。很多装置的真空泵汽耗远远高于这个指标，应对真空泵喷嘴进行更换或重新选型，以降低蒸汽用量，现在大型的常减压装置上多采用蒸汽-机械联合抽真空。即增压器仍使用蒸汽真空泵，二、三级真空泵使用机械泵进行抽吸，汽耗可以降到4~5kg/t原油。

(2) 减少汽提蒸汽量

对于初馏塔，由于塔底液相负荷相当大，汽提蒸汽基本没有什么效果，应该停掉。加强对常渣的分析，根据350℃前组分含量来调整塔底吹汽量，充分利用减压深拔技术减少或不用减压塔底的吹汽量。对于常二线、常三线当生产柴油方案时完全没必要使用汽提蒸汽。

(3) 控制好火嘴雾化蒸汽量

对于依旧使用燃料油的加热炉，使用雾化性能好的燃烧器，雾化蒸汽量可从0.5kg/kg燃料油降到0.2kg/kg燃料油。或者在操作中仔细调整雾化蒸汽与燃料油的配比，达到雾化良好且蒸汽量不过大。

(4) 减少伴热用汽

在冬季尤其是北方的冬季，蒸汽消耗会远远大于夏季用汽量，这是因为为了克服气温的降低，避免油品和水线冻凝而使用了大量的伴热蒸汽，实际上很多物流在正常生产时是连续流动的，没有必要使用伴热蒸汽，比如100℃的减渣送焦化线的伴热就没有必要，真正需要冬季伴热的仅仅是低压瓦斯线和一些水线，另外伴热线上疏水器的漏汽量也非常巨大，检查、调整疏水器的漏汽量也是节能的日常工作之一。

6. 节约水的消耗

现在各装置的电脱盐注水基本上都是使用双塔汽提处理后的净化水，不再使用软化水作注水，节水工作的主要对象是循环水的节约。

① 对冷却器实行分台控制。生产中要经常根据每一台冷却器的冷却负荷调整回水阀门，保证上水温度和回水温度最好相差10℃左右，并将冷却器的反冲洗形成制度严格执行。

② 杜绝机泵冷却水直排进地沟，将冷却水全部回收到循环水回水管线上。

③ 将150℃到80℃的需要用冷却器或空冷冷却的物流热量充分利用到低温余热回收系统中，既回收了热量又节约了循环水的用量。

④ 循环水二次利用，实现降低循环水单耗，同时保证循环水流速和延长水冷器运行周期。

7. 节约电的消耗

① 采用高效机泵，效率可提高2%~3%。

② 对效率较低的机泵，在满足生产要求的前提下更换成小叶轮或将整台泵更换成小泵。

③ 对于未满负荷的机泵或者流量变化较大的机泵，大量使用变频技术可节约巨大的电量。

④ 空冷风机也是常减压装置的用电大户，应根据冷后温度停用或开启电机，也可使用变频系统控制塔顶冷后温度。

⑤ 电脱盐采用智能相应变压器，达到电脱盐智能控制的目的，实现脱盐效果和节能降耗的目标。

8. 控制散热损失

据测算，对于保温良好的常减压装置，其散热损失占装置能耗的10%左右。如果保温较差，热损失要大得多，因此努力降低散热损失可降低不少能耗。

常减压装置里管线的热损失占散热损失的重头。一根*DN*200的裸管，内部介质温度300℃，每千米年热损失相当于3700t标油和1100万元，折算成每米年损失为1.1万元。除了管线、塔、罐等总表面积较大的设备外，一些不易保温的管件如阀门、法兰、弯头的保温也应重视。*DN*50的阀门的散热面积相当于1.1m的直管段。*DN*200的阀门相当于1.68m直管，即阀门口径越大，其当量散热长度越大，保温价值越大。散热问题逐渐被重视起来，现场的保温日趋完善，保温的成本占总投资的比例也从过去的2%翻了1倍。

9. 投用先进控制

在常减压装置实施先进控制技术，通过预测、解耦、多变量协调等先进控制技术，克服装置运行中的时滞、干扰和耦合，将装置控制得更平稳、更精细，从而提高装置处理量、提高产品收率、节能降耗。

五、影响能耗的因素

1. 原油性质的影响

原油性质对常减压装置能耗的影响是比较复杂的，表征原油性质的参数主要有原油的特性因数、密度、轻油收率和总拔出率、含硫量、酸值等指标。

(1) 原油特性因数的影响

不同特性因数的原油所需的热量相差较大。比如$API=20$的原油从37.8℃升到299℃，特性因数是10的原油需热量为570kJ/kg，而特性因数是12.5的原油需热量增加到652kJ/kg，相差14.3%，但是两种原油的产品分布也是不同的，特性因数高的原油产品的放热量也相应增加，基本可以抵消由于原油特性因数差异而对能耗的影响。

(2) 原油密度的影响

原油的密度对能耗的影响较小，可以忽略不计。

(3) 拔出率的影响

拔出率高说明装置工艺用能较多，能耗增加。如果仅是轻收高而总拔不是很高，说明常压单元用能较多而减压炉的耗能就减少了，总的能耗未有明显的增加；如果减压采用深拔技术，则减压炉的燃料消耗就会增加，使装置能耗升高。

(4) 原油含硫量、酸值的影响

原油中的硫含量、酸值的大小并不直接影响装置的能耗。但是加工高硫、高酸原油时，装置的热回收率和装置换热设备的一次投资及其投资回收期密切相关，考虑投资因素的条件下，换热终温将有所降低，从而能耗也将增加。

2. 产品方案的影响

装置能耗由于产品方案的不同也存在一定的差异。

(1) 轻烃回收

随着轻质进口原油的增多，初馏塔顶、常压塔顶的轻烃量也大幅增加，如果装置设有轻烃回收单元，势必增加电耗、水耗，增加了装置能耗。

(2) 产品种类不同的影响

同一装置相同原油生产喷气燃料时比生产分子筛料需要的分离精确度要高，因此需要提高塔顶回流量而不得不降低可回收取热量，使能耗增加。

(3) 燃料型减压塔和润滑油减压塔的影响

生产润滑油料对产品分割要求严格，需要较高的分离精度，这就必须有较高的过汽化率以确保一定的内回流量，此外还必须增加保证产品质量所需的汽提蒸汽和减顶冷却系统的冷却负荷。所以减压单元的能耗比燃料型减压蒸馏的能耗高。

3. 装置负荷的影响

装置能耗可以划分为两部分，一部分是“固定能耗”，它基本不随负荷的变化而变化，或者变化甚微；另一部分是“可变能耗”，它随负荷的变化成正比变化，可变能耗主要指的是燃料、变频机泵的电耗等。随负荷率下降，有些设备因效率降低也会引起能耗增加，例如加热炉过剩空气系数在低负荷时需要高一些，换热器因油品流速低，结垢，速度增加而影响传热效果。固定能耗包括：设备、管线的散热损失，无变频器的机泵和电脱盐的电耗、抽真空蒸汽耗量以及一些在负荷变化时一般不加调整的耗能设施所耗的水、电、汽等。例如冷却器用水、雾化蒸汽等。如果这部分能耗在整个装置能耗中所占比例大，负荷率降低后装置能耗仍较高。一般固定能耗约占总能耗的 25%，降低固定能耗的措施有：搞好保温以减少散热损失；多采用变频技术；配置与处理量相适应的动力设备等。

4. 装置规模对能耗的影响

规模小的装置加工能耗较高。其原因除了小设备小机泵的效率较低外，主要是散热损失大。一个处理量为 0.5Mt/a 的常减压装置，其单位散热面积是 2.5Mt/a 装置的 2.4 倍。因此规模小的装置其固定能耗在总能耗中占的比例比大型装置要大，这是小型炼油厂在经济上的致命弱点。

5. 气候对能耗的影响

首先北方地区气温较南方低，散热损失就大。其次在冬季炼油厂(尤其是北方炼油厂)要消耗大量的低温余热和蒸汽去抵御寒冷的天气，因此冬季能耗较夏季高，北方炼油厂的能耗比南方高。

6. 运转周期中的不同时期的能耗

一般来说装置能耗在运转末期由于炉管和换热器结垢、积灰，传热效果差，能耗比开工初期要高一些。

六、基准能耗

每个装置由于原料、生产方案、装置组成的不同，客观上造成能耗有高有低。不能单凭能耗数值的大小来评价节能水平的高低，比如有的轻烃回收系统还生产润滑油，比没有轻烃回收的燃料型装置的能耗肯定要高，不能说它的能耗高就是没采取节能措施。因此提出基准能耗的概念。基准能耗是立足于共性，在一定的限制条件下具体的某一套常减压蒸馏装置应有的最佳能耗。基准能耗可以较好地用来评价和检查常减压装置的能耗水平，对提高设计水平、评价用能水平、挖掘节能潜力和提高能量管理水平等均有一定的实际价值。基准能耗是拿来和装置自己进行对比的，它是个高水平的指标，但不是高不可及的，只要经过努力是完全可以实现的，可作为今后设计和炼油厂生产调优的目标。这套基准能耗的制定是中国石化节能中心主持制定的适用范围为2.5Mt/a及以上规模的新建或改扩建的常减压蒸馏装置。独立地常压蒸馏装置或减压蒸馏装置，处理量在2.5Mt/a的常减压装置以及常压和减压不匹配的常减压装置参考使用。

1. 基准能耗的基础条件

以沙特轻质原油和中质原油按1∶1比例混合的原油作为基准原油，装置处理规模按5.0Mt/a，年开工时数按8400h考虑，装置组成主要包括电脱盐、初馏塔、常压塔、减压塔、加热炉和轻烃回收等五个部分。

（1）主要工艺技术方案

a. 两级交流电脱盐。

b. 采用无压缩机-初馏塔提压操作方案回收轻烃。

c. 减压一线考虑拔出柴油技术。

d. 当减压深拔时采用微湿式技术。

（2）其他基础操作条件

a. 原油进装置温度按40℃，脱后含水≤0.2%(质)，脱盐温度135℃。

b. 产品质量要求比较高，其中石脑油与喷气燃料的脱空度(ASTM D86 5%~95%)≥12℃，喷气燃料与轻柴的脱空度≥8℃，轻柴与重柴的脱空度≥-20℃。

c. 产品换热到如下温度再去冷却：石脑油40℃、柴油70℃、蜡油90℃、减渣110℃。

d. 各塔的汽提蒸汽量(0.3MPa，400℃)：

初馏塔：0；

常压塔：相当于常渣的1.5%(包括侧线汽提)；

减压塔：燃料型为减渣的0.5%(微湿式)；

润滑油型为减渣的3.0%(包括侧线汽提)。

e. 雾化蒸汽量：采用1.0MPa蒸汽，蒸汽量为燃料油量的1/5。

f. 抽空用蒸汽：采用1.0MPa蒸汽，250℃，8kg/t(湿式、微湿式)；10kg/t(干式)。

g. 加热炉的热效率≥90%。

h. 装置用电折算成热量后为65MJ/t(包括电脱盐)，如不设电脱盐则需扣除6MJ/t。

i. 装置用水：燃料型为9.2MJ/t；润滑油型为13.4MJ/t。

2. 基准能耗公式

（1）基本公式

$$E=3.5132\times\text{总拔}+206.68\text{MJ/t(燃料型)}$$

（2）无轻烃回收单元时的基准能耗

$$E=3.5132\times\text{总拔}+206.68-K_1$$

其中K_1是校正系数，$K_1=6.3652\times$液化气收率(占原油)+11.351。

当液化气收率低于 0. 58%时，K_1 = 15MJ/t。

(3) 润滑油型常减压装置的基准能耗

$$E = 3.5132 \times 总拔 + 206.68 + K_2$$

一般 K_2 = 20MJ/t。

(4) 装置负荷率系数

$$F = 134.74 - 0.3384 \times 负荷率$$

$$基准能耗 E = (3.5132 \times 总拔 + 206.68) \times F$$

3. 能耗评价

① 根据装置实际消耗的水、电、蒸汽、燃料计算出装置的实际能耗。热输出不计在内，伴热蒸汽也不计入在内。

② 利用能耗因数 *EF* 并结合装置实际情况与本基准能耗设定的条件对比，分析评价本装置的能量利用水平。

$$EF = 实际能耗/校正后的基准能耗$$

EF 越大说明用能水平越低，*EF* 等于或小于 1 说明用能水平高，但不能一概而论，还需要结合实际情况和设定条件对比，或考虑是否能源计量有问题。不同的装置之间可以使用 *EF* 进行对比来评价哪个装置的节能水平高。

第十二章　安全与环保

第一节　石油加工生产的特点

石油加工生产具有易燃、易爆、有毒、有害、腐蚀性强等许多潜在危害因素，而且生产过程具有连续性，这给安全生产带来很大压力。因此，实现石油加工的安全生产至关重要。

石油加工的生产特点如下：

1. 生产装置大型化

目前，随着世界经济的发展，世界各国的石油加工生产规模越来越大型化，世界炼油生产装置一次加工能力最大规模为40Mt/a，我国一次加工能力最大规模为23Mt/a，单套规模最大的常减压蒸馏装置的能力达到12Mt/a，同时，二次加工能力也在相应扩大。

2. 生产过程具有高度的连续性

石油化工生产是个连续的生产过程，装置开车投产后将不间断的生产产品，各生产单元之间紧密联系、互相制约，具有高度的连续性、依赖性。倘若一个工序(单元)或一台设备发生故障，都会造成整个装置的停产甚至发生重大事故。

3. 工艺过程和辅助系统庞大复杂

石油生产从原料到产品，要经过许多工序和复杂的加工单元，通过多次的化学反应(或物理处理过程)才能完成，所以生产过程既复杂又庞大。为了满足石油化工生产的需要还设有供电、供水、供热等庞大的辅助系统，生产过程使用的各种反应器(炉)、塔、罐、压缩机、泵等都以管线相连，从而形成工艺过程复杂和工艺流程长的系列生产线。例如，常减压装置从原油到柴油产品要经过4个单元，而催化裂化装置从原料到产品要经过7个单元。

此外，石油加工生产过程的工艺参数相当严格，也十分苛刻，生产是在高温、高压或低压等条件下进行的。这种生产条件的特殊性给安全生产带来很大压力，例如常减压装置的加热炉炉膛温度达800℃，减压塔压力为1×10^{-5}MPa，催化装置增压机的转速达10000r/min，如此等等，这些指标的确定是由生产性质决定的。因此，为了生产的安全和平稳，工艺参数一定要控制在可控范围内。

石油加工有很多过程是化学过程。由于化学反应剧烈，极易失控，所以在生产过程中，对温度、压力、流量、液位、进料顺序和原料组成一定要严格控制，否则就会因剧烈的化学反应造成超温、超压等情况，导致危害的发生。

4. 生产过程自动化高

随着科学技术的发展，加之石油化工生产本身特殊性的需要，石油化工生产装置大量采用了先进技术，如自动控制、安全联锁、信号报警装置和电视监视及显示等。

自动化系统按其功能可分为自动检测、自动调节、自动操纵和自动信号四类。

自动检测系统对生产过程中的机器、设备运行情况自动进行检测，把工艺参数(温度、压力、流量、液位和物料配比)显示或记录下来。

自动调节系统的作用是通过参数与设定值的比数和运算，发挥调节作用。自动操作系统有对机器设备自动启动、停止和交换的作用。操作人员只对自动装置发出指令，全部工序可自动完成。在设备和机器运行中出现异常时，联锁与保护系统会自动发出警报或自动采取安全措施，以防事故发生，保证安全生产。

石油化工生产过程中，当生产状况发生异常时，信号警报装置就会发出声、光或颜色信号，警告操作人员及时采取措施，使工艺参数恢复正常状态。例如两种气体混合进行化学反应，当混合气体接近爆炸极限时，安装在气体输入管道上的保险装置就会自动中断气体的输入，防止爆炸发生。安全联锁装置是利用机械控制或电气控制，按照顺序接通各仪表和设备使其发生联系，达到安全生产的目的。

工业电视可代替操作人员对危险区域或不宜接近的部位进行现场实地连续观察、远距离监视，也可以连续显示工艺参数变化，以达到保障安全、降低劳动强度、改善工作环境的目的。

5. 生产过程危险性大

由于石油化工生产具有潜在危险性，一旦操作条件发生变化，工艺受到干扰产生异常或人为因素等原因造成误操作。潜在的危险就会发展成为灾害性事故。

(1) 火灾和爆炸

火灾、爆炸是石油化工生产中发生较多而且危害甚大的事故类型。在生产过程中，使用的原材料、半成品、成品以及各种辅助材料等大都是易燃易爆物质，当管理不当、操作失误、使用不合理时极易引起着火和爆炸。

石油化工生产过程中客观存在的发生火灾和爆炸的因素，可概括为以下几个方面。

① 各种原材料、辅助材料、中间产品、成品的易燃易爆性。石油化工生产使用的各种原料，如煤及其粉尘、焦炭、天然气、油田气、炼厂气、焦炉气、原油、重油、抽余油和石脑油等，它们的燃点低、爆炸下限低，点燃的能量低，当操作不当或设备缺陷发生外泄时，或者空气(或氧气)混入系统中，则发生着火或爆炸的可能性大。空分装置中的乙炔和碳氢化合物等危险杂质超过允许含量时，极易引起爆炸。氧气是一种强氧化剂，能加速物质的燃烧，可引起许多不易燃烧物质的燃烧，在管道中调整流动时(超过安全流速)也可引起管道燃烧。

② 高温操作带来的危险性。石油化工生产中操作温度高是引起炼油厂气体着火爆炸的一个重要因素。这是因为：

a. 高温设备和管道表面易引起与之接触的可燃物质着火；

b. 高温下的可燃气体，一旦空气与之混合并达到爆炸极限时，极易在设备和管道内爆炸；

c. 温度达到或超过自燃点的可燃气体，一旦泄漏即能引起着火和爆炸；

d. 高温可加速运转机械中的润滑油的挥发和分解，使油气在管道中积炭、结焦，导致积炭燃烧和爆炸；

e. 高温使金属材料发生蠕变，改变镏金相组织，增强腐蚀性，可降低设备的机械强度，导致泄漏，甚至造成爆炸；

f. 高温使可燃气体的爆炸极限扩大，如煤气在常温下的爆炸下限为 6.0%，而在 400℃

时则降低为4%，又如氨在常温下爆炸极限为15.5%~27%，而在100℃时则变为14.5%~29.5%，由于爆炸范围加宽，危险性增大。

③ 高压运行带来的危险性。高压操作有许多优点，如能提高化学反应速度，增加效率，提高设备生产能力等。但是从安全生产角度来看，则带来一系列不安全因素。例如操作压力高使可燃气体爆炸极限加宽，尤其是对上限影响较大。如常压下甲烷的爆炸上限为15%，而在12.5MPa时，则扩大到45.7%，使爆炸危险性增加。处于高压下的可燃气体一旦泄漏，高压气体体积迅速膨胀，与空气形成可爆性混合气，又因流速大与泄漏口处摩擦产生静电火花而导致着火爆炸。

另外，高压操作对设备的选材、制造都带来一定难度，给平时的维护也增加了困难，同时易使设备发生疲劳腐蚀，造成泄漏。高压加剧氢气、氮气对钢材的氢蚀作用及渗氮作用，使设备机械强度减弱，导致物理爆炸。

④ 其他因素。由于生产过程中所处理或加工的物料多为易燃易爆物质，当操作不当或设备不严密时，空气或氧气窜入设备内，或投料顺序有误，或投料比例不符合要求导致氧含量超过规定而造成爆炸。有自聚物生成的生产装置，由于控制不当，管理不严亦会引起自聚物的爆炸。

(2) 中毒窒息

生产过程中，工人接触、使用化学有毒有害物质的机会和种类较多，如一氧化碳、硫化氢、氨、氮氧化物、油蒸气、氰化钠、氢氰酸、苯、苯胺、烃类等。它们多是不同装置的主要原料成分或中间产物，以气态或尘雾状态存在，在设备密封不好或因设备管道腐蚀、设备检修、操作失误、发生事故等情况下，有毒有害物质便迅速外泄并污染周边环境，如防护不当或处理不及时，很容易发生中毒，对人体造成不同程度的危害。有些气态物质无色无嗅，泄漏后不易被人们察觉，往往会造成更大危害。氮气、二氧化硫、氢气等可造成窒息。

此外，还有噪声和粉尘的危害，高温中暑以及灼伤等危险。

第二节　消防知识

一、燃烧的种类

燃烧现象按形成的条件和瞬间发生的特点，分为闪燃、着火、自燃、爆燃等四种。

1. 闪燃

液体的表面都有一定数量的蒸汽存在，蒸汽的浓度取决于该液体所处的温度，温度越高则蒸汽浓度越大。在一定的温度下，易燃、可燃液体表面上的蒸汽和空气的混合气与火焰接触时，能闪出火花，但随即熄灭，这种瞬间燃烧的过程叫闪燃。液体能发生闪燃的最低温度叫闪点。液体在闪点温度以下，蒸发速度较慢，表面上积聚的蒸汽遇火瞬间即已烧尽，而新蒸发的蒸汽还来不及补充，所以不能发生持续燃烧。当温度稍高于闪点时，易燃、可燃液体随时都有遇火源而被点燃的可能。因此，闪点是液体可以引起火灾危险的最低温度。液体闪点越低，它的火灾危险性越大。我国防火规范按闪点的高低分为两类四级见表12-1。一些常见液体的闪点见表12-2。

表 12-1 液体分类分级表

类别	级别	闪点/℃	举例
易燃液体	一	$t \leq 28$	汽油、甲醇、乙醇、苯、醋酸戊酯、石脑油等
	二	$28 < t \leq 45$	煤油、丁醇、松节油等
可燃液体	三	$45 < t \leq 120$	戊醇、柴油、重油、酚等
	四	$t > 120$	润滑油、变压器油、甘油等

表 12-2 易燃和可燃液体的闪点

液体名称	闪点/℃	液体名称	闪点/℃
汽油	-58~10	石脑油	25
石油醚	-50	煤油	30~70
二硫化碳	-45	松节油	32
原油	-35	重油	80~130
辛烷	-16	变压器油	146
苯	-14	沥青	204

2. 着火

可燃物受外界火源直接作用而开始的持续燃烧现象叫作着火。可燃物可以是固体，也可以是液体和气体。着火是日常生产、生活中最常见的燃烧现象，很多火灾都是从着火开始逐步发展而成的。

可燃物开始着火所需的最低温度，叫作燃点。可燃物的燃点越低，越容易着火。

气体、液体、固体可燃物都有燃点。可燃气体除氨以外，其燃点都低于 0℃；而易燃液体的燃点仅比闪点高 1~5℃，所以燃点对于它们无实际意义，易燃液体主要考虑它的闪点和闪燃。燃点是可燃固体和闪点比较高的可燃液体能够着火的最低温度，控制这些物质的温度在燃点以下，是预防火灾发生的一个措施，所以燃点对于可燃固体和闪点比较高的可燃液体具有实际意义。在灭火时采取冷却法，其原理就是将燃烧物质的温度降到它的燃点以下，使燃烧过程终止。

3. 自燃

可燃物质没有外界火源的直接作用，因受热或自身发热，并由于散热受到阻碍，使热量蓄积温度逐渐上升，当达到一定温度时发生自行燃烧现象叫自燃。可燃物质不需火源的直接作用就能够发生自行燃烧的最低温度叫作自燃点，也称作自燃温度。表 12-3 列出了一些油品的自燃点。

表 12-3 一些油品的自燃点

油体名称	自燃点/℃	油体名称	自燃点/℃
原油	380~530	轻柴油	350~380
汽油	415~530	渣油	230~270

续表

油体名称	自燃点/℃	油体名称	自燃点/℃
轻煤油	415	沥青	32
煤油	380	重油	380~420
灯油	360	润滑油油	360~350

4. 爆燃

可燃物质(包括气体、雾滴和粉尘)和空气或氧气的混合物由火源点燃，火焰立即从火源处以不断扩大的同心球形式自动扩展到混合物存在的全部空间，这种以热传导方式自动在空间传播的燃烧现象称为爆燃。混合物的燃烧速度在音速以下是爆燃的重要特征。在工业中通常也把爆燃称为爆炸。

爆燃发生时，除产生热量外，燃烧空间的气体由于高温膨胀，还能产生很大的压力，使未燃烧区压缩升温，增加了单位空间的能量储藏密度，使燃烧速度加快。上述现象在密闭容器中尤为显著。石油化工企业由可燃混合气体爆燃造成的爆炸事故，可发生在容器、塔釜、罐槽、地沟内，也可发生在厂房和厂区空间内，这类事故通常是石化企业危害最大的一类事故。

正常生产中引起火灾的主要原因和预防措施：

① 检修用火。检修用火必须办理火票，并有专人监护。用火期间装置内严禁排放瓦斯及其他可燃物。

② 火花。装置所有电器设备必须符合防爆规定。生产中不得随意接临时电源，或其他不符合防爆规定的临时用电设施。

③ 机械故障。可能引起局部高温或机件碰撞产生火花，设备有问题应及时联系修理，不得带病工作。

④ 碰撞与摩擦发火。严禁穿钉子鞋进入装置，严禁用铁器敲打设备或管线，不准从高空向地面扔铁器物品，也不准用铁器在水泥地面拖拉或碰撞。

⑤ 硫化亚铁自燃。检修时清扫出来的硫化铁不能乱堆乱放，应运到指定的地点用土掩埋，防止与空气接触发生氧化燃烧。

二、灭火的基本措施

按照燃烧原理，一切灭火方法的原理是将灭火剂直接喷射到燃烧的物体上，或者将灭火剂喷洒在火源附近的物质上，使其不因火焰热辐射作用而形成新的火点。

1. 冷却灭火法

这种灭火法的原理是将灭火剂直接喷射到燃烧的物体上，以降低燃烧的温度于燃点之下，使燃烧停止。或者将灭火剂喷洒在火源附近的物质上，使其不因火焰热辐射作用而形成新的火点。冷却灭火法是灭火的一种主要方法，常用水和二氧化碳作灭火剂冷却降温灭火。灭火剂在灭火过程中不参与燃烧过程中的化学反应，这种方法属于物理灭火方法。

用水灭火时必须注意，以下物质着火不能用水做灭火剂：

① 金属钾、钠、镁、锌、碳化钙(电石)、过氧化钠和生石灰等化学物品着火时，不能

用水做灭火剂。上述物质与水接触后，能起化学反应，放出大量的热量，产生自燃或助燃，甚至会发生爆炸。

② 易燃液体(如汽油、苯等)着火时，由于水的密度大，沉降到易燃物质底部，不能起到覆盖和冷却作用，甚至引起火势扩大或蔓延。

③ 在有燃烧的金属或熔融物体的地方着火，如用水扑救，水易被金属分解成氢和氧，或骤然产生大量蒸汽，引起化学或物理爆炸。金属被水冷却，容易发生剧烈变形。

④ 电器设备或带电系统着火，如未切断电源，容易造成触电或爆炸事故。

⑤ 酸(硫酸、盐酸、硝酸)性物质遇水会释放出大量的热，使燃烧更加容易，因此不能用水灭火。

2. 隔离灭火法

隔离灭火法是将正在燃烧的物质和周围未燃烧的可燃物质隔离或移开，中断可燃物质的供给，使燃烧因缺少可燃物而停止。具体方法有：

① 把火源附近的可燃、易燃、易爆和助燃物品搬走；

② 关闭可燃气体、液体管道的阀门，以减少和阻止可燃物质进入燃烧区；

③ 设法阻拦流散的易燃、可燃液体；

④ 拆除与火源相毗连的易燃建筑物，形成防止火势蔓延的空间地带。

3. 窒息灭火法

窒息灭火法是阻止空气流入燃烧区或用不燃烧区或用不燃物质冲淡空气，使燃烧物得不到足够的氧气而熄灭的灭火方法。具体方法是：

① 用沙土、水泥、湿麻袋、湿棉被等不燃或难燃物质覆盖燃烧物；

② 喷洒雾状水、干粉、泡沫等灭火剂覆盖燃烧物；

③ 用水蒸气或氮气、二氧化碳等惰性气体灌注发生火灾的容器、设备；

④ 密闭起火建筑、设备和孔洞；

⑤ 把不燃的气体或不燃液体(如二氧化碳、氮气、四氯化碳等)喷洒到燃烧物区域内或燃烧物上。

4. 化学抑制灭火法

化学抑制灭火法就是使灭火剂参与到燃烧反应过程中去，使燃烧过程中产生的游离基消失，而形成稳定分子或低活性的游离基，使燃烧反应因缺少游离基而停止。

三、灭火器的分类

当火灾发生后，我们通常的做法是一边打电话向调度、消防队报火警，一边自己使用灭火器去灭火。灭火器担负的任务就是扑救初起火灾，一具质量合格的灭火器，如果使用得当扑救及时，可将一切损失巨大的火灾扑灭在萌芽状态。因此，灭火器的作用是很重要的。

灭火器的分类方法很多，常用的有三种，即按充装的灭火剂的类型；灭火器的加压方式、灭火器的重量和移动方式来划分。

(1) 按充装的灭火剂的类型划分

① 水型灭火器；

② 泡沫灭火器；

③ 干粉灭火器；

④ 卤代烷灭火器；

⑤ 二氧化碳灭火器；

⑥ 烟雾自动灭火器；

⑦ 7150 灭火器。

（2）按加压方式划分

① 化学反应式灭火器：这类灭火器中的灭火剂是由灭火器内化学反应产生的气体加压驱动的。酸碱灭火器、化学泡沫灭火器和烟雾自动灭火器属于这个类型。

② 贮气瓶式灭火器：这类灭火器中的灭火剂是由与其同贮于一个容器内的压缩气体或灭火剂蒸汽的压力所驱动的。7150 灭火器、卤代烷灭火器、二氧化碳灭火器可做成贮气瓶式的，也可做成贮压式的。

（3）按充装灭火剂的重量和移动方式来划分

① 手提式灭火器：这类灭火器一般是手提移动的，重量较轻。灭火器的总质量不大于 20kg。其中二氧化碳灭火器的总重量允许增至 28kg。

② 推车式灭火器：这类灭火器装有车驾、车轮等行驶机构，是由人力推拉移动的。灭火器的总质量在 40kg 以上。所充装的灭火剂量在 20～100kg(L)之间。

（4）灭火器的型号编制方法

我国灭火器的型号是由类、组、特征的代表和主要参数四部分组成的，其中类、组、特征的代号是由用其有代表性的汉字的拼音字母的字头表示的，主要参数是指灭火器中灭火器的充装量，单位为 kg 或 L。

国家标准规定，灭火器型号应以汉语拼音大写字母和阿拉伯数字标于筒体，如“MF2”等。其中第一个字母 M 代表灭火器，第二个字母代表灭火剂类型(F 是干粉灭火剂、FL 是磷铵干粉、T 是二氧化碳灭火剂、Y 是卤代烷灭火剂、P 是泡沫、QP 是轻水泡沫灭火剂、SQ 是清水灭火剂)，后面的阿拉伯数字代表灭火剂质量或容积，一般单位为 kg 或 L。

四、灭火器使用方法(手提式)

不同种类的灭火器的使用方法不同，石化装置上最常用的灭火器是干粉灭火器，下面着重说明一下干粉灭火器的使用方法。

碳酸氢钠干粉灭火器适用于易燃、可燃液体、气体及带电设备的初起火灾；磷酸铵盐干粉灭火器除可用于上述几类火灾外，还可扑救固体类物质的初起火灾。但都不能扑救金属燃烧火灾。

灭火时，可手提或肩扛灭火器快速奔赴火场，在距燃烧处 5m 左右放下灭火器。如在室外，应选择在上风方向喷射。使用的干粉灭火器若是外挂式储压式的，操作者应一手紧握喷枪、另一手提起储气瓶上的开启提环。如果储气瓶的开启是手轮式的，则向逆时针方向旋开，并旋到最高位置，随即提起灭火器。当干粉喷出后，迅速对准火焰的根部扫射。使用的干粉灭火器若是内置式储气瓶的或者是储压式的，操作者应先将开启把上的保险销拔下，然后握住喷射软管前端喷嘴部，另一只手将开启压把压下，打开灭火器进行灭火。有喷射软管的灭火器或储压式灭火器在使用时，一手应始终压下压把，不能放开，否则会中断喷射。

干粉灭火器扑救可燃、易燃液体火灾时，应对准火焰要部扫射，如果被扑救的液体火灾呈流淌燃烧时，应对准火焰根部由近而远，并左右扫射，直至把火焰全部扑灭。如果可燃液体在容器内燃烧，使用者应对准火焰根部左右晃动扫射，使喷射出的干粉流覆盖整个容器开口表面；当火焰被赶出容器时，使用者仍应继续喷射，直至将火焰全部扑灭。在扑救容器内可燃液体火灾时，应注意不能将喷嘴直接对准液面喷射，防止喷流的冲击力使可燃液体溅出而扩大火势，造成灭火困难。如果当可燃液体在金属容器中燃烧时间过长，容器的壁温已高于扑救可燃液体的自燃点，此时极易造成灭火后再复燃的现象，若与泡沫类灭火器联用，则灭火效果更佳。

第三节 环境保护

一、常减压装置的主要污染及治理

1. 废气

常减压装置的废气主要是加热炉烟气。烟气中包含二氧化硫、氮氧化物、一氧化碳、二氧化碳及烟尘等对人体有害的污染物。

(1) 二氧化硫

二氧化硫是有恶臭和强刺激性气体。主要是对呼吸系统的损害。大气中二氧化硫浓度在0.5μL/L以上对人体已有潜在影响；在1~3μL/L时多数人开始感到刺激；在400~500μL/L时人会出现溃疡和肺水肿直至窒息死亡。

二氧化硫来源于燃料油中的各种硫化物和燃料气中的 H_2S 燃烧产生的。现在燃料气一般都经过脱硫处理 H_2S 含量下降，但是富含大量 H_2S 的减顶不凝气由于没有去处不得不引入加热炉内燃烧，导致烟气中的二氧化硫大幅上升。据不完全统计，只用脱硫后的瓦斯作燃料的加热炉的烟气中二氧化硫的含量约为1000μL/L，而掺入减顶不凝气后二氧化硫的含量会高达3000μL/L以上。

(2) 氮氧化物

氮氧化物对植物的危害较大，高浓度下植物不能生存，在低浓度长期作用下，使农作物减产。氮氧化物在大气中的浓度高时会形成酸雨。氮氧化物还能使人体血液输氧能力下降，使中枢神经及肺部受损。空气中氮氧化物的浓度达到25μL/L时会危害植物的生长；达到100~200μL/L时人类会发生肺水肿，甚至急性中毒死亡。通常烟气中氮氧化物的含量为100μL/L左右。

(3) 一氧化碳

一氧化碳能和血液中的血红蛋白结合，使血红蛋白不能携带氧气，造成全身组织缺氧中毒，就是俗称的“煤气中毒”。空气中一氧化碳的浓度达到1000μL/L时人体会出现头痛、恶心；达到10000μL/L后会使人立即死亡。

(4) 二氧化碳

二氧化碳对人体没什么危害，它主要是对地球整个环境的危害。

(5) 烟尘

烟尘中大部分为含碳粒子，其吸附性很强，能吸附各种有害物体和液体，给人体带来危害。

如何减少烟气中的污染物对环境和人体的危害呢？一般有以下几种方法：

① 安装尽可能高的烟囱。

② 使用脱硫的燃料。

③ 烟道气预处理脱硫、脱氮。

④ 提高加热炉操作水平，改善燃烧条件，使燃料完全燃烧。

国家标准规定的空气中有害气体最高浓度见表 12-4。

表 12-4 有害气体最高允许浓度

有害气体	SO_2	NO_x	CO	H_2S
最高限度/(mg/m^3)	15	5	30	10

另外，废气中还包括烃类不凝气和硫化氢。这些不凝气来源于采样过程、安全阀及管线设备的泄漏。硫化物的危害和防护下面进行专门说明。

2. 废水

① 常减压装置的废水主要包括以下几种来源：

a. 电脱盐罐的切水：属于含油污水，流量约为原油量的 10%。

b. 塔顶切水：属于含硫污水，包括塔底吹汽、汽提蒸汽、抽真空蒸汽。

c. 机泵冷却水。

d. 其他临时用水：如冷却器反冲洗水、地面冲洗水、机泵冲洗水等。

这些废水中主要含油、硫化物、挥发酚、氨、盐等有害物质，它们对土壤、植物和鱼类造成极大的伤害。

② 污水排放指标按国家标准共 26 项，这里着重说明一下常用的几种指标：

a. COD——化学耗氧量(Chemical Oxygen Demand)，是利用化学氧化剂(如高锰酸钾)将排水中可氧化物质(如有机物、亚硝酸盐、亚铁盐、硫化物等)氧化分解，然后根据残留的氮化剂的量计算出氧的消耗量。COD 是表示水质污染度的重要指标，COD 的单位为 mg/L，其值越小，说明水质污染程度越轻。

由于各国的实际情况及河流状况不同，COD 的排放标准均不一致，我国《工业废水排放试行标准》中规定，工业废水最高容许排放浓度应小于 100mg/L，但造纸、制革及脱脂棉厂的排水应小于 500mg/L。

b. BOD——生化需氧量，又称生化耗氧量(Biochemical Oxygen Demand)，是表示水中有机物等需氧污染物质含量的一个综合指标，它说明水中有机物出于微生物的生化作用进行氧化分解，使之无机化或气体化时所消耗水中溶解氧的总数量，其单位以 mg/L 表示。其值越高，说明水中有机污染物质越多，污染也就越严重。若这类污染物质排入水体过多，将造成水中溶解氧缺乏，同时，有机物又通过水中厌氧菌的分解引起腐败现象，产生甲烷、硫化氢、硫醇和氨等恶臭气体，使水体变质发臭。

一般清净河流的 BOD 不超过 2mg/L，若高于 10mg/L，就会散发出恶臭味。工业、农业、水产用水等要求生化需氧量应小于 5mg/L，而生活饮用水应小于 1mg/L。我国规定在工厂排出口，废水的 BOD 的最高容许浓度为 60mg/L，地面水的 BOD 不得超过 4mg/L。

c. pH 值——pH 值可以判断水体中的酸碱度。动物、植物在水中的适宜 pH 值在 6~9 之间，超过这个范围很多水中的生物会受到伤害。

在实际生产中，上述这些指标由污水处理厂来控制。对于生产装置，主要是控制污水中的油含量，以减轻污水处理厂的负担。大多数常减压装置控制明沟含油量≤10mg/L，暗沟含油量≤150mg/L，电脱盐脱水含油量≤400mg/L。由于电脱盐脱水占整个装置排污量的大部分，因此提高电脱盐水平，减少脱水带油也是控制污染的主要手段。

3. 噪声

噪声就是人们不需要的声音。它不仅包括杂乱无章不协调的声音，而且也包括影响旁人工作、休息、睡眠的各种音乐声，甚至于谈话声、脚步声以及一切飞行、行驶中发出的马达声和机械的撞击声等。

在生产装置，噪声的主要来源是：

① 流体振动所产生的噪声。如流体被节流后发出的噪声(尤其是调节阀节流造成的)、火焰燃烧所造成的气体振动等。

② 机械噪声。指各种运转设备所产生的噪声。

③ 电磁噪声。指由电机、脱盐变压器等因磁场作用引起振动所产生的噪声。

在GBJ87—1985《工业企业噪声控制设计规范》中规定：生产车间及操作场所(8h)的噪声限制值是85dB(分贝)。

二、其他环境危害

1. 碳氢化合物

碳氢化合物中的甲烷、乙烷等气体，虽基本无毒，但是，若空气中此类气体的含量较大时，就会因缺氧而引起窒息。例如空气中含有15%的碳氢化合物气体时，空气中的氧气就会从正常含量的21%减少至18%，而人体所需空气中的氧气浓度最低值为16%。

为了保护人身健康，通常根据有害气体最大容许浓度MAC(Maximun Acceptable Concentration)或浓度临界值TLV(Threshold Limit Values)加以控制。只要在空气中含有有害气体的浓度不超过此控制值，对从事长时间劳动(每天工8h)对人身不致产生有害影响。MAC或TLV以空气中含有有害气体(容积比)的10^{-6}(Parts Per Million)为计量单位。表12-5列出了若干有害物质的最大容许浓度值，可供参考。

表12-5 若干有害物质的最大容许浓度值

名称	汽油	煤油	苯	甲苯	二甲苯	硫化氢
MAC/10^{-6}	500	500	25	200	100	10

2. 汽油的危害

蒸馏装置生产直馏汽油。汽油为神经麻醉性毒物，急性吸入以后，大部分可由呼吸道排出，小部分在肝脏被氧化，与葡萄糖醛酸结合可经肾脏排出。毒性主要表现在使中枢神经系统机能紊乱，低浓度可引起条件反射改变，高浓度能造成呼吸中枢麻痹。汽油对脂肪代谢有特殊影响作用。能引起细胞内类脂质平衡失调，血中脂肪含量波动、胆固醇和磷脂量改变。

防止汽油对人体的危害的措施如下：

a. 加强设备管线的维护检修，防止泄漏。

b. 汽油采样后应及时关阀，严禁随意排放。

c. 当需进入汽油蒸汽浓度较高的环境处理异常情况时，应注意通过置换，汽油蒸汽<2%的环境可使用过滤式3型防毒面具。

d. 汽油对皮肤刺激性很强烈，能脱除皮肤上的油脂，造成皮肤破裂、角化。因此应避免皮肤直接接触汽油和用汽油洗手。

e. 凡患有神经系统疾病、内分泌病患、血液病等，一般不宜从事直接接触汽油的行业。

3. 氨气

氨（NH_3）是无色有强烈刺激性的气体，相对分子质量17.03。气体对空气的相对密度为0.5971，沸点-33.6℃。它可以以任何浓度溶于水而形成氨水（氢氧化胺）。在常减压蒸馏装置中氨用来注入塔顶挥发线上以中和HCl。

（1）毒性作用

氨气在空气中最高允许浓度为30mg/m^3。氨气的中毒性危害表现为：轻度中毒时，对眼及上呼吸道黏膜有刺激作用，患者眼及口有辛辣感、流泪、流涕、咳嗽、声嘶、吞咽困难、胸闷、气急。重度中毒，是吸入高浓度氨气所致，可引起肺充血，肺水肿及肺出血；皮肤黏膜接触氨水或高浓度氨气可引起化学性烧伤，甚至角膜混浊引起失明。少数患者可因反射性喉头痉挛或呼吸停止，造成"闪电式"中毒死亡。

（2）预防措施

① 对储存氨水的贮罐和使用氨水的管线设备要定期检修，严防跑、冒、滴、漏。

② 对含氨废水及废气要净化处理，不得任意排放，防止污染劳动场所及周围环境。

③ 加强安全教育，建立健全安全操作制度。

氨对人体的危害见表12-6。

表12-6　氨对人体的危害

浓度/10^{-6}	吸入时间	人体反应	浓度/10^{-6}	吸入时间	人体反应
0.7	接触	感到气味	700	接触	咳嗽
67.2	45min	鼻和眼有刺激感	1750～3500	30min	危及生命
140	30min	眼和上呼吸道不适、头痛	3500～7000	接触	即刻死亡
175～350	20min	呼吸和脉搏加速			

4. 电流伤害

电流伤害事故即触电事故。在高压触电事故中，往往不是人体触及带电体，而是接近到一定程度时，就会发生其间击穿放电而造成的。电流通过人体内部的触电叫电击；电流的热效应和机械效应对人体的局部伤害叫电伤。电伤也属于触电事故，但与电击比较起来，严重程度要低一些。

为了避免电流伤害事故的发生，操作人员必须加强电气设备安全技术知识的普及，自觉地按章办事；在危险高压区应设置醒目的安全警告标志。

三、硫化氢中毒与预防

硫化氢（H_2S）是无色比空气重的气体，有特殊的腐蛋臭味。原油中含有硫化氢时，毒性急剧增大。空气中硫化氢浓度的变化对人体的影响情况见表12-7。

表 12-7 空气中硫化氢浓度的变化对人体的影响情况

空气中硫化氢浓度	对人体的影响
0.001%(10μL/L)	8h 劳动，闻到有腐蛋臭味的不快感
0.005%~0.01%(50~100μL/L)	1h 内眼睛和呼吸器官感到刺激。浓度在 0.01%时，经 1h 以上，感到强烈的刺激，在 4~48h 就会死亡
0.02%~0.03%(200~300μL/L)	0.02%~0.03%1h 内眼睛和呼吸器官感到强烈的刺激。1h 以上不能忍耐
0.05%~0.07%(500~700μL/L)	30min~1h 失去知觉，并有死亡的可能
0.07%~0.09%(700~900μL/L)	5~30min 会迅速失去知觉并死亡
0.1%~0.2%(1000~2000μL/L)	5min 内死亡

常减压蒸馏装置的三顶瓦斯中含有大量的 H_2S，尤其加工高硫原油时，会产生大量的 H_2S 气体。塔顶分离罐的切水区是 H_2S 防护的重点部位。

1. 毒性作用

硫化氢主要是经呼吸道进入人体，具有局部刺激作用和全身毒性作用。前者是由于硫化氢遇黏膜表面的水分，很快溶解，并与钠离子结合成硫化钠，对黏膜有强烈的刺激作用，可引起眼和呼吸道炎症，甚至可致水肺；后者，是由于硫化氢和细胞色素氧化酶的三价铁结合，使酶失去活性，影响细胞氧化过程，造成组织缺氧，而中枢神经系统对缺氧最为敏感，首先受到影响，浓度高时可麻痹呼吸中枢，迅速发生昏迷，呼吸麻痹和窒息，呈“闪电式”中毒而死亡。

2. 预防及抢救方法

在生产和检修过程中如发生急性中毒，大多数都是因为对有毒气体不了解，思想上麻痹，违章作业而造成的。为了防止人身中毒事故，在生产中必须做到：

① 不断改进生产工艺，改善劳动条件。同时要加强设备现场管理，防止有毒气体外溢。

② 不管是原料气还是酸性气不准随意向大气排放(如采样口、倒淋阀)，如生产中非排放不可，或因设备发生泄漏时进行处理，应加强个人防护，佩戴好合适的防毒面具，或站在上风口进行操作，同时要有人监护，防止中毒和冻伤事故的发生。

③ 进入下水道、下水井清扫，或进入塔、容器以及其他设备内部检修，必须预先进行处理，通风排气，分析合格后办理作业票方可进入作业。但外部必须要有人监护，万一发生中毒事故能及时组织抢救。

④ 从事有毒物质的生产操作人员，应加强防毒知识学习，一旦发生中毒事故，应立即将中毒者救离现场，到空气新鲜处进行抢救，严重者应立即送往医院抢救。

第四节 HSE 知识

一、HSE 基本知识

HSE 是健康(Health)、安全(Safety)和环境(Environment)管理体系的简称，HSE 管理体系是由组织实施健康、安全与环境管理的组织机构、职责、做法、程序、过程和资源等要素有机构成的整体，这些要素通过先进、科学、系统的运行模式有机地融合在一起，相互关联、相互作用，形成动态管理体系。

该体系最初有国际知名的石油化工企业最先于1996年1月提出，2001年2月中国石化集团公司发布了《中国石油化工集团公司安全、环境与健康(HSE)管理体系》《油田企业安全、环境与健康(HSE)管理规范》《炼油化工企业安全、环境与健康(HSE)管理规范》等系统的HSE管理体系标准。

HSE管理体系要求组织进行风险分析，确定其自身活动可能发生的危害和后果，从而采取有效的防范手段和控制措施防止其发生，以便减少可能引起的人员伤害、财产损失和环境污染。它强调预防和持续改进，具有高度自我约束、自我完善、自我激励机制，因此是一种现代化的管理模式，是现代企业制度之一。

HSE管理体系是三位一体管理体系。H(健康)是指人身体上没有疾病，在心理上保持一种完好的状态；S(安全)是指在劳动生产过程中，努力改善劳动条件、克服不安全因素，使劳动生产在保证劳动者健康、企业财产不受损失、人民生命安全的前提下顺利进行；E(环境)是指与人类密切相关的、影响人类生活和生产活动的各种自然力量或作用的总和，它不仅包括各种自然因素的组合，还包括人类与自然因素间相互形成的生态关系的组合。由于安全、环境与健康的管理在实际工作过程中有着密不可分的联系，因此把健康(Health)、安全(Safety)和环境(Environment)形成一个整体的管理体系，是现代石油化工企业的必然。

二、直接作业环节HSE控制程序

1. 阻火器拆装清理

① 当加热炉出口温度不能保证，燃料气流量不能提起来，阻火器前后压差增大，可以判断为阻火器堵塞造成的，就要对阻火器进行拆装清理。

具体步骤为：内外操用对讲机联系好，切换至备用阻火器，内操控制好瓦斯压力，避免炉出口超温，然后外操关闭待清理阻火器上下游阀门，打开底部放空卸压，注意站在上风向，佩戴好防毒面具，待底部放空无气体流出后，用蒸汽将瓦斯气味驱散后，联系维修工进行拆卸阻火器。

② 阻火网清理：用蒸汽、水将阻火网冲洗干净，将清理出杂物清扫干净，阻火网清理干净后联系维修工回装阻火器。

③ 投用：阻火器装好后，关闭底部排空阀，缓慢打开阻火器上游阀，检查阻火器法兰有无泄漏，若发生泄漏及时关上游阀进行处理；无泄漏，则阻火器做备用。

注：其他过滤器等的拆装借鉴此操作，有扫线流程的先进行扫线，完毕后撤压，确认达到安全拆卸条件后联系维修工拆装、清理、投用。

2. 泵检修操作程序

接到机泵检修的通知后，操作程序如下：

① 将泵体相关出入口阀门关闭，停冷却水、封油，用蒸汽对机泵进行吹扫，后路至污油系统，确认吹扫干净后，停吹扫蒸汽并从泵体导淋撤压。

② 联系电工将需检修泵断电，断电票确认无误，交电气专业停电。

③ 确认无误后，开具检修作业票，移交钳工对泵进行检修。

④ 泵检修完后，用吹扫蒸汽对检修后的泵体进行吹扫，赶空气，并全面检查各放空是

否关闭。联系电工送电，泵加油盘车试运，无问题后投用封油、冷却水，对泵进行预热、备用。

3. 压力表、温度计更换程序

① 将压力表前手阀关闭，待压力表指针回零后，用两把活扳手将旧压力表拆下，按照压力表型号，更换符合量程和精度的新表后，贴好上限红线，确保表身贴有检定标签。

② 双金属温度计一般为带套管型，可以直接拆卸，更换新温度计；无套管温度计不能拆卸，做好记录，待检修更换。安装时确认表尾处于管线中部。

③ 高温部位压力表温度计无法确认是否有危险时，请示专业工程师指导更换。

4. 扫线

① 将需扫线管线相连部位阀门关闭，流程打通至扫线安全地点(罐区或设备内)，拆法兰处设专人现场看护，避免扫线放空时对其他人员烫伤。

② 扫线前必须先进行蒸汽脱水，避免给汽扫线时水击事故发生，开始给汽时应缓慢，逐渐增大蒸汽量。管线扫通后，要反复憋压、放空，确保扫线质量，扫线过程中要顺流程检查是否有憋压、不畅通或泄漏现象，做到及时处理。

5. 装置伴热线投停程序

① 仔细阅读伴热线图，了解管线伴热给汽点及对应疏水点。

② 投伴热时先确认疏水后路畅通，输水点先在疏水器前就地放空，然后打开给汽点阀门，对伴热先进行吹扫，防止管线内的杂质吹入疏水器，造成堵塞。确认干净后投用疏水器，并调节疏水器大小，伴热线投用正常。

③ 停伴热与之相反，给汽点及对应疏水点阀门关闭后，打开疏水点处排空阀排空。

6. 安全阀拆卸、安装程序

① 班组在操作或巡检中发现安全阀内漏，首先对安全阀泄漏原因进行分析判断。

② 如安全阀起跳后未复位，内外操对讲机联系好，内操平稳操作，避免设备超温超压，外操将安全阀前后阀门关闭。

③ 告知专业安全工程师，联系安全阀拆卸校验工作；由于安全阀本身原因造成泄漏，及时关闭前后阀门，通知专业安全工程师，联系安全阀维修工作。

④ 安全阀校验完毕安装后，根据车间安排将安全阀投用，首先缓慢打开出入口阀门，检查法兰有无泄漏，如无泄漏前后阀门开至全开位置，如有泄漏，关闭前后阀门及时联系维修人员处理，安全阀正常投用后，外操要检查安全阀出口管线是否仍有物料泄漏。投用正常后，用铅封将安全阀上下游封锁。

7. *DN*50 以下阀门更换或法兰换垫

① 将需更换阀门或垫处相连接部位断开，并放空完毕。

② 有毒有害介质要戴好防毒面具，用专用扳手将需更换处法兰拆开，换新垫后螺栓把紧。

③ 在螺栓把紧过程中，要对颗紧螺栓，防止垫片压偏，导致密封效果不好、泄漏。易燃、易爆介质需要用防爆工具。

④ 更换完毕投用时要缓慢开阀，检查有无泄漏。

8. 加热炉火嘴拆装清理

① 将所需清理火嘴燃烧用燃料油或瓦斯手阀关闭两道阀。

② 带好劳保用品，使用专用工具将火嘴拆下，用水、蒸汽、专用清理工具将拆下火嘴清理干净后，进行安装。

③ 安装完毕后缓慢打开瓦斯手阀(长明灯未熄灭)，检查有无泄漏，慢慢开大瓦斯手阀，使火嘴正常燃烧，燃料油火嘴蒸汽试用正常后备用。

第五节 安全器材的使用方法

一、防毒器材

1. 防毒器材种类及使用范围

① 防毒口罩。用于有毒气不大的正常情况，内装3#药剂(防有机气体中毒)，应定时检查并换药，以防药剂失效。

② 过滤式防毒面具。用于有毒气体浓度小于1%，O_2含量19.5%以上的场所。由橡胶面罩和导气管、滤毒罐组成。

③ 供氧式防毒面具。用于浓度较高的有毒气体环境中，由氧气瓶、清净罐、减压器、自动排气阀、面罩、软管组成，必须学会掌握使用方法，并有2人以上进行操作。

④ 长管式防毒面具。用于设备内检修、局部存在毒气的场合。由面罩及长管组成，要将空气吸入口长管放到新鲜空气处，必须有2人以上进行操作。

2. 防毒面具使用时的注意事项

① 防毒面具主要靠滤毒罐对毒物的过滤和吸收(吸附)作用，凡是在贮罐或管线上排水放空、采样、装拆液面计、压力表等有可能排出有毒气体的工作场所，一定要佩戴好相应的防毒面具。

② 在危险区进行工作，必须站在上风向，并有专人监护并戴好适应的防毒面具，以免发生危险。

③ 专物专用，防毒面具型号很多，有隔离式、供氧式、长管式和过滤式。

④ 使用中如在面罩内闻到毒气的微弱气味或呼吸不畅时，应立即离开毒区。

⑤ 使用后的防毒面罩和导管必须用热水清洗晾干放入袋内，尚未失效的滤毒罐必须盖上下塞、保持密闭、存放在专柜内，以免受潮失效。

⑥ 滤毒罐必须按规定使用时间更换和重新鉴定。

二、空气呼吸器使用方法

(1) 测试前准备：戴好安全帽，摁压供气阀复位按钮，并确认旁通开关处于关闭状态；打开气瓶阀门，检查压力表读数是否满足即将要进行的工作需要(注：检查期间要报压力表读数，误差±1MPa)。

(2) 供气阀测试：背上空气呼吸器，先纵身收紧肩带，再系紧腰带，向后推离安全帽，戴上面罩，深吸一口气激活供气阀，能进行正常呼吸，戴好安全帽。

(3) 面罩密封测试：关闭气瓶阀，屏气10s，面罩密封面应无空气外泄声音，同时观察压力表，如泄漏压力表读数会下降(注：屏气期间看压力表无下降，系统无漏气声音)。

(4) 低压报警哨测试：气瓶阀门保持关闭，慢慢呼吸系统内气体，观察压力表读数降至

(5.5MPa±0.5MPa)时，低压报警哨应发出清晰的报警声。

(5) 旁通阀测试：低压报警哨发出报警声后，打开气瓶阀门，打开供气阀的旁通阀，确认有稳定的气流进入面罩内后关闭旁通阀。

(6) 使用后复位备用：使用结束准备卸下呼吸器时，先屏住呼吸，然后摁下供气阀复位按钮；松开头带，取下面罩；解开腰带扣，松开肩带，卸下呼吸器；观察气瓶剩余压力，关闭气瓶阀门；打开供气阀旁通旋钮，待系统压力排空后关闭旁通阀；调整面罩头带、腰带、肩带长度至备用状态。

第六节 装置检修中的安全工作

装置在长周期运行中，由于外部负荷、内部应力和相互磨损、腐蚀、疲劳以及自然侵蚀等因素影响，使个别部件或整体改变原有尺寸、形状，机械性能下降、强度降低，造成隐患和缺陷，威胁着安全生产。所以，装置设备要定期进行检修，及时消除缺陷和隐患，提高设备的可靠程度，使生产装置能够“安、稳、长、满、优”运行。实践证明装置开停工和装置检修是事故多发期，一定要引起重视。

一、装置检修的特点

石油化工生产装置检修与其他行业的检修相比，具有复杂、危险性大的特点。

石油化工生产装置中使用的设备如炉、塔、釜、器、机、泵及罐槽、池等大多是非定型设备，种类繁多，规格不一，要求从事检修作业的人员具有丰富的知识和技术，熟悉掌握不同设备的结构、性能和特点；检修内容多、工期紧、工种多、上下作业、设备内外同时并进、多数设备处于露天或半露天布置，检修作业受到环境和气候等条件的制约，加之外来工、民工等临时人员进入检修现场机会多，对作业现场环境又不熟悉，从而决定了石油化工装置检修的复杂性。

石油化工生产的危险性大，生产装置检修的危险性亦大，生产装置设备复杂。设备和管道中的易燃、易爆、有毒物质，尽管在检修前做过充分的吹扫置换，但是易燃、易爆、有毒物质仍有可能存在，检修作业又离不开动火、动土、起重、受限空间等作业，客观上具备了发生火灾、爆炸、中毒、化学灼伤、高处坠落、物体打击等事故的条件。实践证明，生产装置在停车、检修施工、开工过程中最容易发生事故。据统计，发生的重大事故中，装置检修过程的事故占事故总起数的42.63%。由于装置检修作业复杂、安全教育难度较大，很难保证进入检修作业现场的人员都具备比较高的安全知识和技能，也很难使安全技术措施自觉到位，因此装置检修具有危险性大的特点，同时也决定了装置检修安全工作的重要地位。

二、装置停车的安全处理

停车方案一经确定，应严格按照停车方案确定的时间、停车步骤、工艺变化幅度，以及确认的停车操作顺序图表，有秩序地进行。停车操作应注意下列问题：

① 降温降压的速度应严格按工艺规定进行。高温部位要防止设备因温度变化梯度过大使设备产生泄漏。石油化工装置中多为易燃、易爆、有毒、腐蚀性介质，这些介质漏出会造成火灾爆炸、中毒窒息、腐蚀、灼伤事故。

② 停车阶段执行的各种操作应准确无误，关键操作采取监护制度，必要时应重复指令内容，克服麻痹思想。执行每一种操作时都要注意观察是否符合操作意图。例如：开关阀门动作要缓慢等。

③ 装置停车时，所有的机、泵、设备、管线中的物料要处理干净，各种油品、液化石油气、有毒和腐蚀性介质严禁就地排放，以免污染环境或发生事故。因为易燃、可燃液体有较大的火灾、爆炸危险性，一般闪点低、汽化快、蒸汽压力大，又容易和空气混合形成爆炸性气体，遇到明火使其燃烧或爆炸，而易燃液体在常温条件下，即能形成爆炸性混合物，其危险性很大。

可燃、有毒物料应排至火炬系统回收，对残留物料排放时，应采取相应的安全措施。停车操作期间，装置周围应杜绝一切火源。

④ 主要设备停车操作：

a. 制定停车和物料处理方案，并经主管领导批准认可，停车操作前，要向操作人员进行技术交底，告知注意事项和应采取的防范措施；

b. 停车操作时，技术负责人要在现场监视指挥，有条不紊，忙而不乱，严防误操作；

c. 停车过程中，对发生的异常情况和处理方法，要随时作好记录；

d. 对关键性操作，要采取监护制度。

装置开工中所需要知道的安全问题同停车中的问题相同，这里不再重复。

三、吹扫与置换

石油化工设备、管线的置换、吹扫、排空作业的好坏，是关系到检修工作能否顺利进行和人身、设备安全的重要条件之一。

吹扫作业注意事项：

① 吹扫时要注意选择吹扫介质。炼油装置的瓦斯线、高温管线以及闪点低于130℃的油管线和装置内物料爆炸下限低的设备、管线，不得用压缩空气吹扫。空气容易与这类物料混合达到爆炸性混合物，吹扫过程中易产生静电火花或其他明火，发生着火爆炸事故。

② 吹扫时阀门开度应小(一般为2扣)。稍停片刻，使吹扫介质少量通过，注意观察畅通情况。采用胶皮管吹扫时，胶皮软管要绑牢，同时要检查胶皮软管承受压力情况，禁止这类临时性吹扫作业使用的胶管用于中压蒸汽。

③ 设有流量计的管线，为防止吹扫蒸汽流速过大及管内带有铁渣、锈、垢，损坏计量仪表内部构件，一般经由副线吹扫。

④ 机泵出口管上的压力表阀门要全部关闭，防止吹扫时发生水击把压力表震坏。压缩机系统置换原则，以低压到中压再到高压的次序进行，先倒净一段，如未达到目的而压力不足时，可由二、三段补压倒空，然后依次倒空，最后将高压气体排入火炬。

⑤ 管壳式换热器、冷凝器在用蒸汽吹扫时，必须分段处理，另外一侧要放空泄压，防止液体汽化，造成设备超压损坏。

⑥ 对于油类系统管线，应先吹扫重质油线，然后吹扫轻质油线。吹扫顺序为：

原油(渣油)→蜡油→柴油→石脑油→瓦斯

⑦ 吹扫时要按系统逐次进行，再把所有管线(包括支路)都吹扫到，不能留有死角。吹扫完应先关闭吹扫管线阀门，后停汽，防止被吹扫介质倒流。

⑧ 精馏塔系统倒空吹扫，应先从塔顶回流罐、回流泵倒液、关阀，然后倒塔釜、再沸器、中间再沸器液体，保持塔压一段时间，待盘板积存的液体全部流净后，由塔釜再次倒空放压。塔、容器及冷换设备吹扫之后，还要通过蒸汽在最低点排空，直到蒸汽中不带油为止，最后停汽，打开低点放空阀排空，要保证设备打开后无油、无瓦斯，确保检修动火安全。

⑨ 对低温生产装置，考虑到开工时系统内对露点指标控制很严格，所以不采用蒸汽吹扫，而要有氮气分片集中吹扫，最好用干燥后的氮气进行吹扫置换。

⑩ 吹扫采用本装置自产蒸汽，应首先检查蒸汽中是否带油。装置内油、汽、水等有互窜的可能，一旦发现互窜，蒸汽就不能用来灭火或吹扫。

⑪ 装置管线物料吹扫前，岗位之间应加强联系，防止憋压、冒顶等事故发生。

⑫ 吹扫介质压力不能过低，以防止被吹扫介质倒流至氮气管网，影响全局。

四、装置检修安全规定

装置检修时一般是：时间紧、任务重、场地小、人员多、交叉作业、用火面极广，已发生各类事故。为做好检修中的安全工作，防止人身伤害、火灾、爆炸等事故的发生，需注意以下事项。

(1) 装置检修前的准备工作

① 装置停工前，必须制定停工吹扫方案。

② 吹扫装置管线时，在扫线前必须与相关装置联系。改好流程，防止憋压、冒罐事故的发生。

③ 停工后必须将与其他装置相关联的管线拆卸或加盲板；检修中拆加盲板时，做好登记编号，所有加盲板位置应有明显标志。

④ 扫线前应注意蒸汽先切水，开蒸汽应由小到大，防止水击振坏管线和设备。

⑤ 塔和容器在蒸煮24h后方可开启人孔，开启前应先确认设备内部压力完全放空，待温度下降后，方可开启塔和容器人孔，开启顺序由上到下进行，经1天以上的通风，由装置负责人检查，经化验分析氧含量、可燃气、有毒气体合格后开具《进入受限空间作业许可证》。进设备时不得少于2人，并设专人监护。

⑥ 下水井、下水道应用水冲洗干净，可采取水封的办法防止爆炸，地沟、地漏清扫干净并用沙包封盖好。

⑦ 停工检修期间，水、电、气、风由生产调度统一管理，任何人未经调度允许不得擅自使用和停止。

⑧ 装置停工检修，车间主任和安全工程师负责现场检查，负责提出和落实动火措施负责签批火票。

(2) 检修工作的准备

① 检修前公司成立检修总指挥部，运行部成立分指挥部，对各检修项目提出“五定”措施，即：定工程项目、定安全措施、定质量要求、定完成时间、定工程负责人。

② 各检修领导小组，在检修中必须坚持“安全第一”的方针，做到“六同时”，即：进行计划、布置、检查、承包、总结、评比检修工作中同时要体现出安全管理内容。

③ 车间领导小组，应对独立检修班组明确安全员，在检修中随时监督安全工作，一旦

发生大小事故，必须负责做到“四不放过”。

④ 进行任何检修作业，必须事先根据安全规程制定作业方案，高风险检修方案需提交公司相关部门及领导审查或批准。

⑤ 检修前必须对所有的机具进行认真检查，特别是焊接和起重工具，凡不符合要求的一律禁止使用。

⑥ 各脚手架要经检查确认结实牢固，经现场施工负责人员验收后，方可使用。

（3）检修中的安全规定

① 严格科学态度，坚持文明检修，当检修与安全发生矛盾时，应服从安全，克服麻痹思想，反对马虎、凑合、不在乎的作风。

② 凡进入现场检修人员，劳动护具必须佩戴齐全，不准穿凉鞋。2m 以上高空作业要系好安全带。

③ 新工人(包括实习培训人员)及来检修现场参加劳动人员，应在技术熟练工人的带领下工作，并交代安全注意事项，防止因无经验而发生事故。

④ 做好防火工作，现场应配备一些必要的消防器材。

⑤ 严格遵守检修现场劳动纪律，不准打闹、乱窜，工作时集中精力，遵守厂区交通秩序。

⑥ 尽量避免上下交叉作业，在进行交叉作业时，层与层之间要有隔离措施。

⑦ 高空作业人员应有安全带和工具袋，安全带应挂在牢固地点，严防坠落伤人。

⑧ 高空作业时，拆装零件排放平稳，必要时加以捆绑，严禁高空抛物，塔器下禁止站人，严防坠落物伤人。

⑨ 关键设备及重要部位的检修要加强管理，禁止无关人员进入，拆卸的机件要保存好，防止丢失和损失。

⑩ 尽量减少夜间作业，如有必要，要有足够的照明，内设临时灯，电压不超过 36 伏，在金属容器或潮湿环境中，电压不超过 12V，灯具必须有防护罩。

⑪ 塔器等设备封人孔之前，应由装置及检修单位共同检查验收，确认无遗留物在内后，双方确认方可封人孔。

⑫ 检修完必须执行“四不准开工”规定，即：检修质量不好不开工、堵漏不彻底不开工、安全设施不好不开工、卫生不好不开工。

⑬ 安全阀的定压应指定专人负责检查验收，并做好记录，新阀由设备专业工程师签字确认后铅封。

⑭ 在塔器内部检修或污水井内作业时，外部要有专人监护。

⑮ 检修中禁止使用汽油清洗设备配件。

附录　相关安全规定

一、防火防爆十大禁令

① 严禁在厂内吸烟及携带火柴、打火机、易燃易爆、有毒、易腐蚀物品入厂。

② 严禁未按规定办理用火手续，在厂区内进行施工用火或生活用火。

③ 严禁穿易产生静电服装进入油气区工作。

④ 严禁穿带铁钉的鞋进入油气区及易燃易爆装置。

⑤ 严禁用汽油、易挥发溶剂擦洗各种设备、衣物、工具及地面。

⑥ 严禁未经批准的各种机动车辆进入生产装置、罐区及易燃易爆区。

⑦ 严禁就地排放轻质油品、液化气及瓦斯、化学危险品。

⑧ 严禁在各种油气区内用黑色金属工具敲打。

⑨ 严禁堵塞消防通道及随意挪用或损坏消防器材和设备。

⑩ 严禁损坏生产区内的防爆设施及设备，并定期进行检验。

二、人身安全十大禁令

① 安全教育和岗位技术考核不合格者，严禁独立上岗操作。

② 不按规定着装者或班前饮酒者，严禁进入生产岗位或施工现场。

③ 不戴好安全帽者，严禁进入检修、施工现场或交叉作业现场。

④ 未办理安全作业票及不系安全带者，严禁高处作业。

⑤ 未办理安全作业票，严禁进入塔、容器、罐、反应器、下水井、电缆沟等有毒、有害、缺氧场所作业。

⑥ 未办理维修工作票，严禁拆卸停用的与系统联通的管道、机泵等设备。

⑦ 未办理电气作业“三票”，严禁电气施工作业。

⑧ 未办理施工破土工作票，严禁破土施工。

⑨ 机动设备或受压容器的安全附件、防护装置不齐全好用严禁启动使用。

⑩ 机动设备的转动部件，在运转中严禁擦洗或拆卸。

三、装置防火规定

① 装置内绝对禁止使用明火和可能产生明火的工具，不许用锐器敲打设备。机动车未经允许不得进入装置。

② 地面、平台、管带、明沟的油污油布等易燃物应及时清除干净。

③ 管带及设备的保温不得使用易燃材料，如草绳、油毡纸等。

④ 高温设备严禁放置易燃物，如烘烤衣服、食品等。

⑤ 装置内可能有瓦斯扩散的区域应安设防爆电开关、防爆电机和防爆照明措施。

⑥ 装置区域内严禁吸烟。

⑦ 不得穿带钉子的鞋进入装置。

⑧ 消防设施要经常检查，保证完好，不准任意挪动和改作他用。

四、装置生产用火规定

① 装置内用火必须由专职安全员或车间负责人开火票。

② 使用火票要在规定的人员、地点和时间内用火，不得随便更换地点、时间和人员。

③ 装置生产中如必须在现场动火，一般采取如下措施：把动火设备中的油、气放净，附近的地漏、水井堵严，指定专人看火，并在动火前检测设备内部或周边可燃气含量，符合要求方可动火。高处动火要做好接火措施，防止火星飘散，引发事故。

④ 用火前必须将附近的油污、杂物、瓦斯等清除干净。

五、设备使用安全规定

① 管壳式换热器、冷却器在用蒸汽吹扫时，一程吹扫，另一程必须有撤压放空点，防止液体汽化憋压损坏设备。

② 油品出装置温度应高于凝点10℃以上，进罐温度必须低于100℃，防止油罐突沸。

③ 关键设备要按责任制按时检查。

④ 安全阀前手阀应处于打开状态。

⑤ 用蒸汽扫线时先脱水，然后缓慢引汽，防止水击损坏设备。

⑥ 瓦斯或闪点低于130℃的油线一般不允许用风扫线，重油线温度低于70℃时可用风扫。

⑦ 阀门，特别是铸铁阀，开时不要开到头应回松两扣，关时不要用力过猛，防止损坏阀门。

⑧ 工具、蒸汽线、消防器材必须正确使用，保证人身、设备安全。

六、防冻防凝规程

① 入冬前，工艺管线及仪表伴热线、暖器应通蒸汽试漏。

② 将不用的设备及管线内存水放净，空设备打开底部放空。

③ 各水线上的铸铁阀，要维持最小量的长流水。

④ 各蒸汽线低点或末端放空阀应稍开，保持少量排水。

⑤ 各冷凝、冷却器上下水的联通线要稍开，保证有水通过。

⑥ 若发现铸铁阀、设备等结冻，应用热水或软汽缓慢化冻，防止急热破裂。

⑦ 经常检查伴热线、疏水器、排凝线、安全阀、玻璃板液面的伴热，防止堵塞冻裂。

⑧ 漏水、漏汽形成的冰溜子要及时清除，防止落下伤人，雪后及时清扫道路、平台、梯子等。

⑨ 交接班应严格检查，班上巡检时加强防冻防凝检查，发现问题及时处理。

七、环保规程

（1）污水排放

① 控制装置污水总排出口含油量小于控制指标。

② 注意控制各塔顶罐切水界面，切水不能带油。

③ 机泵、换热器、冷却器检修放油时，要将油品回收，不得将油排至污水井中。

④ 严格控制三塔顶水 pH 值在 7.0~9.0 之间。

⑤ 不得向装置暗沟排放污油。

⑥ 注意电脱盐罐切水界面，切水不能带油。

(2) 大气污染

① 减顶瓦斯在一般情况下，不得排入大气，应引进加热炉烧掉。

② 加热炉运行时，不容许冒黑烟，烟尘浓度不大于格林曼黑度 2 级，因操作波动冒黑烟，应及时调整

(3) 噪声污染

① 装置区及泵房噪音不应高于85DB，机泵运行时电机消音罩要带好。大修期间要集中保管。

② 常、减压炉看火孔、点火孔正常操作时要关闭，以防噪音外溢。

③ 大修中要做到文明施工，不乱打、乱敲设备，不发出高分贝噪音影响施工现场。

八、防台防汛安全规定

我国沿海地区和沿江地区每年 6~9 月为防台防汛的重点月。

① 在此期间，各单位应将此项工作列入安全生产议事日程，并建立防台防汛领导小组，统一指挥台风、潮汛、洪水期间的抗灾抢险。

② 台汛到来之前，要进行一次以防台防汛为重点的季节性安全大检查，主要检查内容为：房屋建筑结构有无破损、墙裂及地基下陷现象；施工临时设施是否安全可靠；电气设备、线路有无受潮损坏的可能，接地线有无缺损现象，防雷防静电是否完好，有无应设而未设防雷防静电系统的建筑或设备；高空非固定物件等的强度稳定如何；排水沟道是否畅通；土坡、挡墙有无倒塌危险；配电所的应急防范措施等。查出的不安全因素要求立即整改。

③ 台汛期间，应做好抗灾抢险的充分准备，包括组织领导、人员配备、器材工具、灾害情况预想等。应准备足够的抗灾物资。

④ 台汛期间应提高警惕，注意收听气象预报。加强巡回检查和夜间值班。发生紧急情况时，领导应全部赶到现场，制定抗灾方案，层层落实，避免国家财产和职工生产安全遭受损失。

⑤ 消防道、主要干道必须畅通无阻，若因台风、洪水造成部分路段阻塞或坍塌时，就迅速采取措施恢复通畅。

⑥ 单位所储存的试剂、药品、仪器仪表等，要采取有效措施，严防受潮变质。

⑦ 低洼易受灾处，应提早制定防范计划，落实防范措施，台汛期不过决不麻痹松劲。

⑧ 台汛期过后，要主动清理抢险现场，洗刷清理并切实保管好工具器材，以备下年使用。

⑨ 每年秋季应向机动或安监处提出下年度本单位及本区域的防台汛安全技术措施计划，以便及早列入检修计划或专项计划予以实施。

⑩ 加强报告制度，有情况应立即报告领导和上级部门。

九、防电、防雷、防静电安全规定

① 对现场的电缆、电线、灯头等不得随意用手抓摸，以防漏电触电。

② 发现设备带电或电源线路漏电时，及时联系电工处理。

③ 严禁穿易产生静电的服装进入易燃、易爆区，尤其不得在该区穿、脱衣服或用化纤织物擦拭设备。

④ 容易发生化纤和粉体静电的环境，其湿度必须控制在规定界限以内。

⑤ 易燃、易爆区、易产生化纤和粉体静电的装置，须做好设备防静电接地，混凝土地面、橡胶地板等导电性要符合规定。

⑥ 防静电措施和设备，要指定专人定期进行检查并建卡登记存档。

⑦ 发现装置内设备静电接地有断路或损坏时，要及时报告处理

⑧ 未经批准，不得在装置内架设临时电线，装电炉、电钻等。

⑨ 设备内作业照明，应使用安全电压并带防护罩的手提形灯，电线要绝缘良好，在生产装置内严禁在高电压(包括220V)线路上接临时灯。

⑩ 非电气专业人员，未经许可不准进入装置配电间。

⑪ 发现有人触电时，立即将电源切断，将触电者抬到空气流通的地方，并进行正确救护。

十、防止硫化氢中毒安全管理规定

为防止石油石化生产过程中发生硫化氢中毒事故，保证职工生命和财产安全，特制定本规定。

① 防止硫化氢中毒，消除硫化氢对职工的危害应从设计抓起，凡新建、改建、扩建工程项目中防止硫化氢中毒的设施必须与主体工程同时设计、同时施工、同时投入使用，使作业环境中硫化氢浓度符合国家职业安全卫生标准。

② 生产企业内有可能泄漏硫化氢有毒气体的场所应配置固定式硫化氢监测报警器，有硫化氢危害的车间应配备便携式硫化氢检测报警器及适用的防毒防护器材。硫化氢检测报警器的安装率、使用率、完好率应达到100%。

③ 加强防硫化氢中毒工作，对相关装置和罐区动态硫分布情况进行调查，建立动态硫分布图，在每一个有可能泄漏硫化氢造成中毒危险的工作场所设置警示牌和风向标，明确作业应采取的防护措施。

④ 要根据不同的生产岗位和工作环境，为工作人员配备适用的防毒防护器材，并制定使用管理规定定期定点对生产场所硫化氢浓度进行检测，对于硫化氢浓度超标点应立即查清原因并及时整改。

⑤ 开好脱硫装置，搞好设备、管线的密封，禁止将含硫化氢的气体排放大气；含硫污水应密闭送入污水汽提装置处理，禁止排入其他污水系统。

⑥ 必须将生活水系统与工业污水系统隔离，防止硫化氢窜入，发生中毒事故。

⑦ 大力推进技术进步，加快工艺技术的革新改造，所有含有硫化氢介质的采样和切水作业逐步改为密闭方式，从根本上减少硫化氢的危害。对生产过程中的介质和作业环境中的硫化氢含量，须定期组织检测与评价，对因原料、加工流程改变、装置改造或操作条件发生变化导致硫化氢浓度超过规定含量时，主管部门要及时采取有效措施，并及时通知有关车间、班组或岗位，防止发生中毒事故。

⑧ 所有在可能发生硫化氢中毒的作业场所作业的人员，都必须接受“防止硫化氢中毒知识”的教育和培训，经考核合格上岗，教育和培训的内容包括：

a. 掌握硫化氢的理化性质及中毒特性；b. 掌握有关安全操作规程和作业规定；c. 掌握过滤式、隔离式防毒器材的使用和维护以及保管要求；d. 掌握作业区内硫化氢分布情况；e. 掌握硫化氢中毒时的自救和互救技能；f. 应制定防止硫化氢中毒安全管理实施细则，对安全管理、教育和各类作业的防护做出规定切实抓好防止硫化氢中毒预案的制定和演练工作。

⑨ 禁止任何人员在不佩戴合适防毒器材的情况下进入可发生硫化氢中毒的区域，并禁止在有毒区脱掉防毒器材。遇有紧急情况，按应急预案进行处理。

⑩ 在含有硫化氢的油罐、汽油罐、轻质污油罐及含酸性气、瓦斯介质的设备上作业时，必须随身佩戴好适用的防毒救护器材。作业时应有 2 人同时到现场，并站在上风向，必须坚持一人作业，一人监护。

⑪ 凡进入含有硫化氢介质设备、容器内作业时，必须按规定切断一切进料，彻底冲洗、吹扫、置换，加好盲板，经采样分析合格，落实好安全措施，并按规定办理作业票，在有人监护的情况下进行作业。

⑫ 原则上不得进入工业下水道(井)、污水井、密闭容器等危险场所作业。必须作业时，按规定办理进入受限空间作业许可证，报主管领导批准签发后，在有人监护的情况下方可进装置作业，作业人员一般不超过 2 个人。

⑬ 在接触硫化氢有毒气体的作业中，作业人员一旦发生硫化氢中毒，监护人员应立即将中毒人员脱离毒区，在空气新鲜的毒区上风口现场对中毒人员进行人工呼吸，并通知消防支队。对中毒人员进行救护时，救(监)护人员必须佩戴好适用的防毒救护器材。

⑭ 在发生硫化氢泄漏且硫化氢浓度不明的情况下，必须使用隔离式防毒器材，不得使用过滤式防毒器材。

⑮ 对从事硫化氢作业的工作人员，要按国家规定定期进行体检。

⑯ 对可能发生硫化氢中毒的作业场所，在没用适当防护措施的情况下任何单位和个人不得强制作业人员进行作业，并可直接向上级安全主管部门报告。

参 考 文 献

[1] 侯芙生．中国炼油技术(第三版)[M]．北京：中国石化出版社，2011.
[2] 徐春明，杨朝合．石油炼制工程(第四版)[M]．北京：石油工业出版社，2018.
[3] 张德义．继续抓紧搞好我国炼油工业结构调整[J]．当代石油石化，2004. 12. (3)：1.
[4] 马伯文．清洁燃料生产技术[M]．北京：中国石化出版社，2001.
[5] 蔡凤英，谈宗山．化工安全工程(第二版)．北京：科学出版社，2009.
[6] 唐孟海，胡兆灵．常减压蒸馏装置技术问答(第二版)．北京：中国石化出版社，2018.
[7] 中国石油和石化工程研究会．炼油设备工程师手册．北京：中国石化出版社，2003.
[8] 钱家麟．管式加热炉(第二版)[M]．北京：中国石化出版社，2003.
[9] 刘运桃．管式加热炉技术问答(第二版)[M]．北京：中国石化出版社，2010.
[10] 蔡乔方．加热炉(第三版)[M]．北京：冶金工业出版社，2007.
[11] 蔡驰，胡正海，钟湘生等. 常减压装置停工过程实现密闭吹扫的措施与效果[J]．炼油技术与工程，2013，43(3)：6-9.
[12] 胡斌. 炼油装置停工检修密闭吹扫的实践 [J]．炼油技术与工程，2013，43(8)：22-25.
[13] 赵晓敏，佟玉文. 常减压蒸馏装置用能调研分析[J]．石化技术，2016(10)1-3.